江苏省高等学校重点教材（编号：2021-2-122）
高等职业教育系列教材

COMPUTER TECHNOLOGY

Android移动应用开发教程

主编◎李立亚　张春燕　吴　丽
参编◎周谢益　张　超　迟荣华　金　焱

机械工业出版社
CHINA MACHINE PRESS

本书采用活页式教材思路设计章节内容，并设计了 62 个相互独立的案例，这些案例可以灵活组合和拓展，方便读者设计个性化的学习方案，自主进行拓展练习。

本书共 14 章。第 1 章介绍 Android 开发环境及项目结构。第 2、3 章介绍 Android 界面设计基础知识。第 4、5 章介绍 Android 窗口开发。第 6 章介绍 Android 子窗口设计。第 7 章介绍数据访问技术。第 8、9 章介绍广播、内容提供者和服务的开发。第 10 章介绍线程开发、Handler 消息机制和消息驱动线程，并介绍了 Android 提供的 HandlerThread、AsyncTask、IntentService 工具类的使用。第 11 章介绍网络编程。第 12 章介绍 WebView 控件的使用。第 13 章介绍传感器与定位，并通过一个项目案例来演示如何获取北斗等导航系统的可见卫星数量。第 14 章介绍蓝牙通信编程，并通过综合案例——蓝牙串口助手的开发，演示广播、服务、线程和消息机制等组件的综合运用。

本书可作为高职高专、职业本科、应用本科院校的计算机、物联网、移动应用开发、移动互联应用技术等专业的教材，也可作为 Android 自学者和从事 Android 应用开发的工程技术人员的参考用书。

图书在版编目（CIP）数据

Android 移动应用开发教程 / 李立亚，张春燕，吴丽主编. —北京：机械工业出版社，2022.10（2023.7 重印）

江苏省高等学校重点教材. 高等职业教育系列教材

ISBN 978-7-111-71542-9

Ⅰ. ①A… Ⅱ. ①李… ②张… ③吴… Ⅲ. ①移动终端-应用程序-程序设计-高等职业教育-教材 Ⅳ. ①TN929.53

中国版本图书馆 CIP 数据核字（2022）第 163799 号

机械工业出版社（北京市百万庄大街 22 号　邮政编码 100037）
策划编辑：王海霞　　责任编辑：王海霞　李文轶
责任校对：张艳霞　　责任印制：常天培

北京机工印刷厂有限公司印刷

2023 年 7 月第 1 版·第 2 次印刷
184mm×260mm · 17.25 印张 · 427 千字
标准书号：ISBN 978-7-111-71542-9
定价：69.00 元

电话服务　　　　　　　　　　　　网络服务
客服电话：010-88361066　　　　　机　工　官　网：www.cmpbook.com
　　　　　010-88379833　　　　　机　工　官　博：weibo.com/cmp1952
　　　　　010-68326294　　　　　金　书　网：www.golden-book.com
封底无防伪标均为盗版　　　　　　机工教育服务网：www.cmpedu.com

Preface 前言

Android 是谷歌公司开发的基于 Linux 的操作系统，主要运行在智能手机、平板计算机等便携设备上。当前，Android 系统在智能手机的占有率达 80%以上，很多物联网设备的控制屏幕也采用 Android 系统。华为新推出的鸿蒙系统仍然使用 Android 应用生态。Android 应用开发将是长期、稳定的需求。

目前，Android 应用开发的书籍很多，但大多以介绍基本组件和控件的使用为主，对混合式开发、传感器、定位、蓝牙等介绍较少，本书填补了这些空白。本书结合江苏省 A 类品牌专业移动互联应用技术专业人才培养需求，并且融入了高职院校移动互联技术应用赛项、移动应用开发赛项中 Android 应用开发的内容。东软教育科技集团高级工程师金焱老师对案例项目的设计进行了指导，对本书的结构和内容提出了建议，并参与了本书的编写工作。本书内容设计以介绍 Android 原生开发的基本知识为主，使之非常适合 Android 应用开发的初学者使用。

党的二十大报告指出，全面贯彻党的教育方针，落实立德树人根本任务，培养德智体美劳全面发展的社会主义建设者和接班人。本书响应国家号召，贯彻落实教育部印发的《高等学校课程思政建设指导纲要》精神，将思想政治教育有机融入本书的案例项目中。挖掘专业知识中蕴含的和可关联的思想价值和精神内涵，不仅嵌入我国伟大历史、优秀文化和社会主义建设成就等内容，还嵌入诚信教育、安全教育等内容，力图对本书的广度、深度和温度进行拓展，增加本书的知识性、人文性和时代性。

本书系统全面地介绍了有关 Android 应用开发所涉及的知识，并采用活页式教材的思路来设计章节内容，结构紧凑，知识点和案例项目高度聚焦、互为支撑，配有 62 个相互独立的案例项目资源，再辅以在线课程等视频资源，大量降低冗余内容，提升本书价值。教师可以方便地在案例项目上拓展，进行针对性教学。针对不同层次的学生，本书内容可以设计为 96 或 128 学时的课程，可以为两门具有递进关系的 Android 开发课程提供教材支撑。

在内容安排上，先从 UI 设计开始，逐渐引入事件编程，再融入后台组件的程序设计。知识点从易到难，层层递进，渐进呈现，力图使初学者能快速掌握目标知识点的相关知识和技能。本书最后通过蓝牙串口助手综合应用案例项目的开发，提高读者的综合开发水平。

本书作为教材使用时，可以安排 96 或 128 学时，可以分两学期实施。以 128 学时安排为例，第 1~7 章为 64 学时，第 8~14 章为 64 学时。其中第 7 章的学生成绩管理案例项目和第 14 章的蓝牙串口助手案例项目，可以拓展为学时较多的课内实训项目。

书中其他的案例项目，也能方便地拓展，以进行相应知识点的综合应用教学和练习。本书中的案例项目，也可以方便地进行组合拓展，比如界面设计可以与解析 JSON 格式数据等案例进行综合，修改为一个实用的天气预报应用。据此，本书作为教材使用时，可以由教师灵活地把握授课内容和节奏，进行个性化内容定制，开展因材施教。

本书由李立亚、张春燕、吴丽任主编，周谢益、张超、迟荣华、金焱担任参编。在智慧职教、中国大学 MOOC 等平台建立了在线课程，方便读者学习。

本书在编写过程中参考了大量文献资料，在此向文献资料的作者致以诚挚的谢意。由于编者水平有限，书中难免存在疏漏和不足之处，敬请广大读者批评、指正。编者建立了读者交流 QQ 群：261486627。

编　者

目录 Contents

前言

第 1 章 Android 开发简介 1

- 1.1 Android OS 简介 1
  - 1.1.1 Android 的发展历史 1
  - 1.1.2 Android 体系结构 1
  - 1.1.3 Dalvik 虚拟机 2
- 1.2 搭建开发环境 3
  - 1.2.1 下载和安装 JDK 3
  - 1.2.2 下载和安装 Android Studio 5
  - 1.2.3 创建 Android 模拟器 9
  - 1.2.4 下载 Android SDK 11
- 1.3 第一个 Android 程序 13
  - 1.3.1 HelloWorld 程序 13
  - 1.3.2 Android 程序结构 16
  - 1.3.3 Android 程序打包 17
- 1.4 配置文件 build.gradle 18
- 1.5 思考与练习 19

第 2 章 Android 应用界面布局设计 20

- 2.1 UI 控件简介 20
- 2.2 经典布局 22
  - 2.2.1 线性布局 LinearLayout 23
  - 2.2.2 案例 1 制作用户注册页面 25
  - 2.2.3 帧布局 FrameLayout 26
- 2.3 约束布局 ConstraintLayout 27
  - 2.3.1 相对定位 27
  - 2.3.2 角度定位 29
  - 2.3.3 居中 31
  - 2.3.4 偏移 32
  - 2.3.5 尺寸约束 33
  - 2.3.6 链 34
- 2.4 辅助布局工具 36
  - 2.4.1 分组 36
  - 2.4.2 屏障 37
  - 2.4.3 辅助线 39
- 2.5 思考与练习 40

第 3 章 Android 应用界面效果 41

- 3.1 样式和主题 41
  - 3.1.1 样式和主题介绍 41
  - 3.1.2 案例 2 使用自定义样式和主题 42
- 3.2 国际化 43
  - 3.2.1 国际化方式 43
  - 3.2.2 案例 3 让页面支持中英显示 44

3.3 shape 形状 46
3.3.1 shape 形状语法介绍 46
3.3.2 案例 4 shape 形状的使用 47
3.4 layer-list 图层列表 49
3.4.1 案例 5 单线效果 49
3.4.2 案例 6 双线效果 49
3.4.3 案例 7 阴影效果 50
3.4.4 案例 8 图片叠放效果 50
3.4.5 案例 9 图片旋转叠放效果 51
3.5 selector 选择器 51
3.5.1 selector 选择器语法介绍 51
3.5.2 案例 10 颜色选择器和图形选择器的使用 52
3.6 思考与练习 53

第 4 章 Android 应用人机交互 54

4.1 Android 应用事件处理 54
4.1.1 案例 11 在代码中操作控件 54
4.1.2 案例 12 以注册监听器方式响应用户单击事件 56
4.1.3 案例 13 重写事件方法以处理按键操作 57
4.2 菜单 58
4.2.1 案例 14 为页面添加选项菜单 59
4.2.2 案例 15 为页面添加上下文菜单 60
4.3 常用控件 62
4.3.1 文本显示控件 62
4.3.2 输入框控件 62
4.3.3 按钮类控件 63
4.3.4 图片显示控件 64
4.3.5 案例 16 几个控件的使用 65
4.4 软键盘 67
4.4.1 软键盘的设置 67
4.4.2 案例 17 软键盘的使用 68
4.5 思考与练习 69

第 5 章 Activity 和 Intent 70

5.1 Activity 介绍 70
5.1.1 Activity 的启动模式 70
5.1.2 Activity 生命周期 71
5.1.3 案例 18 启动窗口输出生命周期方法 73
5.2 启动新窗口 74
5.2.1 Intent 介绍 74
5.2.2 案例 19 添加新窗口并启动 76
5.2.3 案例 20 使用浏览器浏览网页 77
5.3 Activity 中的数据传递 78
5.3.1 数据正传 79
5.3.2 案例 21 从登录界面跳转到新界面 79
5.3.3 数据回传 80
5.3.4 案例 22 注册页面头像选择 81
5.4 对话框 83
5.4.1 日期和时间对话框类的使用 84
5.4.2 AlertDialog 对话框类的使用 85
5.5 思考与练习 88

第 6 章 子窗口设计 ································· 89

6.1 Fragment 介绍 ································· 89
   6.1.1 Fragment 的创建 ························· 89
   6.1.2 Fragment 的生命周期 ····················· 91
   6.1.3 Fragment 的使用 ························· 91
   6.1.4 案例 23　Fragment 的使用 ··············· 92
6.2 BottomNavigationView 控件 ··············· 94
   6.2.1 BottomNavigationView 控件简介 ········ 94
   6.2.2 案例 24　Fragment 与 BottomNavigationView 结合实现子窗口切换 ················· 95
6.3 ViewPager 控件 ································· 97
   6.3.1 ViewPager 控件简介 ····················· 97
   6.3.2 PagerAdapter 适配器 ····················· 98
   6.3.3 案例 25　用 ViewPager 实现简单的图片切换 ································· 99
6.4 TabLayout 控件 ······························· 100
   6.4.1 TabLayout 控件简介 ··················· 100
   6.4.2 TabLayout 的使用 ······················· 100
   6.4.3 案例 26　TabLayout 与 ViewPager 结合设计子栏目 ························· 102
6.5 Fragment 的嵌套使用 ······················· 103
   6.5.1 Fragment 的嵌套 ························· 103
   6.5.2 Fragment 适配器 ························· 103
   6.5.3 案例 27　结合 TabLayout、ViewPager、Fragment 嵌套实现页中页 ··············· 104
6.6 思考与练习 ······································· 106

第 7 章 数据访问 ··· 107

7.1 SharedPreferences 的使用 ················ 107
   7.1.1 SharedPreferences 简介 ················ 107
   7.1.2 案例 28　使用 SharedPreferences 保存用户名和密码 ··················· 108
7.2 文件存储 ·· 110
   7.2.1 内部存储 ····································· 110
   7.2.2 案例 29　使用内部存储保存文本文件 ·· 110
   7.2.3 外部存储 ····································· 112
   7.2.4 案例 30　使用外部存储保存文件 ······· 112
7.3 JSON 解析 ······································· 115
   7.3.1 JSON 数据 ································· 115
   7.3.2 JSON 解析方法 ··························· 116
   7.3.3 案例 31　使用 org.json 解析学生信息 ··· 118
   7.3.4 案例 32　使用 Gson 解析天气信息 ······ 119
7.4 SQLite 数据库 ································· 122
   7.4.1 创建数据库 ································· 122
   7.4.2 数据库操作 ································· 123
   7.4.3 ListView 控件的使用 ··················· 126
   7.4.4 案例 33　学生成绩管理 ················· 126
7.5 思考与练习 ······································· 129

第 8 章 广播和内容提供者 ························· 131

8.1 广播介绍 ·· 131
   8.1.1 广播运转模式 ····························· 131
   8.1.2 广播分类 ····································· 132
8.2 全局广播 ·· 132
   8.2.1 全局广播的使用 ························· 132
   8.2.2 案例 34　监听 WiFi 状态 ··············· 134

8.3 本地广播 ……………………………… 137
　8.3.1 本地广播的使用 ……………………… 137
　8.3.2 案例35 使用本地广播发送数据 ……… 138
8.4 内容提供者 …………………………… 139
8.4.1 内容提供者介绍 ……………………… 139
8.4.2 案例36 监听用户截屏和短信 ……… 142
8.5 思考与练习 …………………………… 146

第9章 服务 ……………………………… 147

9.1 服务简介 ……………………………… 147
　9.1.1 服务的使用方式 ……………………… 147
　9.1.2 自定义服务类的创建 ………………… 147
　9.1.3 自定义服务类的注册 ………………… 148
9.2 服务的生命周期 ……………………… 149
　9.2.1 服务运行流程 ………………………… 149
　9.2.2 生命周期方法介绍 …………………… 149
　9.2.3 服务的终止 …………………………… 150
9.3 启动方式使用服务 …………………… 150
　9.3.1 开发流程说明 ………………………… 150
　9.3.2 案例37 启动方式使用服务 ………… 152
9.4 绑定方式使用服务 …………………… 153
　9.4.1 开发流程说明 ………………………… 154
　9.4.2 案例38 绑定方式使用服务 ………… 154
9.5 前台服务 ……………………………… 157
9.6 案例39 音乐播放器 ………………… 158
　9.6.1 MediaPlayer媒体播放类介绍 ……… 158
　9.6.2 音乐播放器的实现 …………………… 160
9.7 思考与练习 …………………………… 162

第10章 线程与消息处理 ……………… 163

10.1 线程编程介绍 ………………………… 163
　10.1.1 进程、线程和应用程序 …………… 163
　10.1.2 Android应用中的线程 …………… 163
　10.1.3 案例40 用Java线程类开发线程 … 164
10.2 Handler消息机制 …………………… 166
　10.2.1 Handler消息机制运转方式 ……… 166
　10.2.2 案例41 使用post方式更新UI窗口 … 167
　10.2.3 案例42 使用send方式向UI窗口发消息 …………………………… 169
10.3 消息驱动线程 ………………………… 172
　10.3.1 如何在线程中支持消息机制 ……… 172
　10.3.2 案例43 在后台线程中实现消息机制 … 173
10.4 Android提供的线程开发工具类 …… 176
　10.4.1 案例44 HandlerThread类的使用 … 177
　10.4.2 案例45 AsyncTask类的使用 …… 179
　10.4.3 案例46 IntentService类的使用 … 182
10.5 思考与练习 …………………………… 185

第11章 网络编程 ……………………… 186

11.1 案例47 获取网络状态 ……………… 186
11.2 HttpURLConnection编程 ………… 188
　11.2.1 HTTP简介 …………………………… 188
　11.2.2 案例48 以GET方式获得网页和天气 … 189
　11.2.3 案例49 以POST方式登录服务器 … 191

11.3 Volley 框架································195
  11.3.1 Volley 中请求类的使用·················195
  11.3.2 案例 50　使用 ImageRequest 获取网络图片································197
11.3.3 案例 51　使用 ImageLoader 类和 NetworkImageView 控件加载图片·······199
11.4 思考与练习································202

第 12 章　WebView 控件································203

12.1 WebView 控件介绍·····················203
  12.1.1 WebView 控件方法····················203
  12.1.2 案例 52　使用 WebView 控件浏览网页····204
12.2 WebView 控件功能定制···············205
  12.2.1 WebView 控件功能定制类···········205
  12.2.2 案例 53　使用 WebView 控件加载网页并支持 JavaScript················207
12.3 案例 54　监听长按事件并获取网页内容································208
12.4 与网页代码交互···························210
  12.4.1 案例 55　使用 WebView 控件调用 JavaScript 代码·······················211
  12.4.2 案例 56　JavaScript 调用 Android 代码····213
12.5 案例 57　从网页中下载文件·······216
12.6 思考与练习································219

第 13 章　传感器与定位································220

13.1 Android 平台传感器介绍············220
  13.1.1 Android 平台支持的传感器··········220
  13.1.2 传感器坐标系和模拟器···············221
  13.1.3 传感器开发框架介绍····················222
  13.1.4 案例 58　获得设备传感器及传感事件处理································224
13.2 传感器数据获取···························225
  13.2.1 环境传感器····································225
  13.2.2 动态传感器····································225
  13.2.3 位置传感器····································228
  13.2.4 案例 59　获得步数、光照、方位信息·····229
13.3 使用定位功能·······························232
  13.3.1 定位方式介绍································233
  13.3.2 定位开发框架································233
  13.3.3 案例 60　获得 GPS 定位数据·······235
  13.3.4 案例 61　获得北斗等定位系统信息·····237
13.4 思考与练习································241

第 14 章　蓝牙通信编程································242

14.1 蓝牙通信编程介绍·····················242
14.2 开启蓝牙·····································242
14.3 经典蓝牙通信编程·····················244
  14.3.1 扫描蓝牙·······································244

14.3.2	蓝牙配对 ……………………………… 245	
14.3.3	蓝牙连接 ……………………………… 246	
14.3.4	在蓝牙连接上通信 …………………… 248	

14.4 低功耗蓝牙通信编程 …………………… 248

14.4.1	扫描蓝牙 ……………………………… 249
14.4.2	蓝牙连接 ……………………………… 250
14.4.3	在蓝牙连接上通信 …………………… 251

14.5 案例 62 蓝牙串口助手 ………… 251

14.5.1	辅助工具的使用 ……………………… 251
14.5.2	功能和总体结构 ……………………… 252
14.5.3	AppConfig 类和广播接收者类代码 …………………………………… 254
14.5.4	ThreadBltClient 类 …………………… 256
14.5.5	MyService 服务类代码 ……………… 259
14.5.6	MainActivity 类代码 ………………… 260

14.6 思考与练习 ………………………………… 266

第1章 Android 开发简介

Android 是 Google 公司基于 Linux 平台开发的、广泛应用于智能手机和平板计算机等移动设备的开源操作系统。经过几年的发展,Android 逐渐扩展到其他领域,如穿戴设备、智能家居等,已成为移动平台主流的操作系统之一。

1.1 Android OS 简介

Android 是一款基于 Linux 平台开发的开源操作系统,主要用于移动设备,如智能手机和平板计算机等,由 Google 公司和开放手机联盟领导及开发。本节介绍 Android 的发展历史、体系结构和 Dalvik 虚拟机。

1-1 Android OS 简介

1.1.1 Android 的发展历史

Android 操作系统最初由 Andy Rubin 开发,主要支持手机,2005 年 8 月被 Google 收购注资。2007 年 11 月,Google 公司与 84 家硬件制造商、软件开发商及电信运营商组建开放手机联盟共同研发改良 Android 系统。随后 Google 公司以 Apache 开源许可证的授权方式,发布了 Android 的源代码。2008 年 9 月发布 Android 第 1 个版本 Android1.1。Android 系统一经推出,版本升级非常快,几乎每隔半年就有一个新的版本发布。

1.1.2 Android 体系结构

Android 系统采用分层架构,从低到高分为 4 层,依次是 Linux 内核层、核心类库层、应用框架程序层和应用程序层,如图 1-1 所示。

1. Linux 内核层(Linux Kernel)

Linux 内核层为 Android 设备的各种硬件提供了底层驱动,如显示驱动、音频驱动、蓝牙驱动、照相机驱动、电源管理驱动等。

2. 核心类库层(Libraries)

核心类库中包含了系统库和 Android 运行时库(Android Runtime)。系统库主要通过 C/C++ 库来为 Android 系统提供主要的特性支持,如 Webkit 库提供了浏览器内核的支持,OpenGL ES 库提供了 3D 绘图的支持。Android 运行时库提供了一些核心库,允许开发者使用 Java 语言编写 Android 应用程序。此外,Android 运行时库还包括 Dalvik 虚拟机,Dalvik 虚拟机是专门为移动设备定制的,它针对移动设备的内存和 CPU 性能等做了优化处理,使得每一个 Android 应用都能运行在独立的进程当中。

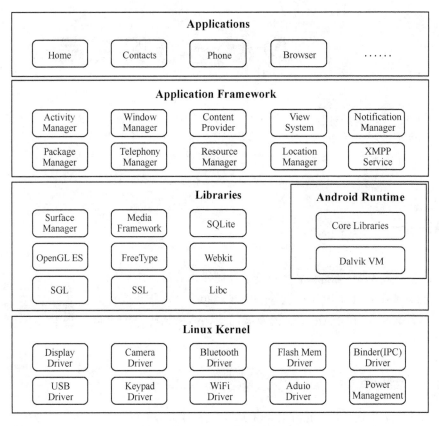

图 1-1　Android 体系结构图

3．应用程序框架层（Application Framework）

应用程序框架层提供了编写应用程序时用到的各种 API（Application Programming Interface，应用程序接口）。Android 自带的一些核心应用就是使用这些 API 完成的，例如视图、活动管理器、通知管理器等，开发者也可以使用这些 API 来开发自己的应用程序。

4．应用程序层（Applications）

应用程序层是一个核心应用程序的集合，所有安装在移动设备上的应用程序都属于这一层，例如系统自带的时钟程序、联系人程序、短信程序等，或者从 Android 应用市场上下载的 App 等都属于应用程序层。

1.1.3　Dalvik 虚拟机

Android 应用程序的主要开发语言是 Java，它通过 Dalvik 虚拟机来运行 Java 程序。Dalvik 是 Google 公司设计的用于 Android 平台的虚拟机。每一个 Android 应用在底层都会对应一个独立的 Dalvik 虚拟机实例，其代码在虚拟机的解释下得以执行，具体过程如图 1-2 所示。

Java 源文件经过 JDK 编译器编译成.class 文件后，Dalvik 虚拟机中的 Dx 工具会将部分.class 文件转换成.dex 文件，.dex 文件进一步优化成.odex 文件，使得 Android 应用程序的性能在运行过程中得到进一步提高。

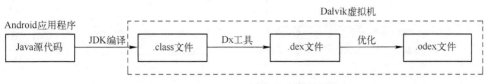

图 1-2　Dalvik 虚拟机编译文件的过程

每个 Android 应用程序都运行在一个 Dalvik 虚拟机实例中，而每一个 Dalvik 虚拟机实例都是一个独立的进程，每两个进程之间都可以通信。Dalvik 虚拟机的线程机制、内存分配和管理等都是依赖底层操作系统实现的。

1.2　搭建开发环境

在开发 Android 应用程序之前，首先要搭建开发环境。2015 年以前，Android 使用 Eclipse 作为开发工具，但自 2015 年年底，Google 公司不再对 Eclipse 提供支持服务，Android Studio 全面取代了 Eclipse，因此本书用 Android Studio 作为开发工具进行详细讲解。本节介绍 JDK 的下载和安装、Android Studio 的下载和安装、模拟器的创建和 SDK 的下载。

1.2.1　下载和安装 JDK

JDK 是 Oracle 公司提供的 Java 语言的软件开发工具包，有适用于多种操作系统的版本。开发者可以根据自己使用的操作系统，从 Oracle 官方网站下载相应的 JDK 安装文件。接下来以 64 位的 Windows 10 操作系统为例来演示 JDK 8 的安装过程，具体步骤如下。

1-2 下载和安装 JDK

1. 下载 JDK

进入 JDK 官方下载页面 https://www.oracle.com/java/technologies/javase-downloads.html，找到 JDK-8u241，下载安装文件"jdk-8u241_windows-x64.exe"。双击该安装文件进入 JDK 安装界面，单击界面的"下一步"按钮，如图 1-3 所示，安装路径默认即可。

 Android 开发环境所需 JDK 版本最低为 JDK 1.7，Oracle 公司会对 JDK 进行更新升级，读者可以用比 JDK 8 更新的版本代替。

2. 安装 JDK

对所有的安装选项做出选择后（默认选择即可），单击图 1-3 所示界面中的"下一步"按钮开始安装 JDK。安装完毕会进入安装完成界面，如图 1-4 所示，单击"关闭"按钮，完成 JDK 8 的安装。

3. 配置系统环境变量

JDK 安装完成后，要想在系统中的任何位置都能编译和运行 Java 程序，需要对环境变量进行配置。一般情况下，需要配置两个环境变量：PATH 和 CLASSPATH。其中，PATH 环境变量用于告知操作系统到指定路径去寻找 JDK 安装路径，CLASSPATH 环境变量则用于告知 JDK 到指定路径去查找 .class 文件。

图 1-3　JDK 安装界面　　　　　　　图 1-4　JDK 安装完成界面

以 Windows 10 系统为例，配置 PATH 环境变量的步骤如下。

1）打开环境变量窗口。右击桌面上的【此电脑】图标，选择【属性】菜单命令，在出现的【设置】窗口中选择【高级系统设置】选项，打开【系统属性】对话框。在该对话框中选择【高级】选项卡，单击【环境变量】按钮，打开【环境变量】对话框，如图 1-5 所示。

图 1-5　【环境变量】对话框

2）配置 JAVA_HOME 变量。单击图 1-5 中的【系统变量】列表框下面的【新建】按钮，会弹出【新建系统变量】对话框，将【变量名】文本框的值设置为 "JAVA_HOME"，【变量值】文本框的值设置为 JDK 的安装目录 "C:\Program Files\Java\jdk1.8.0_241"（路径以 JDK 安装目录为准），如图 1-6 所示。添加完成后，单击【确定】按钮，即完成 JAVA_HOME 的配置。

图 1-6　编辑 JAVA_HOME 变量值

3）配置 PATH 环境变量。在 Windows 系统中，由于名称为 Path 的环境变量已经存在，因此直接修改该环境变量值即可。在图 1-5 所示对话框的【系统变量】列表框中选中名为 Path 的系统变量，单击【编辑】按钮，打开【编辑环境变量】对话框，并在【变量值】文本框中值的起始位置添加"%JAVA_HOME%\bin"，如图 1-7 所示。其中，"%JAVA_HOME%"代表环境变量 JAVA_HOME 的当前值（即 JDK 的安装目录）；"bin"为 JDK 安装目录中的 bin 目录。

图 1-7　编辑 Path 变量值

 在配置 PATH 环境变量时，JAVA_HOME 环境变量不是必须配置的，也可以直接将 JDK 的安装路径添加到 PATH 环境变量中。这里配置 JAVA_HOME 的好处是，当 JDK 的版本或安装路径发生变化时，只需要修改 JAVA_HOME 的值，而不用修改 PATH 环境变量的值。

为了验证 PATH 环境变量是否配置成功，可以单击桌面的【开始】按钮，在"搜索"框中输入 cmd 指令，打开命令行窗口。在窗口中执行 javac 命令后，如果能正常地显示 javac 命令的帮助信息，说明系统 PATH 环境变量配置成功，如图 1-8 所示。

图 1-8　javac 命令的帮助信息

 从 JDK 5 开始，可以不用设置 CLASSPATH 环境变量。如果没有设置 CLASSPATH 环境变量，Java 虚拟机会自动搜索当前路径下的.class 文件。

1.2.2　下载和安装 Android Studio

　　Android Studio 是 Google 提供的一个 Android 开发工具。需要注意的是，Android Studio 对安装环境有一定的要求，其中需要预先安装好 1.7 以上版本的 JDK，操作系统空闲内存至少为 2GB。接下来将针对 Android Studio 的下载、安装与配置进行详细讲解。

1-3
下载和安装
Android Studio

　　在安装之前，有两点需要重点提示：一是 Windows 操作系统用户名要由英文字母组成，不可出现中文或其他特殊符号；二是与 Android 开发相关的文件或文件夹在命名时不要含有中文或特殊符号。

1．Android Studio 的下载

　　Android Studio 安装程序可以从官网进行下载，网址为https://developer.android.google.cn/studio。

　　在下载 Android Studio 时，需要选择适合操作系统的版本，本安装演示以 Windows 64 位操作系统为例使用 android-studio-ide-191.5977832-windows.exe（该版本为 Android Studio 3.5.3）安装程序。

2．Android Studio 的安装

　　双击 Android Studio 的安装文件后，进入欢迎界面，如图 1-9 所示。单击【Next】按钮，此时会进入选择安装组件界面，如图 1-10 所示。

图 1-9　欢迎界面　　　　　　　　　　　　图 1-10　选择安装组件界面

在图 1-10 中，单击【Next】按钮，进入安装路径设置界面，如图 1-11 所示，在这里安装路径使用默认路径即可。

在图 1-11 中，单击【Next】按钮进入选择开始菜单文件夹界面，该界面用于设置在【开始】菜单中的文件夹名称，在这里使用默认名称即可，如图 1-12 所示。

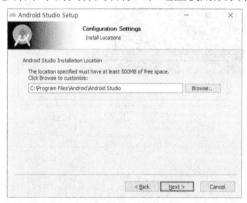
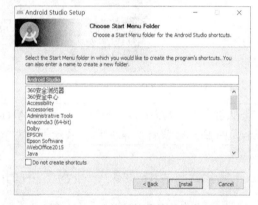

图 1-11　安装路径设置界面　　　　　　　　图 1-12　选择开始菜单文件夹界面

在图 1-12 中，单击【Install】按钮进入正在安装界面，如图 1-13 所示。正在安装界面中的程序安装完成后，进入安装完成界面，如图 1-14 所示。

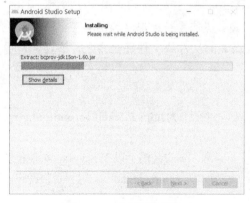
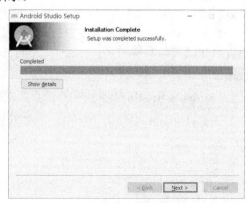

图 1-13　正在安装界面　　　　　　　　　　图 1-14　安装完成界面

在图 1-14 中，单击【Next】按钮进入 Android Studio 安装完成界面，如图 1-15 所示。到这里，Android Studio 的安装全部完成，单击【Finish】按钮，关闭安装程序。

3．Android Studio 的配置

安装完成之后运行 Android Studio，会进入导入 Android Studio 配置文件界面，如图 1-16 所示。

在图 1-16 中，共有 2 个选项，第 1 个选项表示导入已存在的配置文件夹，第 2 个选项表示不导入配置文件夹。如果以前使用过 Android Studio，可以选择第 1 项。如果是第一次使用 Android Studio，可以选择第 2 项。在这里选择第 2 项，单击【OK】按钮，进入数据分享界面，如图 1-17 所示，在这里选择单击【Don't send】按钮。

图 1-15　Android Studio 安装完成界面

图 1-16　导入 Android Studio 配置文件界面

图 1-17　数据分享界面

在第一次安装 Android Studio 时，会弹出【Android Studio First Run】对话框，提示"Unable to access Android SDK add-on list"错误信息，如图 1-18 所示。弹出这个对话框是因为第一次安装，启动 Android Studio 后检测到默认安装的文件夹中没有 SDK。在这里如果单击【Setup Proxy】按钮，会马上在线下载 SDK；单击【Cancel】按钮，则暂时不下载 SDK，稍后再下载或导入提前下载好

图 1-18　【Android Studio First Run】对话框

的 SDK。由于在线下载 SDK 比较慢，在这里选择单击【Cancel】按钮，在后续使用 Android Studio 时再下载 SDK。单击【Cancel】按钮之后进入欢迎安装 Android Studio 界面，如图 1-19 所示。

单击图 1-19 中的【Next】按钮，进入安装类型界面，如图 1-20 所示。默认选择 Standard（标准版），单击【Next】按钮，进入 UI 主题选择界面，如图 1-21 所示。

在图 1-21 中，有两种 UI 主题可以选择，开发者可以根据自己的喜好选择，在这里选择默认的主题"Light"，单击【Next】按钮，进入确认设置界面，如图 1-22 所示，单击【Finish】按钮，完成配置。

确认完配置文件之后，进入组件下载界面，如图 1-23 所示。当下载完成之后，显示下载完成界面，如图 1-24 所示。

在图 1-24 中，单击【Finish】按钮，进入 Android Studio 欢迎界面，如图 1-25 所示。到这里，Android Studio 已成功安装完毕，接下来可以进行 Android 项目开发。

图 1-19　欢迎安装 Android Studio 界面

图 1-20　安装类型界面

图 1-21　UI 主题选择界面

图 1-22　确认设置界面

图 1-23　组件下载界面

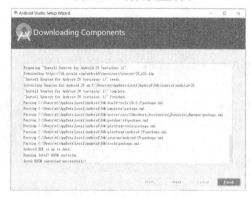

图 1-24　下载完成界面

图 1-25　Android Studio 欢迎界面

在下载 Android Studio 时，也可以下载它的 zip 包，解压后，打开 bin 文件夹，双击 Studio64.exe（如果 Windows 系统为 32 位，则双击 Studio.exe），按照提示安装即可。以这种方式安装的 Android Studio 含有内置 JDK，无须单独提前安装 JDK。

1.2.3 创建 Android 模拟器

Android 模拟器可以实现在计算机上模拟移动设备中的 Android 环境，可以代替移动设备在计算机上安装并运行 Android 程序。接下来对创建智能手机 Android 模拟器的过程进行详细讲解。

1-4 创建模拟器

单击 Android Studio 工具栏中的【AVD Manager】按钮，进入【Your Virtual Devices】（你的虚拟设备）界面，如图 1-26 所示。

图 1-26 【Your Virtual Devices】界面

在图 1-26 中，单击【Create Virtual Device】（创建虚拟设备）按钮，此时会进入【Select Hardware】（选择硬件）界面，如图 1-27 所示。

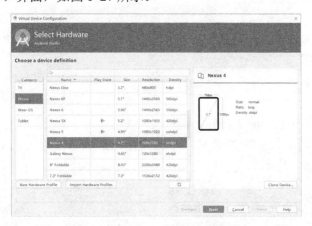

图 1-27 【Select Hardware】界面

在图 1-27 中，其左侧是移动设备类型，中间是对应设备的名称、尺寸大小、分辨率和密度等信息，右侧是设备尺寸的预览图。选择 Category 类型为"Phone"，表示创建应用于手机项目开发的模拟器。然后选择模拟器的屏幕尺寸，在这里以 Nexus 4 模拟器为例，单击【Next】按钮，进入【System Image】（系统镜像）界面，如图 1-28 所示。

可根据自己的需求选择不同屏幕分辨率的模拟器。

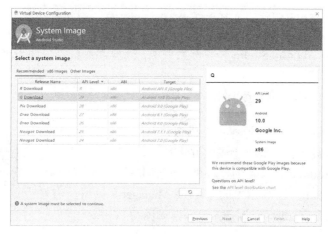

图 1-28 【System Image】界面

在图 1-28 中，左侧为推荐的 Android 系统镜像，右侧为选中的 Android 系统镜像对应的图标。有多个 Android 系统镜像可供选择，这里选择 Q（Android 10.0）的系统版本进行下载，如图 1-29 和图 1-30 所示。

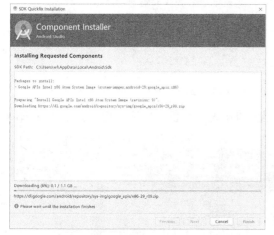

图 1-29 【Component Installer】界面

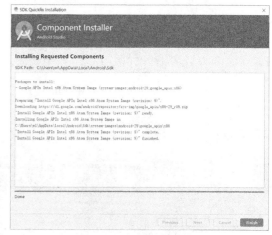

图 1-30 下载完成界面

在图 1-30 中，单击【Finish】按钮，再次进入【System Image】界面，如图 1-31 所示。选择刚下载的系统版本名称为 Q 的条目，单击【Next】按钮，进入【Android Virtual Device（AVD）】界面，如图 1-32 所示。

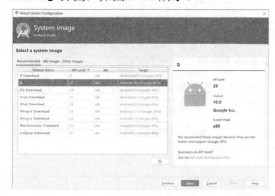

图 1-31 再次进入【System Image】界面

图 1-32 【Android Virtual Device（AVD）】界面

在图 1-32 中，可以对模拟器名称（AVD Name）进行重命名，然后单击【Finish】按钮，完成模拟器的创建。此时在【Your Virtual Devices】界面中会显示出刚创建的模拟器，如图 1-33 所示。可以根据开发需要，创建多个不同参数的模拟器。

在图 1-33 中，单击模拟器的启动按钮，模拟器就会像手机一样启动，启动完成后的界面如图 1-34 所示。到这里，手机 Android 模拟器就创建完成了，在后续开发过程中便可以使用该模拟器进行运行效果的测试。

图 1-33 【Your Virtual Devices】界面

图 1-34 模拟器界面

1.2.4 下载 Android SDK

Android SDK 是 Android 专属的开发工具包，是开发者编写应用程序的开发工具集合。Google 公司会对 Android SDK 进行不断的更新，如果想要安装最新版本或者之前版本的 SDK，都可以下载相应版本的 SDK。下载 SDK 的方式有很多种，最方便的就是在 Android Studio 中进行下载。打开 Android Studio，单击导航栏中的【SDK Manager】图标，进入【Settings for New Projects】窗口，如图 1-35 所示。

1-5 下载 Android SDK

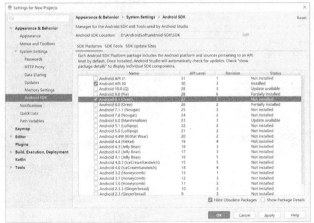
图 1-35 【Settings for New Projects】窗口

在 1-35 所示窗口中，选择左侧的【Android SDK】，右侧对应的是 Android SDK 可设置的一些选项。

➢ Android SDK Location：用于设置 Android SDK 的存储路径。
➢ SDK Platforms：表示 Android SDK 的版本信息，在这里显示了所有 SDK 版本的名称、API 级别以及下载状态等信息，如图 1-35 所示。
➢ SDK Tools：表示 Android SDK 的工具集合，该选项卡中罗列了 Android 的构建工具 Android SDK Build-tools（如图 1-38 所示）。

可以在【SDK Platforms】和【SDK Tools】选项卡中勾选要下载的对应版本的 SDK 和 Tools 工具。本书以下载 SDK 8.1 版本为例，具体步骤如下。

1. 下载 SDK

在【SDK Platforms】选项卡下选择 Android 8.1，单击【Apply】按钮会弹出确认安装 SDK 组件的【Confirm Change】对话框，如图 1-36 所示。单击【OK】按钮，进入下载，下载完成后的对话框如图 1-37 所示。单击【Finish】按钮完成。

图 1-36 【Confirm Change】对话框　　　　图 1-37 SDK 下载完成后的对话框

2. 下载 SDK Tools 工具

在【Settings for New Projects】窗口中的【SDK Tools】选项卡下，勾选窗口右下角的【Show Package Details】选项，会打开 Android SDK Build Tools 中的 SDK 版本列表信息，如图 1-38 所示。在列表中勾选 27.0.0 版本，单击【OK】按钮会弹出如图 1-39 所示的【Confirm Change】对话框。

图 1-38 【Settings for New Projects】窗口　　　　图 1-39 【Confirm Change】对话框

单击图 1-39 中的【OK】按钮开始下载，一段时间之后，SDK Tools 下载完成，下载完成后的对话框如图 1-40 所示。单击【Finish】按钮关闭当前对话框。

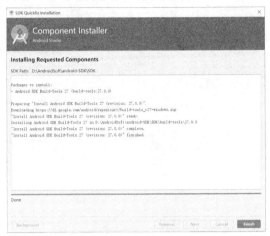

图 1-40　SDK Tools 工具下载完成

1.3　第一个 Android 程序

前面讲解了如何搭建开发环境，本节讲解如何编写第一个 Android 程序，了解 Android 的项目结构。

1.3.1　HelloWorld 程序

1. 创建 HelloWorld 程序

在欢迎界面（如图 1-25 所示）中，选择【Start a new Android project】进入【Create New Project】界面，如图 1-41 所示。创建 Activity 时有多个模板供选择，在这里选择【Empty Activity】，然后单击【Next】按钮，进入设置项目界面，如图 1-42 所示，分别设置项目名称、项目的包名和项目存放的本地路径。

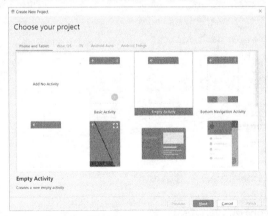

图 1-41　【Create New Project】界面

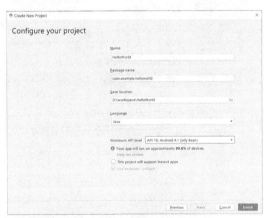

图 1-42　设置项目界面

在图 1-42 中,【Minimum API level】选项表示该项目支持的 Android 的最低版本,可以根据开发的需求选择不同的版本。选项设置完成后单击【Finish】按钮,项目就创建完成了,此时在 Android Studio 中会显示创建好的 HelloWorld 程序,如图 1-43 所示。

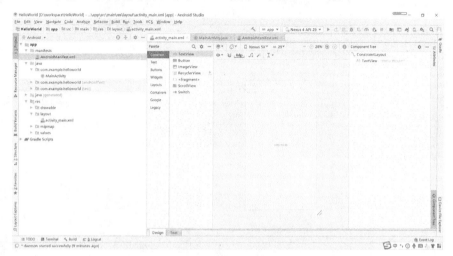

图 1-43 HelloWorld 程序

 创建项目时,Android Studio 可能会下载必要的工具来辅助,因此需要联网,否则会报错。

2. 认识项目中的文件

当 HelloWorld 项目创建成功后,Android Studio 会自动生成两个默认的文件,布局文件 activity_main.xml 和 Activity 文件 MainActivity.java,布局文件用于编写 Android 项目的界面,Activity 文件用于编写项目的交互功能。文件 1-1 就是 HelloWorld 程序默认生成的布局文件,在该文件中,会默认添加一个 TextView 控件,文本显示为 "HelloWorld",开发者可以根据需要在该布局文件中添加按钮、文本框或者其他控件,可以对各个控件的属性进行设置,让程序的界面变得美观、友好。

文件 1-1 activity_main.xml

```
<?xml version="1.0" encoding="utf-8"?>
<androidx.constraintlayout.widget.ConstraintLayout xmlns:android="http://schemas.
android.com/apk/res/android"
    xmlns:app="http://schemas.android.com/apk/res-auto"
    xmlns:tools="http://schemas.android.com/tools"
    android:layout_width="match_parent"
    android:layout_height="match_parent"
    tools:context=".MainActivity">
    <TextView
        android:layout_width="wrap_content"
        android:layout_height="wrap_content"
        android:text="Hello World!"
        app:layout_constraintBottom_toBottomOf="parent"
        app:layout_constraintLeft_toLeftOf="parent"
        app:layout_constraintRight_toRightOf="parent"
```

```
            app:layout_constraintTop_toTopOf="parent" />
</androidx.constraintlayout.widget.ConstraintLayout>
```

MainActivity.java 文件的默认代码如文件 1-2 所示。

文件 1-2　MainActivity.java

```
package com.example.helloworld;
import androidx.appcompat.app.AppCompatActivity;
import android.os.Bundle;
public class MainActivity extends AppCompatActivity {
    @Override
    protected void onCreate(Bundle savedInstanceState) {
        super.onCreate(savedInstanceState);
        setContentView(R.layout.activity_main);
    }
}
```

MainActivity 类继承 AppCompatActivity 类，当 Activity 执行时首先会调用 MainActivity 类中的 onCreate()方法，在该方法中通过调用 setContentView()方法，将布局文件转换成 View 对象以呈现界面。

每个 Android 程序创建成功后，都会自动生成一个清单文件 AndroidManifest.xml（位于 manifests 文件夹）。该文件是整个项目的配置文件，配置程序运行时所必需的组件、权限及相关信息。程序中定义的组件（Activity、BroadcastReceiver、Service、ContentProvider）都需要在该文件中进行注册。清单文件的具体代码如文件 1-3 所示。

文件 1-3　AndroidManifest.xml

```xml
<?xml version="1.0" encoding="utf-8"?>
<manifest xmlns:android="http://schemas.android.com/apk/res/android"
    package="com.example.helloworld">
    <application
        android:allowBackup="true"
        android:icon="@mipmap/ic_launcher"
        android:label="HelloWorld"
        android:roundIcon="@mipmap/ic_launcher_round"
        android:supportsRtl="true"
        android:theme="@style/AppTheme">
        <activity android:name=".MainActivity">
            <intent-filter>
                <action android:name="android.intent.action.MAIN" />
                <category android:name="android.intent.category.LAUNCHER" />
            </intent-filter>
        </activity>
    </application>
</manifest>
```

在上述代码中，<application>标签中不同的属性代表不同的设置。
➢ allowBackup 属性用来设置是否允许备份应用数据。
➢ icon 属性用来设置应用程序的图标。

- label 属性用来指定显示在标题栏上的名称。
- roundIcon 属性用来设置应用程序的圆形图标。
- supportsRtl 属性设置为 true 时，应用将支持 RTL（Right-to-Left）布局。
- theme 属性用来指定主题样式，就是能够应用于此程序中所有 Activity 或者 application 的显示风格。

<activity android:name=".MainActivity"> 标签用于注册一个 Activity。

<intent-filter>标签中设置的 action 属性表示当前 Activity 最先启动，category 属性定义的属性值表示当前应用显示在桌面程序列表中。

3．运行程序

程序创建成功后暂时不需要添加任何代码就可以直接运行。单击 Android Studio 工具栏上的运行按钮，运行结果如图 1-44 所示。

图 1-44　运行结果

1.3.2　Android 程序结构

Android Studio 在程序创建时，就为其构建基本结构，开发者可以基于此结构开发应用程序。接下来以 HelloWorld 程序为例讲解 Android 程序的组成结构，如图 1-45 所示。

1-7 Android 程序结构

在图 1-45 中，可以看到一个 Android 程序由多个文件以及文件夹组成，这些文件分别用于不同的功能，具体分析如下。

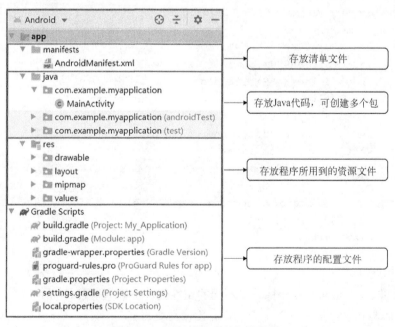

图 1-45　Android 程序的组成结构

- manifests：用于存放 AndroidManifest.xml 文件（又称清单文件），该文件是整个项目的配置文件。配置程序运行时所必需的组件、权限及相关信息。
- java：用于存放所有的 Java 代码，在该文件夹中可以创建多个包，每个包中可以存放不同的文件或 Activity。
- res：用于存放开发 Android 程序过程中所用到的资源文件，例如图片、布局文件、颜色、字符串、样式等。drawable 目录用于存放图片及 XML 文件，layout 目录用于存放布局文件，mipmap 目录通常用于存放应用程序图标，系统会根据手机屏幕分辨率匹配相应大小的图标，values 目录用于放置定义的字符串、颜色、样式等。
- Gradle Scripts：用于存放项目的配置文件，一般无须修改。

1.3.3 Android 程序打包

开发完 Android 程序后，需要将自己的程序打包成正式的 Android 安装包文件（Android PacKage，APK），其后缀名为".apk"，将 APK 文件发布到互联网上供别人下载使用。接下来针对 Android 程序的打包过程进行详细讲解。

1-8 Android 程序打包

首先，在菜单栏中选择【Build】|【Generate Signed Bundle/APK】选项，进入【Generate Signed Bundle or APK】对话框，如图 1-46 所示，选择【APK】单选按钮，单击【Next】按钮，进入如图 1-47 所示的界面。

图 1-46 【Generate Signed Bundle or APK】对话框 1   图 1-47 【Generate Signed Bundle or APK】对话框 2

在图 1-47 中，【Key store path】项用于选择程序证书地址，由于是第一次开发程序，所以需要创建一个新的证书。单击【Create new】按钮，进入【New Key Store】对话框，如图 1-48 所示。

在图 1-48 中，单击【Key store path】项之后的文件夹按钮，进入【Choose keystore file】对话框，选择证书存放路径，如图 1-49 所示。在下方的【File name】文本框中填写证书名称，单击【OK】按钮，返回【New Key Store】对话框，填写相关信息，如图 1-50 所示。信息填写完毕之后，单击【OK】按钮，返回【Generate Signed Bundle or APK】对话框，如图 1-51 所示。

在图 1-51 中，【Destination Folder】表示 APK 文件路径，【Build Variants】表示构建类型。此处选择"release"，单击【Finish】按钮。到这里，HelloWorld 程序已打包完成，打包后的程序可以在 Android 手机上进行安装和运行。根据应用市场要求做好签名打包后，还可以放在应用市场中供其他人下载使用。

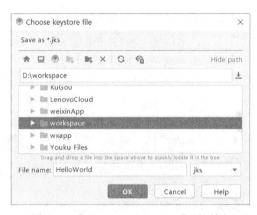

图 1-48 【New Key Store】对话框　　图 1-49 【Choose keystore file】对话框

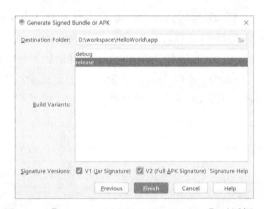

图 1-50 【New Key Store】对话框　　图 1-51 【Generate Signed Bundle or APK】对话框 3

1.4 配置文件 build.gradle

项目级别的 build.gradle（Project）文件一般无须改动，只须关注模块级别的 build.gradle（Module）。下面在 HelloWorld 程序初始的 build.gradle（Module）文件中补充文字注释，方便读者更好地理解每个参数的用途。

文件 1-4　module 目录下的 build.gradle

1-9 配置文件介绍

```
apply plugin: 'com.android.application'
android {
    // 指定编译用的 SDK 版本号，如 31 表示使用 Android1 1.0 编译
    compileSdkVersion 31
    // 指定编译工具的版本号。这里的头两位数字必须与 compileSdkVersion 保持一致
    buildToolsVersion "31.0.0"
    defaultConfig {
        // 指定该模块的应用编号，即 App 的包名。该参数为自动生成，无须修改
```

```
        applicationId "com.example.helloworld"
        // 指定App适合运行的Android最小版本号,如16表示该App至少要在Android 4.1上运行
        minSdkVersion 16
        // 指定目标设备的SDK版本号,即该App最希望在哪个版本的Android上运行
        targetSdkVersion 31
        // 指定App的应用版本号
        versionCode 1
        // 指定App的应用版本名称
        versionName "1.0"
        testInstrumentationRunner "androidx.test.runner.AndroidJUnitRunner"
    }
    buildTypes {
        release {
            // 指定是否开启代码混淆功能。true表示开启混淆,false表示无须混淆
            minifyEnabled false
            // 指定代码混淆规则文件的文件名
            proguardFiles getDefaultProguardFile('proguard-android-optimize.
            txt'), 'proguard-rules.pro'
        }
    }
}
// 指定App编译的依赖信息
dependencies {
    // 指定引用jar包的路径
    implementation fileTree(dir: 'libs', include: ['*.jar'])
    // 指定编译Android的高版本支持库
    implementation 'androidx.appcompat:appcompat:1.0.2'
    // 指定默认布局方式
    implementation 'androidx.constraintlayout:constraintlayout:1.1.3'
    // 指定单元测试编译用的junit版本号
    testImplementation 'junit:junit:4.12'
    androidTestImplementation 'androidx.test.ext:junit:1.1.1'
    androidTestImplementation 'androidx.test.espresso:espresso-core:3.2.0'
}
```

1.5 思考与练习

【思考】

1. 如何搭建Android开发环境?
2. Android源代码的编译过程是怎样的?
3. Android系统架构包含的层次以及各层的特点是什么?

【练习】

安装开发环境,创建HelloWorld项目并运行。

第 2 章　Android 应用界面布局设计

Android 应用都有若干个 UI 人机界面，方便用户的使用。使用 Android 开发框架中提供的控件，可以方便地构建人机界面。本章介绍常用 View 控件的属性设置、常用布局控件和辅助布局工具的使用，让读者能在界面上使用布局对控件进行排版。

2.1　UI 控件简介

Android SDK 提供了丰富的 UI 控件，基本能够满足大多数应用的 UI 开发需求。此外，一些优秀的第三方控件也被广泛使用。

UI 控件的父类是 View 类，View 类定义了 UI 控件共有的属性和方法，比如位置、大小、绘制方法等，所有控件都具备这些属性。UI 上使用的控件，都是直接或间接派生自 View 类，比如常见的按钮控件 Button 类、文本显示控件 TextView 类、文本编辑控件 EditText 类等，都是 View 类的子类。

UI 控件总体上分为两大类：一类是用于信息呈现和交互的控件；另一类是容器类的控件。在容器控件中放置其他控件，以实现分组、排版布局等管理。View 类的子类 ViewGroup 类，是各种容器类的父类。开发环境中控件面板 Common 类的常用控件如图 2-1 所示，包含文本框、按钮、图片显示控件等控件。

在 Android 应用 UI 开发过程中，第一步是将控件放入界面，使其成为界面的一部分。第二步，通过配置控件的属性，设计控件的位置、大小、颜色、呈现的文本内容等，达到 UI 排版布局的要求。

在 Android Studio 开发环境中，可以在属性面板上以可视化方式设置控件的属性，如图 2-2 所示，选中控件后，可以在属性面板中为控件设置属性。也可以直接在 UI 的布局文件中直接编

图 2-1　常用控件

图 2-2　属性面板

辑控件的属性。两种方式殊途同归，最终的属性配置都保存在布局文件中。还可以在程序代码中配置控件的属性，这种方式可以让程序代码与界面进行交互，经常会在程序中用代码来修改控件属性。

UI 控件类关系如图 2-3 所示，View 类是所有控件的父类。

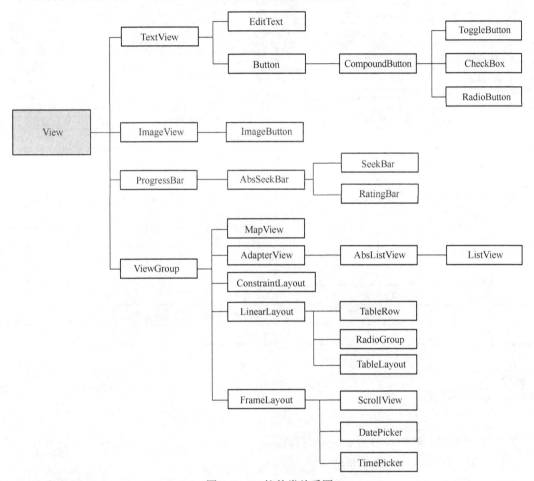

图 2-3　UI 控件类关系图

View 类中定义了控件的通用属性，通过学习 View 类中的通用属性，就可以了解各种控件的通用属性。View 类的部分属性如表 2-1 所示，表中的 XML 属性省略了前缀"android:"，在布局文件中编辑属性时要加上该前缀。表中还列出了在 Java 代码中配置属性的方法，大部分属性都有对应的方法供在代码中操作属性。

表 2-1　View 类的部分属性

XML 属性（android:）	Java 方法	说明
id	setId()	设置控件的唯一标识
alpha	setAlpha()	设置透明度
background	setBackgroundResource()	设置背景
clickable	setClickable()	是否可以触发单击事件
contentDescription	setContentDescription()	设置内容描述信息
elevation	setElevation()	设置"浮"起来的高度，让该组件呈现 3D 效果

（续）

XML 属性（android:）	Java 方法	说明
focusable	setFocusable()	设置是否可以得到焦点
foreground	setForeground()	设置前景图形
foregroundGravity	setForegroundGravity()	设置绘制前景图形时的对齐方式
keepScreenOn	setKeepScreenOn()	设置是否会强制手机屏幕一直打开
layoutDirection	setLayoutDirection()	设置布局方式：ltr（从左到右）、rtl（从右到左）、inherit（与父容器相同）和 locale 四种值
longClickable	setLongClickable()	设置是否可以响应长单击事件
onClick	setOnClickListener()	为单击事件绑定监听器
padding	setPadding()	在控件的四边设置填充区域
rotation	setRotation()	设置旋转的角度
rotationX	setRotationX()	设置绕 X 轴旋转的角度
rotationY	setRotationY()	设置绕 Y 轴旋转的角度
saveEnabled	setSaveEnabled()	如果设置为 false，那么当该组件被冻结时，不会保存它的状态
scaleX	setScaleX()	设置水平方向的缩放比
scaleY	setScaleY()	设置垂直方向的缩放比
soundEffectsEnabled	setSoundEffectsEnabled()	设置被单击时是否使用音效
tag	setTag()	设置一个对象
textAlignment	setTextAlignment()	设置文字的对齐方式
textDirection	setTextDirection()	设置文字的排列方式
visibility	setVisibility()	设置是否可见

2.2 经典布局

为了管理界面中的控件位置、大小等排版需求，Android 提供了布局控件，这种控件是容器类控件，用于辅助界面的排版布局。

布局控件继承自 ViewGroup，拥有父类 ViewGroup 定义的属性。不论是容器类控件还是非容器类控件，都有与布局相关的常用属性（见表 2-2）属性内容省略了前缀 "android:"，在布局文件中使用这些属性时要加上前缀。

表 2-2 布局相关的常用属性

布局有关属性（android:）	说明
layout_width layout_height	对控件自身有效。设置控件的宽、高，每个控件都使用该属性。既可以设置固定值，比如 50dp，也可以设置字符串值，如设置 match_parent 表示与父控件尺寸同，设置为 wrap_content 表示尺寸大小设置为包裹住内容即可
padding 系列属性，加具体方位后的属性如 paddingLeft、paddingTop 等	对控件内的内容有效。设置控件内的内容与控件边框的距离，通常设置固定值，如 5dp
layout_margin 系列属性，加具体方位后的属性如 layout_marginleft 等	设置控件相对于父控件的边距，通常设置固定值，比如 50dp
gravity	对控件内的内容有效。设置控件中内容的大致位置，如 center 正中、top 顶部等
layout_gravity	设置控件在父控件中的大致位置，值与 gravity 一样，如 left 靠左、bottom 靠底部等

Android 提供了很多布局控件。线性布局是经常使用的一种布局形式。帧布局是最简单的

一种布局,为每个加入的控件创建一个空白区域。表格布局提供 n 行 n 列形式的布局。相对布局是按照各控件之间的相对位置关系完成布局,Android 2.3 以后由约束布局替代。绝对布局直接定义控件的坐标位置,该布局不能适配各种屏幕,实际开发中不采用这种布局格式。下面介绍经典布局中的线性布局和帧布局。

2.2.1 线性布局 LinearLayout

线性布局,顾名思义,是一种对放在其内的控件进行线性排列的容器控件。线性排列分为水平和垂直两个方向,使用属性 android:orientation 控制排列方向,设置值"vertical"为垂直方向、"horizontal"为水平方向,如果不设置该属性,则默认为水平方向排列。

线性布局内的控件尺寸可以设置宽高为固定值,也可以设置为相对宽/高。在排列方向上,可以结合子控件的权重属性 android:layout_weight,根据权重比例在线性布局中排列子控件,实现控件自适应屏幕尺寸能力。但在极限条件下,比如屏幕尺寸过小,会造成控件压缩或控件不可见等现象。

要正确使用权重,需要将子控件大小设置为 0dp。Android 计算子控件在排列方向上的尺寸大小的公式,考虑了子控件的原始大小,计算公式如下:

$$最终尺寸=原始尺寸+(线性布局尺寸-所有子控件原始尺寸)*权重比例$$

可见,子控件大小设置为 0dp,最易于按权重计算。如果子控件大小设置为 match_parent,代表子控件长度和线性布局长度相同,计算的结果就不是想要的权重大小;如果设置为 wrap_content,代表子控件大小与内容尺寸有关,计算结果也会有偏差。

一个线性布局的示例代码如下所示,3 组线性布局中分别放 3 个按钮控件,3 组线性布局中的按钮控件尺寸分别设置为 0dp、wrap_content、match_parent,每组按钮的权重都按顺序设置为 1、2、3。

```
<?xml version="1.0" encoding="utf-8"?>
<LinearLayout xmlns:android="http://schemas.android.com/apk/res/android"
    android:layout_width="match_parent"
    android:layout_height="match_parent"
    android:orientation="vertical">
    <LinearLayout
        android:layout_width="match_parent"
        android:layout_height="wrap_content"
        android:orientation="horizontal">
        <Button
            android:id="@+id/button"
            android:layout_width="0dp"
            android:layout_height="wrap_content"
            android:layout_weight="1"
            android:text="1" />
        <Button
            android:id="@+id/button2"
            android:layout_width="0dp"
            android:layout_height="wrap_content"
            android:layout_weight="2"
```

2-2 线性布局介绍

```xml
            android:text="2" />
        <Button
            android:id="@+id/button3"
            android:layout_width="0dp"
            android:layout_height="wrap_content"
            android:layout_weight="3"
            android:text="3" />
    </LinearLayout>
    <LinearLayout
        android:layout_width="match_parent"
        android:layout_height="wrap_content"
        android:orientation="horizontal">
        <Button
            android:id="@+id/button4"
            android:layout_width="wrap_content"
            android:layout_height="wrap_content"
            android:layout_weight="1"
            android:text="4" />
        <Button
            android:id="@+id/button5"
            android:layout_width="wrap_content"
            android:layout_height="wrap_content"
            android:layout_weight="2"
            android:text="5" />
        <Button
            android:id="@+id/button6"
            android:layout_width="wrap_content"
            android:layout_height="wrap_content"
            android:layout_weight="3"
            android:text="6" />
    </LinearLayout>
    <LinearLayout
        android:layout_width="match_parent"
        android:layout_height="wrap_content"
        android:orientation="horizontal">
        <Button
            android:id="@+id/button7"
            android:layout_width="match_parent"
            android:layout_height="wrap_content"
            android:layout_weight="1"
            android:text="7" />
        <Button
            android:id="@+id/button8"
            android:layout_width="match_parent"
            android:layout_height="wrap_content"
            android:layout_weight="2"
            android:text="8" />
```

```
        <Button
            android:id="@+id/button9"
            android:layout_width="match_parent"
            android:layout_height="wrap_content"
            android:layout_weight="3"
            android:text="9" />
    </LinearLayout>
</LinearLayout>
```

上面线性布局示例的效果如图 2-4 所示。第一组按钮是按权重呈现的，而第三组的最后一个按钮看不到了，这是控件宽度设置不当所导致的权重计算偏差造成的。

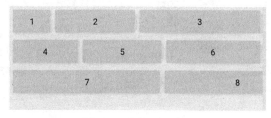

图 2-4　线性布局效果

2.2.2　案例 1　制作用户注册页面

本节给出一个布局设计参考示例，参照图 2-5，设计一个用户注册页面，并进行排版布局，布局控件不限。设计草图如 2-6 所示，要进行这种样式的排版，有多种布局可以实现设计目标。本例采用线性布局实现，合计使用了 5 个线性布局控件，完成了设计目标。

如图 2-7 所示，根布局为垂直方向排列的线性布局。在根布局中又放置了 2 个水平方向排列的线性布局，以此构成界面的上下两部分。上部分的线性布局中，又放置了 2 个垂直方向排列的布局，分别构成界面上部分左边的输入区域和右边的选项区域。下部分的线性布局中水平放置两个按钮。

图 2-5　注册页面

图 2-6　注册页面草图

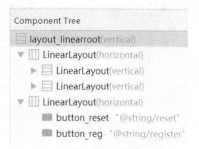

图 2-7　注册页面布局框架

注册页面线性布局的框架代码如下所示，这些基本布局代码实现了界面区域块效果，如图 2-8 所示。加入其他控件后，再修改调试控件布局有关的属性，就可以实现排版设计目标，控件的具体属性设置参照前面控件属性设置。

```xml
<?xml version="1.0" encoding="utf-8"?>
<LinearLayout xmlns:android="http://schemas.android.com/apk/res/android"
    xmlns:tools="http://schemas.android.com/tools"
    android:layout_width="match_parent"
    android:layout_height="match_parent"
    android:orientation="vertical">
    <LinearLayout
        android:layout_width="match_parent"
        android:layout_height="0dp"
        android:layout_weight="3"
        android:orientation="horizontal">
        <LinearLayout
            android:layout_width="0dp "
            android:layout_height="match_parent"
            android:layout_weight="1"
            android:orientation="vertical">
        </LinearLayout>
        <LinearLayout
            android:layout_width="0dp "
            android:layout_height="match_parent"
            android:layout_weight="1"
            android:gravity="center_horizontal"
            android:orientation="vertical">
        </LinearLayout>
    </LinearLayout>
    <LinearLayout
        android:layout_width="match_parent"
        android:layout_height="0dp "
        android:layout_weight="1"
        android:orientation="horizontal">
    </LinearLayout>
</LinearLayout>
```

图 2-8 区域块效果

2.2.3 帧布局 FrameLayout

帧布局是将放在其中的子控件进行堆叠放置，所有子控件的位置都是从帧布局的左上角开始。因为是堆叠放置，所以会发生子控件覆盖，后放置的子控件位于上面，会遮住先放置的子控件。帧布局只有基础属性，不能使用 android:gravity 属性设置子控件的位置。

以 3 个按钮为例，在帧布局中显示的布局代码如下所示，3 个按钮根据在布局文件代码中的顺序从下向上依次显示。

```xml
<?xml version="1.0" encoding="utf-8"?>
<FrameLayout xmlns:android="http://schemas.android.com/apk/res/android"
    android:layout_width="match_parent"
    android:layout_height="match_parent"
    android:orientation="vertical">
    <Button
```

2-4 帧布局介绍

```
        android:id="@+id/button"
        android:layout_width="match_parent"
        android:layout_height="wrap_content"
        android:text="1" />
    <Button
        android:id="@+id/button2"
        android:layout_width="180dp"
        android:layout_height="wrap_content"
        android:text="2" />
    <Button
        android:id="@+id/button3"
        android:layout_width="wrap_content"
        android:layout_height="wrap_content"
        android:text="3" />
</FrameLayout>
```

帧布局堆叠效果如图 2-9 所示，第 3 个按钮最后出现，所以在最上方。

图 2-9　帧布局堆叠效果

2.3　约束布局 ConstraintLayout

实际开发中，常常出现布局嵌套过多问题，约束布局则使用约束的方式来指定各个控件的位置和关系，使得设置控件的位置和尺寸更加灵活，有效地解决了嵌套过多的问题。

2.3.1　相对定位

相对定位是约束布局中的一种创建布局的基础属性，用于定义一个控件相对于另一个控件的位置，需要设置约束属性的控件称为被约束控件，参照控件称为目标控件。常用约束属性如表 2-3 所示。

2-5
相对定位

表 2-3　常用约束属性

属性	说明
app:layout_constraintLeft_toLeftOf	被约束控件的左边在目标控件的左边
app:layout_constraintLeft_toRightOf	被约束控件的左边在目标控件的右边
app:layout_constraintRight_toLeftOf	被约束控件的右边在目标控件的左边
app:layout_constraintRight_toRightOf	被约束控件的右边在目标控件的右边
app:layout_constraintStart_toEndOf	被约束控件的开始在目标控件的末端
app:layout_constraintStart_toStartOf	被约束控件的开始在目标控件的开始
app:layout_constraintEnd_toStartOf	被约束控件的末端在目标控件的开始
app:layout_constraintEnd_toEndOf	被约束控件的末端在目标控件的末端
app:layout_constraintTop_toTopOf	被约束控件的顶端在目标控件的顶端
app:layout_constraintTop_toBottomOf	被约束控件的顶端在目标控件的底端
app:layout_constraintBottom_toTopOf	被约束控件的底端在目标控件的顶端

(续)

属性	说明
app:layout_constraintBottom_toBottomOf	被约束控件的底端在目标控件的底端
app:layout_constraintBaseline_toBaselineOf	被约束控件和目标控件中的文本对齐

在约束布局中的控件必须有约束关系，可以使用图 2-10 中框出的魔法棒工具来给控件添加约束关系。但使用工具添加的每个控件的约束关系都相同，不一定符合开发者的设计要求。实际设计中，往往需要开发者修改约束关系或自主添加约束关系。

比如，要设计效果如图 2-11 所示的效果，按钮 2 在按钮 1 的右边，按钮 3 在按钮 1 的下面。

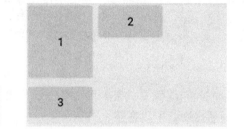

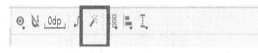

图 2-10　控件添加约束工具　　　　　图 2-11　相对定位约束布局效果图

相对定位约束布局的代码如下所示。先为按钮控件 1 设置相关约束属性，确定好它的位置后，再以它为目标控件，让按钮控件 2 的开始端与它的末端对齐，让按钮控件 3 的顶端与它的底端对齐。

```xml
<?xml version="1.0" encoding="utf-8"?>
<androidx.constraintlayout.widget.ConstraintLayout
    xmlns:android="http://schemas.android.com/apk/res/android"
    xmlns:app="http://schemas.android.com/apk/res-auto"
    xmlns:tools="http://schemas.android.com/tools"
    android:layout_width="match_parent"
    android:layout_height="match_parent">
    <Button
        android:id="@+id/button1"
        android:layout_width="wrap_content"
        android:layout_height="100dp"
        android:text="1"
        app:layout_constraintStart_toStartOf="parent"
        app:layout_constraintTop_toTopOf="parent" />
    <Button
        android:id="@+id/button2"
        android:layout_width="wrap_content"
        android:layout_height="50dp"
        android:text="2"
        app:layout_constraintStart_toEndOf="@id/button1"
        app:layout_constraintTop_toTopOf="parent" />
    <Button
        android:id="@+id/button3"
        android:layout_width="wrap_content"
        android:layout_height="wrap_content"
        android:text="3"
        app:layout_constraintStart_toStartOf="parent"
```

            app:layout_constraintTop_toBottomOf="@id/button1"/>
</androidx.constraintlayout.widget.ConstraintLayout>

在上面示例中，按钮控件 1 和按钮控件 2 的高度不一致，导致控件内的显示内容也没有对齐。为了使两个控件中的文字水平对齐，可以使用文本对齐 Baseline 类属性来实现设计目标，相关代码如下。

```xml
<?xml version="1.0" encoding="utf-8"?>
<androidx.constraintlayout.widget.ConstraintLayout
    xmlns:android="http://schemas.android.com/apk/res/android"
    xmlns:app="http://schemas.android.com/apk/res-auto"
    xmlns:tools="http://schemas.android.com/tools"
    android:layout_width="match_parent"
    android:layout_height="match_parent">
    <Button
        android:id="@+id/button1"
        android:layout_width="wrap_content"
        android:layout_height="100dp"
        android:text="1"
        app:layout_constraintStart_toStartOf="parent"
        app:layout_constraintTop_toTopOf="parent" />
    <Button
        android:id="@+id/button2"
        android:layout_width="wrap_content"
        android:layout_height="50dp"
        android:text="2"
        app:layout_constraintStart_toEndOf="@id/button1"
        app:layout_constraintTop_toTopOf="parent"
        app:layout_constraintBaseline_toBaselineOf="@id/button1"/> <!-- 设置文本对齐 -->
    <Button
        android:id="@+id/button3"
        android:layout_width="wrap_content"
        android:layout_height="wrap_content"
        android:text="3"
        app:layout_constraintStart_toStartOf=
        "parent"
        app:layout_constraintTop_toBottomOf=
        "@id/button1"/>
</androidx.constraintlayout.widget.
ConstraintLayout>
```

图 2-12 约束布局文字对齐效果图

显示效果如图 2-12 所示。

2.3.2 角度定位

约束布局中的角度定位指的是可以用两个控件中心的角度和距离来确定位置关系。角度定位的常见属性如表 2-4 所示。注意，控件正北方为 0°，角度顺时针范围为 0~360°，如果角度为负值，表示逆时针的角度。

2-6 角度定位

表 2-4 角度定位常用属性

属性	说明
app:layout_constraintCircle	被约束控件和目标控件的角度约束
app:layout_constraintCircleAngle	被约束控件中心与目标控件中心的角度
app:layout_constraintCircleRadius	被约束控件中心与目标控件中心的距离

角度定位约束布局的代码如下所示。界面上放置 3 个按钮控件，先设置按钮控件 1 的属性，定好它的位置后，再为另外 2 个控件设置角度定位属性。设置按钮控件 2 的中心在按钮控件 1 的中心 60°，距离为 100dp。按钮控件 3 的中心在按钮控件 1 的中心 120°，距离为 100dp。最终效果如图 2-13 所示。按钮 1 的位置在左上角，导致按钮控件 2 一部分在窗口外。

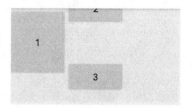

图 2-13 角度定位约束布局效果图

```xml
<?xml version="1.0" encoding="utf-8"?>
<androidx.constraintlayout.widget.ConstraintLayout
    xmlns:android="http://schemas.android.com/apk/res/android"
    xmlns:app="http://schemas.android.com/apk/res-auto"
    xmlns:tools="http://schemas.android.com/tools"
    android:layout_width="match_parent"
    android:layout_height="match_parent">
    <Button
        android:id="@+id/button1"
        android:layout_width="wrap_content"
        android:layout_height="100dp"
        android:text="1"
        app:layout_constraintStart_toStartOf="parent"
        app:layout_constraintTop_toTopOf="parent" />
    <Button
        android:id="@+id/button2"
        android:layout_width="wrap_content"
        android:layout_height="50dp"
        android:text="2"
        app:layout_constraintStart_toEndOf="@id/button1"
        app:layout_constraintTop_toTopOf="parent"
        app:layout_constraintCircle="@+id/button1"
        app:layout_constraintCircleAngle="60"
        app:layout_constraintCircleRadius="100dp" />
    <Button
        android:id="@+id/button3"
        android:layout_width="wrap_content"
        android:layout_height="wrap_content"
        android:text="3"
        app:layout_constraintStart_toStartOf="parent"
        app:layout_constraintTop_toBottomOf="@id/button1"
        app:layout_constraintCircle="@+id/button1"
        app:layout_constraintCircleAngle="120"
```

```
        app:layout_constraintCircleRadius="100dp"/>
</androidx.constraintlayout.widget.ConstraintLayout>
```

2.3.3 居中

在线性布局中，常使用 android:layout_gravity 属性的 center 属性值来设计控件的居中显示，在约束布局中通过设置控件的上下左右约束来完成控件的居中设计。

下面的代码中为按钮控件 1 设置了对齐约束属性，因为按钮控件 1 的宽和高都不与父容器相等，在保证控件尺寸属性优先情况下，达到了与父控件顶部对齐、水平居中效果，如图 2-14 所示。

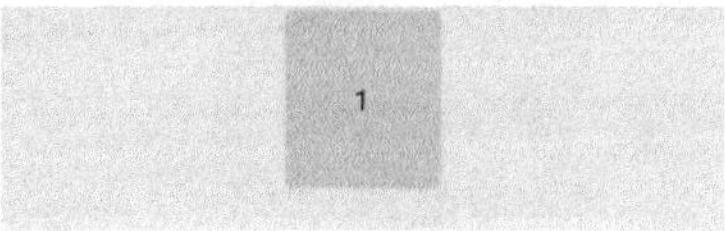

图 2-14 顶部对齐、水平居中

```
<?xml version="1.0" encoding="utf-8"?>
<androidx.constraintlayout.widget.ConstraintLayout
    xmlns:android="http://schemas.android.com/apk/res/android"
    xmlns:app="http://schemas.android.com/apk/res-auto"
    xmlns:tools="http://schemas.android.com/tools"
    android:layout_width="match_parent"
    android:layout_height="match_parent">
    <Button
        android:id="@+id/button1"
        android:layout_width="wrap_content"
        android:layout_height="100dp"
        android:text="1"
        app:layout_constraintLeft_toLeftOf="parent"
        app:layout_constraintRight_toRightOf="parent"
        app:layout_constraintTop_toTopOf="parent" />
</androidx.constraintlayout.widget.ConstraintLayout>
```

2-7 居中

下面的代码同理，实现了按钮控件 1 与父控件左对齐、垂直居中的显示效果。效果如图 2-15 所示。

```
<?xml version="1.0" encoding="utf-8"?>
<androidx.constraintlayout.widget.ConstraintLayout
    xmlns:android="http://schemas.android.com/apk/res/android"
    xmlns:app="http://schemas.android.com/apk/res-auto"
    xmlns:tools="http://schemas.android.com/tools"
    android:layout_width="match_parent"
    android:layout_height="match_parent">
    <Button
        android:id="@+id/button1"
        android:layout_width="wrap_content"
        android:layout_height="100dp"
        android:text="1"
        app:layout_constraintLeft_toLeftOf="parent"
        app:layout_constraintBottom_toBottomOf="parent"
        app:layout_constraintTop_toTopOf="parent" />
</androidx.constraintlayout.widget.ConstraintLayout>
```

图 2-15 左对齐、垂直居中

要使控件在水平和垂直方向上均居中，设置 4 个方向与父控件的对齐约束即可。

2.3.4 偏移

约束布局中，可以使用边距属性 margin 来实现偏移效果。在下面的代码中，使用 margin 属性，使按钮控件 1 在水平居中后再向右偏移 100dp。实现效果如图 2-16 所示。

```xml
<?xml version="1.0" encoding="utf-8"?>
<androidx.constraintlayout.widget.ConstraintLayout
    xmlns:android="http://schemas.android.com/apk/res/android"
    xmlns:app="http://schemas.android.com/apk/res-auto"
    xmlns:tools="http://schemas.android.com/tools"
    android:layout_width="match_parent"
    android:layout_height="match_parent">
    <Button
        android:id="@+id/button1"
        android:layout_width="wrap_content"
        android:layout_height="100dp"
        android:text="1"
        android:layout_marginLeft="100dp"
        app:layout_constraintLeft_toLeftOf="parent"
        app:layout_constraintRight_toRightOf="parent"
        app:layout_constraintTop_toTopOf="parent" />
</androidx.constraintlayout.widget.ConstraintLayout>
```

也可以使用表 2-5 所示的属性实现控件的偏移。偏移属性值范围为 0~1，通过该值控制控件的偏移比例。比如 app:layout_constraintHorizontal_bias 水平偏移属性，赋值为 0 时，控件在布局的最左侧；赋值为 1 时，控件在布局的最右侧；赋值为 0.5 时，水平居中；赋值为其他值时，控件在布局的偏左或偏右。

表 2-5 常用偏移属性

属性	说明
app:layout_constraintHorizontal_bias	被约束控件水平偏移
app:layout_constraintVertical_bias	被约束控件垂直偏移

下面的代码中使用水平偏移属性，值设置为 0.8，让按钮控件水平居中后向右偏移。效果如图 2-17 所示。

```xml
<?xml version="1.0" encoding="utf-8"?>
<androidx.constraintlayout.widget.ConstraintLayout
    xmlns:android="http://schemas.android.com/apk/res/android"
    xmlns:app="http://schemas.android.com/apk/res-auto"
    xmlns:tools="http://schemas.android.com/tools"
    android:layout_width="match_parent"
    android:layout_height="match_parent">
    <Button
        android:id="@+id/button1"
        android:layout_width="wrap_content"
```

```
        android:layout_height="100dp"
        android:text="1"
        app:layout_constraintHorizontal_bias="0.8"
        app:layout_constraintLeft_toLeftOf="parent"
        app:layout_constraintRight_toRightOf="parent"
        app:layout_constraintTop_toTopOf="parent" />
</androidx.constraintlayout.widget.ConstraintLayout>
```

图 2-16　使用 margin 属性实现偏移效果　　　　图 2-17　偏移效果图

2.3.5　尺寸约束

在约束布局中如果要使控件的长度和布局控件的长度相同，需要设置宽度为 0dp，而不能使用 match_parent 属性值，match_parent 在约束布局中无效。

下面的代码中，设置按钮控件 1 水平居中，并向右偏移 100dp，同时设置宽度为 0dp，就实现了控件根据父容器宽度扩展填充效果，并保留了偏移。效果如图 2-18 所示。

```
<?xml version="1.0" encoding="utf-8"?>
<androidx.constraintlayout.widget.ConstraintLayout
    xmlns:android="http://schemas.android.com/apk/res/android"
    xmlns:app="http://schemas.android.com/apk/res-auto"
    xmlns:tools="http://schemas.android.com/tools"
    android:layout_width="match_parent"
    android:layout_height="match_parent">
    <Button
        android:id="@+id/button1"
        android:layout_width="0dp"
        android:layout_height="100dp"
        android:text="1"
        android:layout_marginLeft="100dp"
        app:layout_constraintLeft_toLeftOf="parent"
        app:layout_constraintRight_toRightOf="parent"
        app:layout_constraintTop_toTopOf="parent" />
</androidx.constraintlayout.widget.ConstraintLayout>
```

图 2-18　尺寸约束效果图

当控件高度或宽度的属性值设置为 0dp 时，还可以使用表 2-6 中的属性设置宽高比。

表 2-6　尺寸约束相关属性

属性	说明
app:layout_constraintDimensionRatio	被约束控件宽高比

下面的代码中设置按钮控件 1 的宽度与高度的比例为 2∶1，高度为 100dp，宽度为 0dp，

根据宽高比，可以计算出宽度实际尺寸为200dp。效果如图2-19所示。

```xml
<?xml version="1.0" encoding="utf-8"?>
<androidx.constraintlayout.widget.ConstraintLayout
    xmlns:android="http://schemas.android.com/apk/res/android"
    xmlns:app="http://schemas.android.com/apk/res-auto"
    xmlns:tools="http://schemas.android.com/tools"
    android:layout_width="match_parent"
    android:layout_height="match_parent">
    <Button
        android:id="@+id/button1"
        android:layout_width="0dp"
        android:layout_height="100dp"
        android:text="1"
        android:layout_marginLeft="100dp"
        app:layout_constraintDimensionRatio="2:1"
        app:layout_constraintLeft_toLeftOf="parent"
        app:layout_constraintRight_toRightOf="parent"
        app:layout_constraintTop_toTopOf="parent" />
</androidx.constraintlayout.widget.ConstraintLayout>
```

图2-19 宽高比约束效果

2.3.6 链

如果多个控件以相互约束的方式连在一起，就成为一条链，这条链的第一个控件称为链头。链的常用属性如表2-7所示。

表2-7 链的常用属性

属性	说明
app:layout_constraintHorizontal_chainStyle	水平链头中设置链的样式
app:layout_constraintVertical_chainStyle	垂直链头中设置链的样式
app:layout_constraintHorizontal_weight	被约束控件的水平权重
app:layout_constraintVertical_weight	被约束控件的垂直权重

下面的代码通过约束将3个按钮控件首尾相接，组成了一条水平链。水平链头的样式属性值为spread（默认值），效果如图2-20所示。

```xml
<?xml version="1.0" encoding="utf-8"?>
<androidx.constraintlayout.widget.ConstraintLayout
    xmlns:android="http://schemas.android.com/apk/res/android"
    xmlns:app="http://schemas.android.com/apk/res-auto"
    xmlns:tools="http://schemas.android.com/tools"
    android:layout_width="match_parent"
    android:layout_height="match_parent">
    <Button
        android:id="@+id/button1"
        android:layout_width="wrap_content"
        android:layout_height="wrap_content"
        android:text="1"
```

```xml
        app:layout_constraintHorizontal_chainStyle="spread"
        app:layout_constraintLeft_toLeftOf="parent"
        app:layout_constraintRight_toLeftOf="@id/button2"
        app:layout_constraintTop_toTopOf="parent" />
    <Button
        android:id="@+id/button2"
        android:layout_width="wrap_content"
        android:layout_height="wrap_content"
        android:text="2"
        app:layout_constraintLeft_toRightOf="@id/button1"
        app:layout_constraintRight_toLeftOf="@id/button3"
        app:layout_constraintTop_toTopOf="parent" />
    <Button
        android:id="@+id/button3"
        android:layout_width="wrap_content"
        android:layout_height="wrap_content"
        android:text="3"
        app:layout_constraintLeft_toRightOf="@id/button2"
        app:layout_constraintRight_toRightOf="parent"
        app:layout_constraintTop_toTopOf="parent"/>
</androidx.constraintlayout.widget.ConstraintLayout>
```

如果水平链头样式的属性值为 spread_inside，两端的控件会更靠近父布局控件，效果如图 2-21 所示。

图 2-20　默认样式链效果　　　　　　　图 2-21　spread_inside 样式链效果

如果水平链头样式属性值为 packed，则三个按钮控件更紧凑，效果如图 2-22 所示。

如下代码所示，把宽度的属性值设为 0dp，使用权重属性来创建一个权重链，3 个按钮控件的权重分别为 1、2、3，也就是它们的宽度尺寸比例为 1∶2∶3。效果如图 2-23 所示。

```xml
<?xml version="1.0" encoding="utf-8"?>
<androidx.constraintlayout.widget.ConstraintLayout
    xmlns:android="http://schemas.android.com/apk/res/android"
    xmlns:app="http://schemas.android.com/apk/res-auto"
    xmlns:tools="http://schemas.android.com/tools"
    android:layout_width="match_parent"
    android:layout_height="match_parent">
    <Button
        android:id="@+id/button1"
        android:layout_width="0dp"
        //button1 按钮的其他属性见上一个例子
        app:layout_constraintHorizontal_weight="1"… />
    <Button
        android:id="@+id/button2"
        android:layout_width="0dp"
```

```
        app:layout_constraintHorizontal_weight="2"
        android:text="2" …/>      //button2 按钮的其他属性见上一个例子
    <Button
        android:id="@+id/button3"
        android:layout_width="0dp"
        //button3 按钮的其他属性见上一个例子
        app:layout_constraintHorizontal_weight="3"…/>
</androidx.constraintlayout.widget.ConstraintLayout>
```

图 2-22　packed 样式链效果　　　　　　　　图 2-23　权重链效果图

2.4　辅助布局工具

Android 提供了一些辅助布局工具，帮助开发者更好地实现 UI 设计。可以通过界面添加辅助布局工具，常用的辅助布局工具有分组、屏障、辅助线等，如图 2-24 所示。

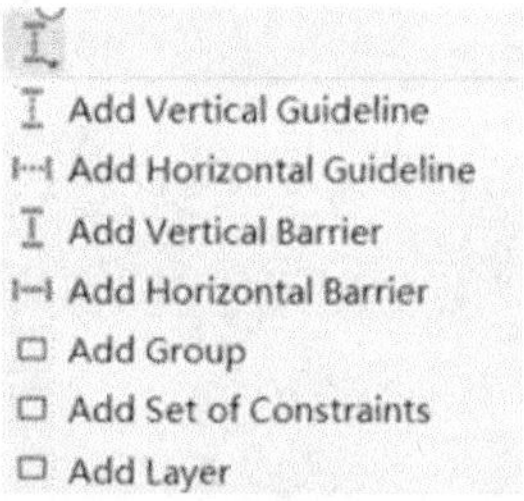

2.4.1　分组

使用约束布局后各个控件都是离散的，如果要控制控件的显示与隐藏，需要设置多次控件的显示或隐藏属性，非常不方便，分组 Group 可以把多个控件归为一组，方便隐藏或显示一组控件。

图 2-24　辅助布局工具

下面的代码中有 3 个按钮控件并排显示，使用分组 Group 工具将 1、3 两个按钮控件分为一组，并使用组的 android:visibility 属性设置隐藏这两个按钮。效果如图 2-25 所示。

2-11
分组

```
<?xml version="1.0" encoding="utf-8"?>
<androidx.constraintlayout.widget.ConstraintLayout
    xmlns:android="http://schemas.android.com/apk/res/android"
    xmlns:app="http://schemas.android.com/apk/res-auto"
    xmlns:tools="http://schemas.android.com/tools"
    android:layout_width="match_parent"
    android:layout_height="match_parent">
    <Button
        android:id="@+id/button1"
        android:layout_width="wrap_content"
        android:layout_height="wrap_content"
        android:text="1"
        app:layout_constraintLeft_toLeftOf="parent"
        app:layout_constraintTop_toTopOf="parent" />
    <Button
        android:id="@+id/button2"
```

图 2-25　分组后设置隐藏控件效果图

```xml
        android:layout_width="wrap_content"
        android:layout_height="wrap_content"
        android:text="2"
        app:layout_constraintLeft_toRightOf="@id/button1"
        app:layout_constraintTop_toTopOf="parent"/>
    <Button
        android:id="@+id/button3"
        android:layout_width="wrap_content"
        android:layout_height="wrap_content"
        android:text="3"
        app:layout_constraintLeft_toRightOf="@id/button2"
        app:layout_constraintTop_toTopOf="parent"/>
    <androidx.constraintlayout.widget.Group
        android:id="@+id/group"
        android:layout_width="wrap_content"
        android:layout_height="wrap_content"
        android:visibility="invisible"
        app:constraint_referenced_ids="button1,button3">
    </androidx.constraintlayout.widget.Group>
</androidx.constraintlayout.widget.ConstraintLayout>
```

2.4.2 屏障

如下代码中，布局会出现错误，效果如图 2-26 所示。布局代码中 3 个按钮控件的约束设置，先将按钮控件 1 固定在左上角，然后将按钮控件 2 与父控件左边对齐放在按钮控件 1 的下方，按钮控件 3 与父控件顶部对齐放在按钮控件 2 的右边。由于按钮控件 1 比按钮控件 2 宽，导致按钮控件 3 与按钮控件 1 重叠。显然，布局设计有问题，如果一个控件需要在多个控件的右边，只用一个目标控件做参考不能达到该设计目标。

```xml
<?xml version="1.0" encoding="utf-8"?>
<androidx.constraintlayout.widget.ConstraintLayout
    xmlns:android="http://schemas.android.com/apk/res/android"
    xmlns:app="http://schemas.android.com/apk/res-auto"
    xmlns:tools="http://schemas.android.com/tools"
    android:layout_width="match_parent"
    android:layout_height="match_parent">
    <Button
        android:id="@+id/button1"
        android:layout_width="100dp"
        android:layout_height="wrap_content"
        android:text="1"
        app:layout_constraintLeft_toLeftOf="parent"
        app:layout_constraintTop_toTopOf="parent" />
    <Button
        android:id="@+id/button2"
        android:layout_width="50dp"
        android:layout_height="wrap_content"
```

图 2-26 使用 Barrier 前的效果图

2-12 屏障

```
        android:text="2"
        app:layout_constraintLeft_toLeftOf="parent"
        app:layout_constraintTop_toBottomOf="@id/button1"/>
    <Button
        android:id="@+id/button3"
        android:layout_width="wrap_content"
        android:layout_height="wrap_content"
        android:text="3"
        app:layout_constraintLeft_toRightOf="@id/button2"
        app:layout_constraintTop_toTopOf="parent"/>
</androidx.constraintlayout.widget.ConstraintLayout>
```

开发者可以使用屏障（Barrier）解决上面的问题，在多个控件的一侧放置一个屏障，相当于一个虚拟的分隔墙，另一侧控件以屏障为参照目标控件设置约束关系。常用屏障属性如表 2-8 所示。

表 2-8 常用屏障属性

属性	说明
app:barrierDirection	屏障在隔离控件的某个方位，可设置的值有：bottom、end、left、right、start、top
app:constraint_referenced_ids	屏障隔离控件的 ID 列表，多个控件 ID 用逗号隔开

使用屏障 Barrier 隔离控件进行布局设计的代码如下所示。为按钮控件 1、2 设置了屏障 Barrier，屏障 Barrier 在它们的右侧。按钮控件 3 以屏障 Barrier 为目标参考控件，进行左对齐。因为屏障 Barrier 是虚拟隔离线，可以视为宽度为 0。效果如图 2-27 所示，无论按钮控件 1、2 的宽度如何改变，按钮控件 3 始终约束在 Barrier 的右边，屏障本身不会显示在界面上。

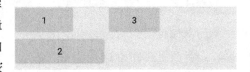

图 2-27 使用 Barrier 后的效果图

```
<androidx.constraintlayout.widget.ConstraintLayout
    xmlns:android="http://schemas.android.com/apk/res/android"
    xmlns:app="http://schemas.android.com/apk/res-auto"
    xmlns:tools="http://schemas.android.com/tools"
    android:layout_width="match_parent"
    android:layout_height="match_parent">
    <Button
        android:id="@+id/button1"
        android:layout_width="100dp"
        android:layout_height="wrap_content"
        android:text="1"
        app:layout_constraintLeft_toLeftOf="parent"
        app:layout_constraintTop_toTopOf="parent" />
    <Button
        android:id="@+id/button2"
        android:layout_width="150dp"
        android:layout_height="wrap_content"
        android:text="2"
```

```xml
        app:layout_constraintLeft_toLeftOf="parent"
        app:layout_constraintTop_toBottomOf="@id/button1"/>
    <androidx.constraintlayout.widget.Barrier
        android:id="@+id/barrier"
        android:layout_width="wrap_content"
        android:layout_height="wrap_content"
        app:barrierDirection="right"
        app:constraint_referenced_ids="button1,button2" />
    <Button
        android:id="@+id/button3"
        android:layout_width="wrap_content"
        android:layout_height="wrap_content"
        android:text="3"
        app:layout_constraintLeft_toLeftOf="@id/barrier"
        app:layout_constraintTop_toTopOf="parent"/>
</androidx.constraintlayout.widget.ConstraintLayout>
```

2.4.3 辅助线

当需要以一个任意位置作为约束参照目标时，可以使用辅助线 Guideline，它和屏障一样本身是不可见的，它的常用属性如表 2-9 所示。

表 2-9 辅助线的常用属性

属性	说明
android:orientation	设置为 vertical 的时候，控件宽度为 0，高度是父控件的高度。设置为 horizontal 的时候，控件高度为 0，宽度是父控件的宽度
app:layout_constraintGuide_begin	设置左侧或顶部的距离
app:layout_constraintGuide_end	设置右侧或底部的距离
app:layout_constraintGuide_percent	设置在父控件中的尺寸百分比

下面的代码中，使用辅助线 Guideline，使按钮控件的宽度为屏幕宽度的一半，距离顶部 100dp。本例中使用了两个辅助线，ID 为 guideline1 的为水平辅助线，设置距离顶部为 100dp；ID 为 guideline2 的为垂直辅助线，设置开始位置为屏幕宽的 0.5，也就是中点位置。按钮控件顶部与 guideline1 对齐，右侧与 guideline2 对齐。实现效果如图 2-28 所示。

```xml
<?xml version="1.0" encoding="utf-8"?>
<androidx.constraintlayout.widget.ConstraintLayout
    xmlns:android="http://schemas.android.com/apk/res/android"
    xmlns:app="http://schemas.android.com/apk/res-auto"
    xmlns:tools="http://schemas.android.com/tools"
    android:layout_width="match_parent"
    android:layout_height="match_parent">
    <androidx.constraintlayout.widget.Guideline
        android:id="@+id/guideline1"
        android:layout_width="wrap_content"
        android:layout_height="wrap_content"
        android:orientation="horizontal"
```

2-13 辅助线

```
            app:layout_constraintGuide_begin="100dp" />
    <androidx.constraintlayout.widget.Guideline
        android:id="@+id/guideline2"
        android:layout_width="wrap_content"
        android:layout_height="wrap_content"
        app:layout_constraintStart_toStartOf="@id/button1"
        android:orientation="vertical"
        app:layout_constraintGuide_percent="0.5" />
    <Button
        android:id="@+id/button1"
        android:layout_width="0dp"
        android:layout_height="wrap_content"
        android:text="1"
        app:layout_constraintStart_toStartOf="parent"
        app:layout_constraintEnd_toStartOf="@+id/guideline2"
        app:layout_constraintTop_toBottomOf="@id/guideline1" />
</androidx.constraintlayout.widget.ConstraintLayout>
```

图 2-28　使用 Guideline 后的效果图

2.5　思考与练习

【思考】

1. 线性布局的哪个属性用于设置界面元素呈现垂直或水平排列？
2. 属性值 match_parent 和 wrap_content 有何区别？
3. 约束布局中如何实现控件居中？
4. 帧布局有什么特点？
5. Android 提供了哪些常用辅助布局工具？

【练习】

设计登录界面、头像选择界面。

第 3 章　Android 应用界面效果

Android 应用界面需要进行一定的美化后才会为用户带来良好的视觉体验。Android 开发框架中提供了很多设计工具，比如样式和主题、国际化、形状等设计工具，帮助开发者进行界面设计和美化。本章介绍样式和主题的应用、界面显示的国际化支持、shape 形状的定义和使用、图层列表的定义和使用、选择器的定义和使用等内容，并为每个知识点设计了对应的案例，使读者掌握这些知识点的使用。

3.1 样式和主题

3.1.1 样式和主题介绍

样式、主题是多种外观属性的集合，类似于网页中的 CSS 样式，使外观设计与内容分离，方便对应用进行总体外观设计。创建一个新项目后，会生成一个 styles.xml 文件，可以在该文件中定义样式和主题。

3-1 样式和主题介绍

样式与主题在定义的语法方式上是一样的，但应用场合不同。样式主要是针对控件的定义，比如需要对 TextView、Button 等控件进行外观风格统一设计时，可以定义样式，然后统一在这些控件上应用，就能使这些控件具有统一的风格。

主题是针对整个应用、Activity 窗口的外观设置，影响面更大，一次指定可以对整个应用或整个 Activity 窗口生效。

不论是样式还是主题，它们在定义上都比较灵活，并且可以继承复用，Android 框架也提供了多种预定义样式和主题供开发者使用。

自定义主题和样式代码如下所示，里面自定义了一个主题 ActivityTheme2 和一个样式 ButtonStyle，可以看出主题和样式的定义方式是一样的。自定义主题 ActivityTheme2 继承了父主题 AppTheme，在父主题基础上加入了新的外观样式。父主题 AppTheme 是创建项目时开发环境自动添加的，它继承自 Android 框架预定义的主题 DarkActionBar。样式 ButtonStyle 定义了控件的文本颜色和背景色。

```
<resources>
    <!-- Base application theme. 创建项目时自动生成的主题定义 -->
    <style name="AppTheme" parent="Theme.AppCompat.Light.DarkActionBar">
        <item name="colorPrimary">@color/colorPrimary</item> <!--Appbar 背景色-->
        <!--状态栏颜色-->
        <item name="colorPrimaryDark">@color/colorPrimaryDark</item>
        <!--控制各个控件被选中时的颜色-->
```

```
            <item name="colorAccent">@color/colorAccent</item>
        </style>
        <!-- 本案例添加的自定义主题，父主题为 AppTheme -->
        <style name="ActivityTheme2" parent="AppTheme">
            <item name="android:background">#A8E97B</item>
            <!-- 本项指定窗口是否全屏显示 -->
            <item name="android:windowFullscreen">true</item>
            <item name="android:windowNoTitle">true</item>  <!-- 本项指定窗口是否无标题 -->
        </style>
        <!-- 本案例添加的自定义样式，没有指定父样式 -->
        <style name="ButtonStyle" >
            <item name="android:textColor">#F44336</item>
            <item name="android:background">#E4EE8A</item>
        </style>
</resources>
```

如上代码所示，主题和样式都使用<style>标签定义，name 属性定义主题或样式的名字，parent 属性定义继承的父主题或父样式的名字。

在<style>标签内，用<item>标签设置要修改的控件的外观属性，name 属性声明控件外观属性名，<item>标签的内容设置了控件外观属性的值。

3.1.2 案例 2 使用自定义样式和主题

本案例使用了 3.1.1 节中自定义的主题和样式，配置了 Activity 窗口和按钮后的效果如图 3-1 所示。窗口背景颜色变为浅绿色，【使用了样式】按钮的背景颜色为黄色，文字颜色为红色，按照上述主题和样式的定义发生了改变。【未应用样式】按钮没有使用自定义样式，显示的仍然是灰色背景、黑色字体的默认样式外观。

首先介绍本案例的自定义主题设置方式。当创建项目后，开发环境生成的代码中会在<application>标签中的"android:theme"属性中为应用配置一个名为 AppTheme 的默认主题，该默认主题的代码在 3.1.1 节中已经介绍，如果要修改应用的主题，只须修改该属性的主题名即可。

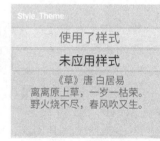

图 3-1 自定义样式和主题

本案例在清单文件中为窗口设置了自定义主题 ActivityTheme2，如下代码所示。在 MainActivity 窗口的<activity>标签中增加了"android:theme"属性，为该窗口设置了值为 ActivityTheme2 的自定义主题。当同时为应用和 Activity 窗口设置了主题后，近的主题会覆盖远的主题，也就是为窗口设置的主题优先级高，如果没有为窗口设置主题，则使用应用的主题。

```
<?xml version="1.0" encoding="utf-8"?>
<manifest xmlns:android="http://schemas.android.com/apk/res/android"
    package="com.wxstc.style_theme">
    <application
        android:allowBackup="true"
        android:icon="@mipmap/ic_launcher"
        android:label="@string/app_name"
```

3-2 案例 2 使用自定义样式和主题

```
        android:roundIcon="@mipmap/ic_launcher_round"
        android:supportsRtl="true"
        android:theme="@style/AppTheme">  <!-- 本项指定应用的主题  -->
        <activity android:name=".MainActivity"
            android:theme="@style/ActivityTheme2">  <!-- 为该窗口设置自定义主题  -->
            <intent-filter>
                <action android:name="android.intent.action.MAIN" />
                <category android:name="android.intent.category.LAUNCHER" />
            </intent-filter>
        </activity>
    </application>
</manifest>
```

本案例按钮样式的设置方式如下代码所示。在布局文件中，为【使用了样式】按钮控件设置了自定义样式 ButtonStyle。当同时为应用和 Activity 设置了主题、为控件设置了样式，主题和样式中有同名属性会影响所有控件的设置时，同样遵循近覆盖远原则。也就是为控件设置的自定义样式优先级高，优先使用它设置控件外观。如果没有为控件设置样式，则使用窗口或应用的主题中的相关属性值配置控件外观；如果主题中也没有设置相关属性，则使用控件的默认配置。如下代码中【未应用样式】按钮，使用的是默认配置。

```
<Button … android:id="@+id/button"  android:text="使用了样式"
    style="@style/ButtonStyle" />  <!-- 在style属性中为该按钮设置了自定义样式 -->
<Button … android:id="@+id/button2"  android:text="未应用样式"  />
```

3.2 国际化

如果 Android 应用会面向不同地区的人群使用，就需要使用国际化功能改造界面以适应这些地区的语言和习惯，使应用显示用户所在地区的文字、配色等外观。国际化的英文单词是 Internationalization，在 I 和 n 之间有 18 个字符，因此在一些开发资料中常把 Internationalization 简称为 I18n。同理，本地化 Localization 简称 L10n。

3.2.1 国际化方式

Android 开发提供了一种简单的国际化支持，通过增加面向特定国家或地区后缀的同名目录、资源文件等，让应用实现资源自动适配国际化。当 Android 应用运行时，Android 系统会根据运行的地区环境语言来匹配和使用这些资源，从而实现自动适配目标国家地区的语言文本和界面。

3-3
国际化方式

以 values 目录中的值文件为例，开发者只要创建以 "values_国家地区简写" 的目录，在 values 目录中，放置同名的资源文件，资源文件中的条目名和条目数量一一对应，条目的内容是适用于不同国家或地区的文字、资源等定义，就为应用增加了国际化支持。

在 Android Studio 中，可以使用窗口向导快速建立国际化的目录。在【New Resource File】窗口中，在左侧列表框中选择【Locale】（本地化），然后单击【>>】按钮，就会出现选择语言的列表。

在 Android Studio 中选择 Project 视图模式，可以看到带后缀的目录名。本例创建成功后的 values 目录情况如图 3-2 所示。图中带后缀 "-zh" 的目录包括简体中文、繁体中文。

建好目录后，开发者要做的就是在 values 文件中进行资源文件的定义和完善。要确保不同目录中的资源文件名相同，这样 Android 系统才能自动加载。values 目录是默认目录，当没有对应的国际化资源目录时，默认使用该目录下的资源文件。

图 3-2 为支持国际化创建的 values 目录

在布局文件代码或 Java 代码中通过 "R.resource_type.resource_name" 的方式使用的资源，Android 系统会根据当前设置的语言，从带有对应目录中的资源文件中获取资源，实现国际化的自动适配。需要注意，资源文件名必须是小写字符，有效字符包括小写字母、下画线、数字。

3.2.2 案例 3 让页面支持中英显示

在 Android 应用的界面上，经常会使用文字信息给用户提示。可以将这些文字信息定义在 strings.xml 文件中，在不同国家和地区的目录下都创建 strings.xml 文件，在该文件中添加一一对应的条目并设置使用对应的国家或地区语言的文本字符串。然后在控件中引用这些文字信息，就可以实现文字国际化。

3-4 案例 3 让页面支持中英显示

 注意：不同国家或地区目录下的 string.xml 文件中定义的文字信息应当一一对应，如果不一致，可会导致错误。其他资源的使用，也可以按这种方式实现国际化，目录的创建方式也一样。

本案例演示了字符串、图片、样式的国际化，界面效果如图 3-3 所示。当手机的 Android 系统语言设置为英文时，显示英文文本和带英文 "Great Wall" 字样的图片，背景设置为橘色；当 Android 系统语言为中文时，显示中文文本和带中文 "长城" 字样的图片，背景设置为大红色。

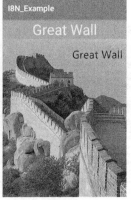

图 3-3

a)　　　　　　　　b)

图 3-3　案例 3 界面效果

本案例中新增加了以"-zh"为后缀的 drawable 目录和 values 目录,并在该目录下放置了同名资源文件,其中图片文件 changcheng.jpg 分为英文和中文两个版本,图片的文件名在各个 drawable 目录中是相同的。对应用而言,文件名代表同一个图片不同国家和地区的不同版本。

本案例中,strings.xml 文件的英文版和中文版本代码如下所示。该文件名在各个 values 目录中也是相同的。两个文件中的文字信息条目相同、一一对应,但每个条目的文本是用不同语言实现的。

英文版本 strings.xml 文件。

```xml
<resources>
    <string name="app_name">I8N_Example</string>  <!-- 定义了 App 的英文名字 -->
    <string name="hello">Great Wall</string>  <!-- 定义了 hello 项的英文文本 -->
</resources>
```

中文版本 strings.xml 文件。

```xml
<resources>
    <string name="app_name">I8N_例子</string>  <!-- 定义了 App 的中文名字 -->
    <string name="hello">长城</string>  <!-- 定义了 hello 项的中文文本 -->
</resources>
```

本案例的 styles.xml 文件在各个目录中的英文版本和中文版本代码如下所示。两个文件中的自定义样式的条目相同、一一对应,但条目的值不同。应用的默认主题 AppTheme 在中文版中没有定义,当 Android 系统是中文语言环境时,使用默认样式文件,也就是英文版中的默认主题 AppTheme 定义配置应用的外观。

英文版本 styles.xml 文件。

```xml
<resources>
    <style name="AppTheme" parent="Theme.AppCompat.Light.DarkActionBar">
        <item name="colorPrimary">@color/colorPrimary</item>
        <item name="colorPrimaryDark">@color/colorPrimaryDark</item>
        <item name="colorAccent">@color/colorAccent</item>
    </style>
    <style name="BackgroundStyle" >  <!-- 自定义样式-英文版 -->
        <item name="android:background">#E7894C</item>
    </style>
</resources>
```

中文版本 styles.xml 文件。

```xml
<resources>
    <style name="BackgroundStyle" >  <!-- 自定义样式-中文版 -->
        <item name="android:background">#F01809</item>
    </style>
</resources>
```

在 UI 布局文件中使用上述资源的布局代码如下所示。

```xml
<LinearLayout xmlns:android="http://schemas.android.com/apk/res/android"
    style="@style/BackgroundStyle" …>  <!-- 线性布局使用了自定义样式 -->
    <!-- 文本框软引用了 hello 条目的文本 -->
```

```
<TextView    …   android:text="@string/hello" />
<!-- 图片控件软引用了图片   -->
<ImageView   …   app:srcCompat="@drawable/changcheng" />
</LinearLayout>
```

"…"表示省略其他属性，比如宽、高、文本等。代码中@string/hello 式样的值，就是引用了 strings.xml 文件中定义的字符串条目，这种方式是软引用。直接设置文本字符串是硬编码。软引用可以让应用支持国际化，硬编码不可以。诸如@style/BackgroundStyle、@drawable/changcheng 都是软引用，引用了上述定义的资源或资源文件。

LinearLayout 对样式 BackgroundStyle 的使用、ImageView 控件对 changcheng.jpg 图片的使用，在引用时直接引用即可，无须考虑是哪个国家地区的资源。在应用运行时，会根据 Android 系统语言自动适配。

3.3 shape 形状

在 Android 应用开发中，可以使用 shape 标签定义各种各样的形状应用到界面的控件中，使控件呈现特殊效果的外观。与使用图片相比，使用 shape 形状可以减小安装包大小，并能较好地适配不同尺寸的手机。

3.3.1 shape 形状语法介绍

一般用于 shape 形状定义的 xml 文件存放在 drawable 目录下。shape 形状的总体语法说明如下所示。在 shape 根元素标签内，可以通过 android:shape 属性定义具体的形状，比如 rectangle 矩形、oval 椭圆形、line 线、ring 环形等形状。还可以使用其他属性进一步设置形状的细节，比如 Radius 属性用来设置 ring 环形的半径。"[]"内的属性值为多选一。

3-5
shape 形状语法介绍

```
<shape
    xmlns:android="http://schemas.android.com/apk/res/android"
    android:shape=["rectangle" | "oval" | "line" | "ring"]   //定义具体形状
    android:tint="color"   //给 shape 着色
//着色类型定义
    android:tintMode="src_in|src_atop|src_over|add|multiply|screen"
    android:innerRadius="integer"   //仅形状为 ring 环形时可用，定义内环的半径
//仅形状为 ring 环形时可用，以环的宽度比率来表示内环的半径，默认为 3，
//表示内环半径为环的宽度除以 3，注意该值会被 android:innerRadius 覆盖
    android:innerRadiusRatio="float"
    android:thickness="integer"   //仅形状为 ring 环形时可用，定义环的厚度
//仅形状为 ring 环形时可用，以环的宽度比率来表示环的厚度，默认为 9，表示环的厚度为
//环的宽度除以 9，该值会被 android:thickness 覆盖
    android:thicknessRatio="float"
    android:visible="false|true"   //定义形状的可见性
    android:useLevel=["true" | "false"] />   //定义是否在 LevelListDrawable 中使用
    <corners   //圆角属性标签
        android:radius="integer"   //统一定义四个角的圆角半径
        android:topLeftRadius="integer"   //定义左上角半径
```

```
          android:topRightRadius="integer"   //定义右上角半径
          android:bottomLeftRadius="integer"  //定义左下角半径
          android:bottomRightRadius="integer" /> //定义右下角半径
    <gradient    //渐变属性标签
          android:angle="integer"  //定义渐变角度
          //仅为放射渐变时有效，在 0.0 到 1.0 之间，默认为 0.5，表示在正中间
          android:centerX="integer"
          //仅为放射渐变时有效，在 0.0 到 1.0 之间，默认为 0.5 表示在正中间
          android:centerY="integer"
          android:gradientRadius="integer"  //仅为放射渐变时有效，定义渐变半径
          android:startColor="color"  //定义渐变开始颜色
          android:centerColor="integer"  //定义渐变中间颜色
          android:endColor="color"  //定义渐变结束颜色
          //定义渐变类型：线性、放射、扫描
          android:type=["linear" | "radial" | "sweep"]
          android:useLevel=["true" | "false"] /> //是否在 LevelListDrawable 中使用
    <padding   //边距属性标签
          android:left="integer"  //定义左内间距
          android:top="integer"  //定义上内间距
          android:right="integer"  //定义右内间距
          android:bottom="integer" />  //定义下内间距
    <size   //大小属性标签
          android:width="integer"  //定义形状的宽度
          android:height="integer" />  //定义形状的高度
    <solid   //填充属性标签，用于形状内的填充颜色定义
          android:color="color" />  //定义填充颜色
    <stroke   //描边属性标签，用于定义画形状线条的属性
          android:width="integer"  //定义线条的宽度
          android:color="color"  //定义线条的颜色
          android:dashWidth="integer"  //定义虚线段的长度
          android:dashGap="integer" />  //定义虚线段的间距
</shape>
```

如上所示，确定具体形状后，还可以在 shape 标签内使用 corners 圆角、gradient 渐变、padding 边距、size 尺寸、solid 填充、stroke 描边等属性标签，进一步定义形状的具体特性。比如用 size 标签定义形状的宽和高。

 使用 line 形状时，需要注意以下几点。只能画水平线，画不了竖线，线在整个形状区域中是居中显示的，线左右两边会留有空白间距，线越粗，空白越大。线的高度通过 stroke 标签的 width 属性设置，size 标签的 height 值必须大于 stroke 的 width 值，否则，线无法显示。引用虚线的 view 需要设置属性 android:layerType 值设为 "software"，才能正常显示虚线。

3.3.2 案例 4　shape 形状的使用

在控件中，就像使用图片一样使用 shape 形状文件。本案例分别演示了线、矩形、椭圆、环的用法，界面效果如图 3-4 所示。界面上放置了 4 个 TextView 控件，分别应用了上述形状作为控件的背景，形状的线条都设置为红色，分别为形状设置了不同的填充色，其中环形的填充色用了扫描渐变色。

3-6
案例 4　shape 形状的使用

为实现上述效果，在项目的 drawable 目录下分别创建了 4 个形状文件 shape_line.xml、shape_oval.xml、shape_rectangle.xml、shape_ring.xml，分别用来定义线、椭圆、矩形、环形 4 种形状。

在界面的布局文件中，设置 TextView 控件的 android: background 属性值为对应的 shape 形状文件，就可以使控件具有形状定义的外观。使用 shape_line.xml 文件的布局代码如下所示，"…"表示省略了其他属性。其他控件的形状设置同理。

```
<TextView … android:background="@drawable/shape_line" android:gravity= "center" />
```

shape_line.xml 文件如下所示，定义了虚线，线的宽度为 6dp，虚线段长度为 5dp，虚线段的间隔为 5dp。

图 3-4 案例 4 界面效果

```
<shape xmlns:android="http://schemas.android.com/apk/res/android" android:shape=
"line" android:useLevel="false">
    <stroke android:width="6dp" android:color="#E91E63" android:dashGap=
    "5dp" android:dashWidth="5dp"></stroke>
</shape>
```

shape_rectangle.xml 文件如下所示，定义了矩形，圆角半径为 15dp，填充为 10dp，矩形宽和高分别为 200dp 和 50dp。画矩形的线宽为 5dp，颜色为红色。

```
<shape xmlns:android="http://schemas.android.com/apk/res/android" android:shape=
"rectangle" android:useLevel="false">
    <corners  android:radius="15dp"  />
    <padding  android:left="10dp"   android:top="10dp"  android:right=
    "10dp"   android:bottom="10dp"/>
    <size android:width="200dp"  android:height="50dp"/>
    <solid  android:color="#CBFF9D"/>
    <stroke  android:width="5dp"  android:color="#E91E63"/>
</shape>
```

shape_oval.xml 文件如下所示，定义了椭圆，宽和高分别为 180dp 和 100dp，线宽为 5dp，颜色为红色。

```
<shape xmlns:android="http://schemas.android.com/apk/res/android" android:
shape="oval" android:useLevel="false">
    <size  android:width="180dp"  android:height="100dp"/>
    <solid  android:color="#A0E2EE"/>
    <stroke  android:width="5dp"  android:color="#E91E63"/>
</shape>
```

shape_ring.xml 文件如下所示，定义了环形，宽和高分别为 180dp 和 180dp。还定义了 sweep 扫描渐变色，中心点横、纵坐标值都是 0.5，表示在圆心处。

```
<shape xmlns:android="http://schemas.android.com/apk/res/android" android:
shape="ring"  android:useLevel="false">
    <size  android:width="180dp"  android:height="180dp"/>
    <stroke  android:width="5dp"  android:color="#EB10E7"/>
    <gradient android:type="sweep"    android:centerX="0.5" android:
```

```
        centerY="0.5"
        android:startColor="#EBFF3B" android:centerColor="#03D8F4" android:
        endColor="#0AF514" />
</shape>
```

3.4 layer-list 图层列表

layer-list 图层列表通过将图一层一层叠加来实现更复杂的显示效果。在使用时可以把它看作是一个 drawable 图形。layer-list 图层列表的 XML 文件定义也放在 drawable 目录中。layer-list 中不同的图层使用 item 节点来定义，先定义节点的图形在下面，后定义的图形在上面。

本节使用一个案例演示使用图层列表显示单线、双线、阴影效果、图片叠放、图片旋转叠放效果，效果如图 3-5 所示。用了 5 个 TextView 控件辅助演示，单线线条显示在控件的上边，阴影效果在右下方用灰色显示，双线显示在上下两端，图片叠放时有缩放效果，图片旋转叠放时无缩放。

为实现上述界面效果，在 drawable 目录下分别创建 5 个图层列表文件 layerlist_singleline.xml、layerlist_doubleline.xml、layerlist_shadow.xml、layerlist_overlay.xml、layerlist_overlay_rotate.xml，定义 5 种图层效果。图层列表文件中使用的图片名为 wushu.png，该图片需要事先复制到项目的 drawable 目录下。

图 3-5 图层列表效果

界面的布局文件中的 TextView 控件的 android:background 属性分别使用这 5 个图层列表文件，从而使控件具有了上述图层列表定义的外观。

3.4.1 案例 5 单线效果

单线效果的实现原理为，先为底层填充一种颜色，第二层距离顶部一段距离且填充不同的颜色，这样未被第二层覆盖的第一层色部分就形成了上单线的效果。其他方位线的画法同理。

3-7 案例 5~9 图层列表使用

单线效果在 layerlist_singleline.xml 中定义，代码如下所示，在 item 标签中放置了 shape 形状进行图层填充。

```
<layer-list xmlns:android="http://schemas.android.com/apk/res/android">
    <!--第 1 层填充红色 -->
    <item>  <shape>  <solid android:color="#F44336"/>  </shape>  </item>
    <!-- 第 2 层距离顶部 3dp 且填充白色，就实现了顶部单线效果 -->
    <item android:top="3dp">  <shape>  <solid android:color="#FFFFFF"/>
        </shape>  </item>
</layer-list>
```

3.4.2 案例 6 双线效果

双线效果的实现原理为，先为底层填充色，第二层距离顶部和底部都有一段距离且填充不同的颜色，这样未被第二层覆盖的第一层色部分就形成了上下双线的效果。

双线效果在 layerlist_doubleline.xml 中定义，代码如下所示，在 item 标签中放置了 shape 形状进行图层填充。

```xml
<layer-list xmlns:android="http://schemas.android.com/apk/res/android">
    <!--第1层使用红色填充 -->
    <item>  <shape>  <solid android:color="#F44336"/>  </shape>   </item>
    <!--第2层距离顶部、底部各3dp且填充白色，就实现了双线效果 -->
    <item android:top="3dp"  android:bottom="3dp">  <shape>  <solid android:color="#FFFFFF"/>  </shape>  </item>
</layer-list>
```

3.4.3 案例7 阴影效果

阴影效果的实现原理为，先为底层进行偏移填充色，然后为第二层反方向偏移填充不同的颜色，这样第二层就是主色，第一层就是阴影色。

阴影效果在 layerlist_shadow.xml 中定义，代码如下所示，在 item 标签中放置了 shape 形状进行图层填充。

```xml
<layer-list xmlns:android="http://schemas.android.com/apk/res/android">
    <!--第1层距离左边6dp，距离顶部8dp,填充白色 -->
    <item android:left="6dp"  android:top="8dp">  <shape>  <solid android:color="#b4b5b6"/>  </shape>  </item>
    <!--第2层距离底部8dp，距离右边6dp,填充红色 -->
    <item android:bottom="8dp"  android:right="6dp">  <shape>  <solid android:color="#fff"/>  </shape>  </item>
</layer-list>
```

底层距离左边和顶端一段距离且填充色，代表向右下偏移，第二层距离右边和底部一段距离且填充色，代表向左上偏移，底层色露出部分就是阴影。

3.4.4 案例8 图片叠放效果

图片叠放效果的实现原理为，通过定义图片偏移位置，层层放置图片，实现叠放的视觉效果。

图片叠放效果在 layerlist_overlay.xml 中定义，代码如下所示，在 item 标签中放置了 bitmap 标签定义使用的图片。通过控制不同图层的位置，实现了图片叠放效果。缩放是根据控件的边界进行自动缩放。

```xml
<layer-list xmlns:android="http://schemas.android.com/apk/res/android">
    <!--默认为缩放叠放，如果在bitmap标签中加入属性设置android:gravity="center"，则不缩放。下面是第1层图片 -->
    <item>  <bitmap  android:src="@drawable/wushu"/>   </item>
    <!--距离左边和顶部50dp，放置第2层图片 -->
    <item android:left="50dp"  android:top="50dp">  <bitmap  android:src="@drawable/wushu "/>  </item>
    <!--距离左边和顶部100dp，放置第3层图片 -->
    <item android:left="100dp"  android:top="100dp">  <bitmap  android:src=
```

```
            "@drawable/wushu "/>   </item>
</layer-list>
```

注意：如果在 bitmap 标签中设置属性 android:gravity="center"，则只叠放不缩放。各个 item 节点可以使用相同的图片。

3.4.5 案例 9 图片旋转叠放效果

图片旋转叠放效果的实现原理是，通过在 item 标签中加入 rotate 标签，然后在 rotate 标签内放置 bitmap 图片，用 rotate 控制图片的旋转，从而实现旋转叠放的视觉效果。

图片旋转叠放效果在 layerlist_overlay_rotate.xml 文件中定义，代码如下所示。在 rotate 标签中的 android:fromDegrees 属性中设置旋转角度，android:pivotX、android:pivotY 属性用于设置旋转中心的坐标。中心坐标以控件尺寸为参照，控件的左上角坐标为(0, 0)。

```
<layer-list xmlns:android="http://schemas.android.com/apk/res/android">
    <item>   <!-- 控件左上角为坐标，旋转 0 度-->
        <rotate android:fromDegrees="0" android:pivotX="0" android:pivotY="0">
            <bitmap android:src="@drawable/wushu "/>    </rotate>   </item>
    <item>   <!-- 控件左上角为坐标，旋转 30 度-->
        <rotate android:fromDegrees="30" android:pivotX="0" android:pivotY="0">
            <bitmap android:src="@drawable/wushu "/>    </rotate>   </item>
    <item>   <!-- 控件左上角为坐标，旋转 60 度-->
        <rotate android:fromDegrees="60" android:pivotX="0" android:pivotY="0">
            <bitmap android:src="@drawable/wushu "/>    </rotate>   </item>
</layer-list>
```

3.5 selector 选择器

3.5.1 selector 选择器语法介绍

selector 选择器是一种状态列表，用来定义控件在不同状态下的外观。比如，将控件的背景、颜色等属性值设置为选择器，当控件状态发生变化后，它的背景和颜色也会随之变化。如果没有选择器，为实现这种效果就需要在后台代码中控制界面的显示状态变化，比较烦琐。使用选择器配置控件外观，使用上比较便利，可以节省大量后台代码开发调试工作，并且易于修改和调试。

3-8 selector 选择器语法介绍

selector 选择器有两种：color-selector 颜色选择器和 drawable-selector 图形选择器。颜色选择器主要用于控件的颜色设置，选择器文件一般放在/res/color 目录中。图形选择器主要用于图像属性的设置，文件一般放在/res/drawable 目录中。

selector 选择器语法如下所示，在 item 标签的属性中配置颜色、图形和关联的状态事件属性。

```
<selector xmlns:android="http://schemas.android.com/apk/res/android"
```

```
        android:constantSize=["true" | "false"]  //设置drawable的大小是否随控件大小变化
        android:variablePadding=["true" | "false"] >  //设置内边距是否变化,默认false
        <item
            android:color="color"  //设置颜色值
            android:drawable="@[package:]drawable/drawable_resource"  //设置图片资源
            android:state_pressed=["true" | "false"]  //设置触发选择器的触摸状态值
            android:state_focused=["true" | "false"]  //设置触发选择器的获取到焦点状态值
            android:state_hovered=["true" | "false"]  //设置触发选择器的光标经过状态值
            android:state_selected=["true" | "false"]  //设置触发选择器的选中状态值
            android:state_checkable=["true" | "false"]  //设置触发选择器的可勾选状态值
            android:state_checked=["true" | "false"]  //设置触发选择器的勾选状态值
            android:state_enabled=["true" | "false"]  //设置触发选择器的可用状态值
            android:state_activated=["true" | "false"]  //设置触发选择器的激活状态值
            //设置触发选择器的窗口获取焦点状态值
            android:state_window_focused=["true" | "false"] />
</selector>
```

3.5.2 案例10 颜色选择器和图形选择器的使用

本案例演示选择器的使用,界面效果如图 3-6 所示。两个电影选项是使用复选框制作的,将复选框的 button 属性设置为图形选择器文件,该选择器文件使用了灯泡图片。

复选框选中状态使用点亮的灯泡,取消选中使用未点亮的灯泡。按钮的文本使用了颜色选择器,背景使用了图形选择器,该选择器与 shape 形状结合使用,画了边框效果。

界面布局文件中,设置选择器的部分代码如下所示。

```
<CheckBox … android:button="@drawable/
check_change"  />
<CheckBox … android:button="@drawable/
check_change"  />
<Button … android:background="@drawable/
selector_shape" android:textColor=
"@color/color_selector" />
```

CheckBox 复选框控件中的 android:button 属性设置的选择器文件为 check_change.xml。Button 控件中的 android:background 属性设置的选择器文件为 selector_shape.xml,android:textColor 属性设置的选择器文件为 color_selector.xml。从属性上可以看出,这些选择器文件分别放置在项目的 color 和 drawable 目录下。

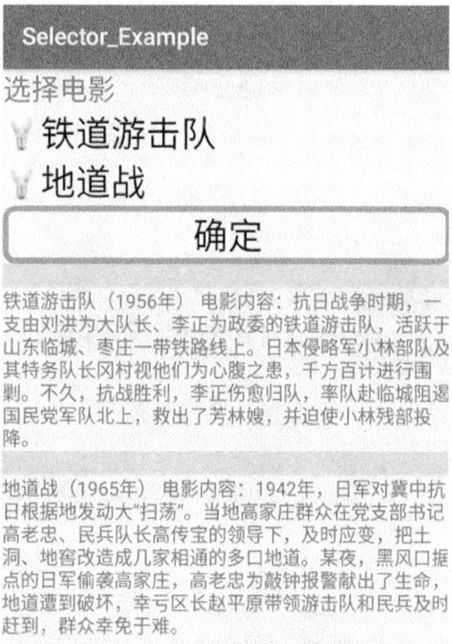

图 3-6 案例 10 界面效果

color_selector.xml 选择器文件的代码如下所示。对按下状态和获得焦点状态定义了不同的颜色,其中未指定任务状态事件的 item 节点为设置了其他状态使用的默认色。

```
<selector xmlns:android="http://schemas.android.com/apk/res/android">
    <item android:state_pressed="true" android:color="#ffff0000" />
```

```xml
<!-- 设置按下状态时的颜色 -->
<item android:state_focused="true" android:color="#ff0000ff" />
<!-- 设置获得焦点状态时的颜色 -->
<item android:color="#ff000000" />  <!--设置其他状态时的颜色 -->
</selector>
```

check_change.xml 选择器文件的代码如下,选中和未选中状态分别使用了 lamp_on_32.png 和 lamp_off_32.png 图片,这两个图片需要事先复制到项目的 drawable 目录下。

```xml
<selector xmlns:android="http://schemas.android.com/apk/res/android">
    <item android:state_checked="true"  android:drawable="@drawable/lamp_on_32" />
    <item android:state_checked="false" android:drawable="@drawable/lamp_off_32" />
</selector>
```

selector_shape.xml 选择器文件的代码如下。在 item 节点内使用了 shape 形状,本案例对按下状态和未按下状态使用了不同颜色的矩形形状。

```xml
<selector xmlns:android="http://schemas.android.com/apk/res/android">
    <item android:state_pressed="true" >  <!-- 设置按下状态时的矩形 -->
        <shape> <corners android:radius="8dp"/> <stroke android:width="5dp" android:color="#F44336"> </stroke> </shape>
    </item>
    <item android:state_pressed="false" >  <!-- 设置未按下状态时的矩形 -->
        <shape> <corners android:radius="8dp"/> <stroke android:width="5dp" android:color="#6AAF4C"></stroke> </shape>
    </item>
</selector>
```

3.6 思考与练习

【思考】
1. 样式和主题有什么不同?
2. shape 形状与图片相比有何优点?比较适合用在哪些场合?
3. layer-list 图层列表的中可以使用哪些元素?
4. selector 选择器的用途是什么?有何优点?
5. Android 应用如何实现国际化?上述界面设计工具可否应用在国际化中?

【练习】
1. 尝试为自己的项目增加国际化支持。
2. 使用本章所学知识美化应用的界面。

第 4 章　Android 应用人机交互

使用 Android 开发框架中提供的控件，可以方便地构建人机界面。如何让界面与后台代码关联，正确响应用户的操作请求，实现界面与逻辑互通，是本章要介绍的内容。

Android 开发框架提供了控件与后台代码交互的事件处理机制，将用户界面操作与后台代码关联起来，执行用户的命令。本章先介绍 Android 应用的事件处理及编程方式，再介绍选项菜单、上下文菜单、几个常用控件、软键盘的使用，让读者进一步了解事件处理的开发方式，掌握这些控件的开发知识和相关技能。

4.1　Android 应用事件处理

Android 应用除了需要提供界面，还需要响应界面的用户操作，这就需要事件处理的编程。

除了界面上的事件外，Android 系统中还会有很多其他事件发生，比如电量低、网络状态发生变化等。有些事件会通知 Android 应用，Android 应用可以处理这些事件，也可以忽视这些事件。Android 开发框架提供了两种事件开发方式。

➢ 第一种方式，通过注册事件监听器，让应用获得和处理事件。开发者先根据事件接口规范自定义监听器类，编写事件处理代码，再用该类创建对象，该对象就是监听器对象。最后注册监听器对象后，就可以获得和处理事件了。

➢ 第二种方式，通过重写父类事件方法，来获得和处理事件，比如重写 Activity 类中的生命期方法来处理窗口的生命期事件。这种方式使用也比较普遍，重写需要处理事件的父类方法即可，不需要处理的事件不重写。

4.1.1　案例 11　在代码中操作控件

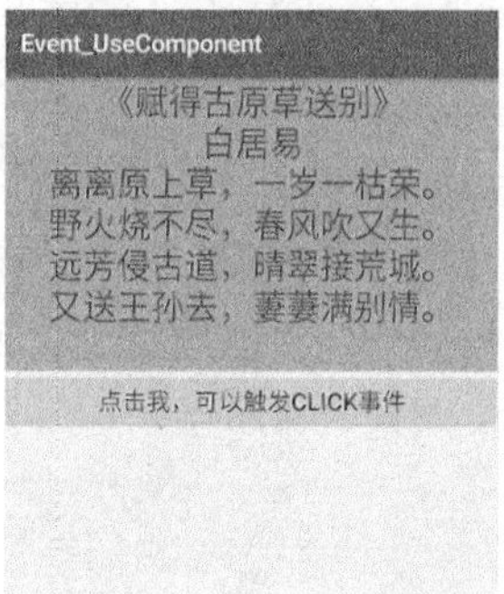

本案例演示如何在代码中操作控件，为下一步的事件处理编程做准备。在应用中使用控件，分为三个步骤。

1）在布局文件中放置控件，这一步主要是 UI 设计。

2）在代码中获得控件对象的引用。

3）通过对象引用操作控件。

如果需要在 Java 代码中操作控件，那么一定要为控件设置一个 ID。有了 ID，就可以通过 Activity 类的 findViewById()方法在代码中获得目标控件的引用。

本案例界面效果如图 4-1 所示，在应用启动时，编写代码修改了

图 4-1　案例 11 界面效果

TextView 和 Button 控件的内容和外观。

1. 界面

界面初始设计中，TextView 和 Button 控件的文本和外观均使用了默认设置。TextView 控件上没有诗句，诗句和按钮上的文本及颜色是在应用启动后在代码中设置的。两个控件的 ID 分别为 textView 和 button，在下面的 Java 代码中会引用它们。

 也可以在 Java 代码中以代码方式定义和添加控件的方式动态构造界面，但非常烦琐，除特殊的需求外，不用这种方式构造界面。

2. MainActivity 类

在 onCreate()方法中，通过控件的 ID 获得控件对象引用后，就可以操作控件了。代码中调用控件的 set×××()等方法，修改了控件的文本、字体大小、背景色、字体颜色等属性。

```java
public class MainActivity extends AppCompatActivity {
    @Override
    protected void onCreate(Bundle savedInstanceState) {
        super.onCreate(savedInstanceState);
        setContentView(R.layout.activity_main); //设置要加载的布局文件
        TextView tv = findViewById(R.id.textView); //获得 TextView 控件对象的引用
        Button btn = findViewById(R.id.button); //获得 Button 控件对象的引用
        tv.setGravity(Gravity.CENTER); //修改 TextView 控件的内容位置属性
        tv.setText("《赋得古原草送别》\n" + "白居易\n" +
                "离离原上草，一岁一枯荣。\n" + "野火烧不尽，春风吹又生。\n" +
                "远芳侵古道，晴翠接荒城。\n" + "又送王孙去，萋萋满别情。\n");
        tv.setBackgroundColor(Color.GREEN); //修改背景颜色
        tv.setTextSize(28.0f); //修改文本字体大小
        btn.setText("点击我,可以触发click事件"); //修改按钮上显示的文本
        btn.setTextColor(Color.RED); //修改按钮上文本的颜色
        btn.setTextSize(20.0f); //修改按钮上文本字体大小
    }
}
```

上述代码虽然简单，但演示了后台操作控件的步骤，初学者需要注意几个易出错的关键点。
- 在 setContentView()方法加载布局文件之后，此布局文件中的控件对象才被初始化完成，并与后台代码耦合，此时后台代码才能正确获取控件对象。
- 编写代码时，可以看到项目中所有窗口中所有控件的 ID，但不代表都能引用。只有使用 setContentView()方法加载的布局文件中的控件，才对本后台代码有效，所以只能获取加载的布局文件中的控件对象，不能获取未加载布局文件的控件对象。如果获取未加载的布局文件中的控件，用 findViewById()方法会返回 null（空）引用，在应用运行时会导致空引用类型的错误发生，程序会终止运行。
- 在获取控件对象引用后，才能调用控件的方法操作控件；如果顺序颠倒，就会有无效的空引用，那么应用也会发生空引用类型的错误，程序会终止运行。
- 本案例代码中，使用 setContentView()方法加载 R.layout.activity_main 布局文件后，才获取 TextView 和 Button 控件的引用，然后再用引用设置控件属性。两个控件都是先获得引用，再修改控件属性。

4.1.2 案例 12 以注册监听器方式响应用户单击事件

本案例演示使用注册监听器方式进行事件监听的编程方法。在编程实现上主要有 4 种方法，分别是匿名内部类方法、内部类方法、外部类方法和窗口类实现事件接口方法。这几种方式在本质上是相同的，但定义代码的位置和形式有所不同。

4-2 案例 12 以注册监听器方式响应用户单击事件

- 匿名内部类方法和内部类方法可以直接操作外部类的成员，所以被广泛使用。
- 窗口类实现事件接口方法，使代码简洁易维护，也比较常用。
- 外部类方法实现的监听器类操作 Activity 类时，需要处理成员可见性和互操作问题，开发上比较烦琐，不常用。

还有一种注册 Click（单击）事件处理程序的方法，是在布局文件中配置 android:onClick 属性，与 Activity 中的 Click 事件处理方法关联。这种方式的局限性较大，使布局文件和 Java 代码紧密耦合，不推荐使用这种方法。

本案例以 3 个按钮的 Click 事件为例，介绍事件监听程序的编写和监听器的注册。界面效果如图 4-2 所示。这 3 个按钮的事件处理，分别使用了在布局文件注册事件方法，用窗口类实现事件接口，用匿名内部类实现事件接口。

1. UI 控件 ID 说明

界面上有一个 TextView 控件，用于显示 Click 事件信息，它的 ID 是 textView。3 个按钮的 ID 从上向下分别为 button_1、button_2、button_3。【立春】按钮的 onClick 属性中指明了 Click 事件的后台处理程序为 button_Click()方法，如下代码所示，该方法在 Java 后台代码中定义。

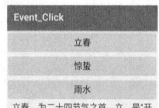

图 4-2 案例 12 界面效果

```
<Button android:id="@+id/button_1" android:onClick=
"button_Click" … />
```

2. MainActivity 类

MainActivity 类中实现了 View.OnClickListener 接口，并重写了该接口的 onClick()方法，以支持 ID 为 button_2 的【惊蛰】按钮设置 Click 事件处理程序为 MainActivity 对象自己。

ID 为 button_3 的【雨水】按钮设置匿名内部类监听器对象，该内部类也实现了 View.OnClickListener 接口。

button_Click()方法是 ID 为 button_1 的【立春】按钮的事件处理程序，该方法返回值和参数与上述 onClick()方法一致。

```
public class MainActivity extends AppCompatActivity implements View.
OnClickListener {
    private TextView mTv; //用于引用 TextView 控件
    @Override
    protected void onCreate(Bundle savedInstanceState) {
        super.onCreate(savedInstanceState);
```

```
            setContentView(R.layout.activity_main);
            mTv = findViewById(R.id.textView);  //引用 TextView 控件
            mTv.setTextColor(Color.RED);
            mTv.setGravity(Gravity.CENTER);
            //获得按钮 2 控件的引用，并设置监听器为对象自己
            findViewById(R.id.button_2).setOnClickListener(this);
            //获得按钮 3 控件的引用，并设置监听器为匿名内部类对象
            findViewById(R.id.button_3).setOnClickListener(new
            View.OnClickListener() {
                @Override public void onClick(View view) {
                    mTv.setText("惊蛰，是春季第 3 个节气，它反映的是自然生物受节律"+
                    "变化影响而出现萌发生长的现象。惊蛰的意思是天气回暖，春雷始鸣，惊醒蛰"+
                    "伏于地下冬眠的昆虫。");
                } });
        }
        //用于响应按钮 1 Click 事件的方法，该方法返回值和参数与 View.OnClickListener()
接口的 onClick()方法一致
        public void button_Click(View view){
            mTv.setText("立春，为二十四节气之首。立，是"开始"之意；春，代表着温暖、生长。" +
                "立春标志着万物闭藏的冬季已过去，开始进入风和日暖、万物生长的春季。");
        }
        @Override
        public void onClick(View view) {
            //使用 switch 对控件 ID 进行判断，看是哪个按钮被点击，然后进行分支处理
            switch (view.getId()){
                case R.id.button_2:
                    m Tv.setText("雨水，是春季第 2 个节气。雨水和谷雨、小满、小雨雪、大雪等节" +
                    "气一样，都是反映降水现象的节气，是古代农耕文化对于节令的反映。");
                    break;
            }
        }
    }
```

在 MainActivity 类的 onClick()接口方法中，使用 switch 语句对参数 view.getId()获得的控件 ID 进行了判断，以此来确定是哪个按钮被单击了。如果有多个按钮都将 click 监听器注册为 MainActivity 类对象，就可以使用这种方式判断是哪个按钮被单击了，然后分别处理。

在本案例中，不论监听器类在什么位置定义，在创建好监听器对象后，都需要使用按钮控件对象的 setOnClickListener()方法进行注册，才能获得按钮 Click 事件，回调 onClick()方法。

4.1.3 案例 13 重写事件方法以处理按键操作

下面以监听窗口的按键事件为例，演示重写父类事件方法处理事件。

在 Android 应用中，捕获用户按了什么键是经常处理的事件。按键的操作有按下和弹起两个方向，按下和弹起是两个不同的事件。

4-3
案例 13 重写事件方法以处理按键操作

在 SDK 提供的 Activity 类中已经预定义了 onKeyDown()和 onKeyUp()方法，对应按键的按下和弹起。

可以在应用的自定义 Activity 类中，重写父类的 onKeyDown()和 onKeyUp()方法，捕获键盘按下和弹起事件，按需进行相应的处理。

本案例界面效果如图 4-3 所示。在输入框中输入字符时，将捕获的键代码和字符的 Unicode 编码显示在 TextView 控件上。

图 4-3　案例 13 界面效果

1. UI 控件 ID 说明

界面上有两个控件，TextView 控件的 ID 为 textView，输入框 EditText 控件的 ID 为 editText，android:inputType 属性设置为"textPersonName"。

2. MainActivity 类

在 MainActivity 类中重写 onKeyDown()和 onKeyUp()方法。

```
public class MainActivity extends AppCompatActivity {
    private TextView mTv;
    @Override
    protected void onCreate(Bundle savedInstanceState) {
        super.onCreate(savedInstanceState);
        setContentView(R.layout.activity_main);
        mTv = findViewById(R.id.textView);
    }
    @Override
    public boolean onKeyDown(int keyCode, KeyEvent event) {  return super.onKeyDown(keyCode, event);  }
    @Override
    public boolean onKeyUp(int keyCode, KeyEvent event) {
        mTv.setText("弹起键：keyCode="+keyCode+"; unicode码="+event.getUnicodeChar());
        switch (keyCode){
            case KeyEvent.KEYCODE_BACK: break;   //弹起退格键
            case KeyEvent.KEYCODE_MENU: break;   //弹起菜单键
        }
        return super.onKeyUp(keyCode, event);
    }
}
```

如示例代码所示，重写的两个方法的参数相同，第一个参数 keyCode 是所按键的代码，该码是 Android 系统的内部码，在内部使用，与 ASCII 码不同。第二个参数 event 携带了事件相关信息，KeyEvent 类中定义了按键代码和含义，可以通过这些定义解析按键时间、编码等详细信息，本例使用 getUnicodeChar()方法获得了按键的 Unicode 编码。

4.2　菜单

有的 Android 设备会提供物理或虚拟的菜单按键，当按下后，可以激活应用的选项菜单。

有的应用长按某个区域后会弹出上下文菜单。

这两种菜单的编程，都需要在自定义 Activity 类中重写菜单创建方法和选中菜单项后的处理方法。两种菜单的开发步骤类似。下面通过两个案例分别介绍选项菜单和上下文菜单的创建和使用。

4.2.1 案例 14 为页面添加选项菜单

在应用窗口中使用选项菜单，只需要重写 Activity 类的创建选项菜单方法 onCreateOptionsMenu()和菜单项选中事件方法 onOptionsItemSelected()即可，前者用来创建菜单，后者用来处理选中菜单项后的操作。

4-4
案例 14 为页面添加选项菜单

选项菜单的设计有两种方式。第一种方式，是在 Java 代码中以代码方式创建菜单。第二种方式，可以在资源文件中使用可视化设计工具创建菜单，如图 4-4 所示。在 res 目录下的 menu 目录下创建菜单文件后，就可以使用 Android Studio 开发工具以可视化方式设计菜单，菜单设计界面如图 4-5 所示。本案例采用第二种方式创建菜单。

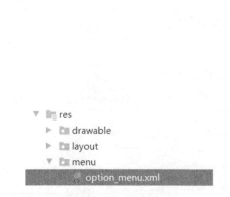

图 4-4 菜单文件

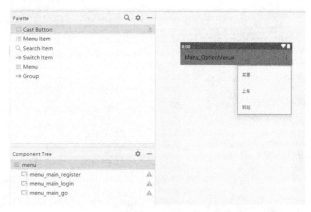

图 4-5 菜单设计界面

图 4-5 所示的三个菜单项的布局文件代码如下所示，菜单项 ID 一定要设置为唯一，在后台代码中用菜单项 ID 区分是哪个菜单被选中。了解了菜单布局文件格式，也可以直接编辑布局文件代码方式设计菜单项。

```
<menu xmlns:android="http://schemas.android.com/
apk/res/android">
    <item android:id="@+id/menu_main_register"
android:title="买票" />
    <item android:id="@+id/menu_main_login"
android:title="上车" />
    <item android:id="@+id/menu_main_go"
android:title="到站" />
</menu>
```

本案例运行时的界面效果如图 4-6 所示，当成功设置选项菜单后，在应用窗口上方标题栏右侧，会有一个带有三个点的按钮，单击这个按钮，就可以调出选项菜单。界面上放置了一个 TextView 控件，用来显示选中菜单项的信息，该控件 ID 为 textView。

图 4-6 案例 14 运行界面效果

MainActivity 类代码如下所示，通过匹配菜单项 ID 判断哪个菜单项被选中，并在 TextView 控件上显示选中的菜单项信息。

```java
public class MainActivity extends AppCompatActivity {
    private TextView mTv;
    @Override
    protected void onCreate(Bundle savedInstanceState) {
        super.onCreate(savedInstanceState);
        setContentView(R.layout.activity_main);
        mTv = findViewById(R.id.textView);
    }
    @Override   //重写创建选项菜单方法
    public boolean onCreateOptionsMenu( Menu menu ){
        getMenuInflater().inflate(R.menu.option_menu,menu);  //用此方法加载自定义菜单
        return super.onCreateOptionsMenu(menu);
    }
    @Override  //重写选中选项菜单的方法
    public boolean onOptionsItemSelected(MenuItem item ){
        switch (item.getItemId()){
            case R.id.menu_main_register:
                mTv.setText("买票成功");    break;
            case R.id.menu_main_login:
                mTv.setText("上车成功");    break;
            case R.id.menu_main_go:
                mTv.setText("成功到站");    break;
        }
        return super.onOptionsItemSelected(item);
    }
}
```

上述代码中，在 onCreateOptionsMenu()方法中，先用上下文的 getMenuInflater()方法获得菜单加载器对象后，调用该对象的 inflate()方法从资源文件中获得菜单项定义文件，将之加载并关联到应用的 menu 对象上。

4.2.2 案例15 为页面添加上下文菜单

上下文菜单的创建和使用和选项菜单类似。但需要显式注册到某个控件上，当长按那个控件时，会弹出上下文菜单。

上下文菜单的注册，需要调用 Activity 类提供的注册方法 registerForContextMenu()，如下代码所示，注册方法接收一个控件对象参数，下面代码将上下文菜单注册到线性布局上。

4-5 案例15 为页面添加上下文菜单

```java
this.registerForContextMenu(findViewById(R.id.layout_linearroot) );
//注册上下文菜单, 用 findViewById()获得控件引用
```

上下文菜单需要重写创建上下文菜单方法 onCreateContextMenu()和上下文菜单选中事件方

法 onContextItemSelected()，两个方法内的代码编写与选项菜单类似。

本案例上下文菜单显示效果如图 4-7 所示。本案例使用 Java 代码方式创建上下文菜单项，这种方式需要熟悉创建菜单项方法的使用，稍显烦琐。当选择【写诗】菜单项时，在 TextView 控件上显示一首诗；当选择【诗人是谁】菜单项时，在两个输入框中显示诗人信息；当选择【清空】菜单项时，将文本显示框和两个输入框中的信息清空。

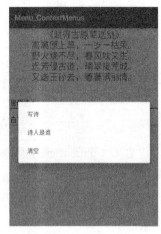

图 4-7 上下文菜单

1. UI 控件 ID 说明

用于显示诗的 TextView 控件 ID 为 textView。用于显示诗人朝代和姓名的 EditText 输入框控件 ID 分别为 editText1 和 editText2。

2. MainActivity 类

在类中，使用 registerForContextMenu()方法为线性布局控件注册了上下文菜单。上下文菜单在 onCreateContextMenu()方法中用代码方式创建，定义了 3 个菜单项，ID 分别是 11、12、13。

```java
public class MainActivity extends AppCompatActivity {
    private TextView mTv;
    private EditText mEdt1,mEdt2;
    @Override
    protected void onCreate(Bundle savedInstanceState) {
        super.onCreate(savedInstanceState);
        setContentView(R.layout.activity_main);
        mTv = findViewById(R.id.textView);  //获得文本框控件引用
        mEdt1 = findViewById(R.id.editText1);  //获得输入框控件引用
        mEdt2 = findViewById(R.id.editText2);  //获得输入框控件引用
        //注册上下文菜单到布局控件上
        this.registerForContextMenu(findViewById(R.id.layout_linearroot));
    }
    @Override  //创建上下文菜单
    public void onCreateContextMenu(ContextMenu menu, View v, ContextMenu.ContextMenuInfo menuInfo){
        //代码方式创建菜单，四个参数依次是组 ID、菜单项 ID、显示顺序、显示文本
        menu.add(0,11,0,"写诗");
        menu.add(0,12,1,"诗人是谁");
        menu.add(0,13,2,"清空");
        super.onCreateContextMenu(menu,v,menuInfo);
    }
    @Override  //上下文菜单监听事件方法
    public boolean onContextItemSelected( MenuItem item){
        switch(item.getItemId()){  //根据菜单项 ID 判断选择了哪个菜单项并做相应处理
            case 11:  //该 ID 是"写诗"菜单项
                mTv.setText("《赋得古原草送别》\n" +
                        "离离原上草，一岁一枯荣。\n" + "野火烧不尽，春风吹又生。\n" +
                        "远芳侵古道，晴翠接荒城。\n" + "又送王孙去，萋萋满别情。\n");
                break;
```

```
        case 12:  //该 ID 是"诗人是谁"菜单项
            mEdt1.setText("唐朝诗人");    mEdt2.setText("白居易");    break;
        case 13:  //该 ID 是"清空"菜单项
            mTv.setText("");    mEdt1.setText("");    mEdt2.setText("");    break;
    }
    return super.onContextItemSelected(item);
  }
}
```

在 onContextItemSelected ()方法中，根据菜单项 ID 判断是哪个菜单项被选中。

4.3 常用控件

Android SDK 提供了丰富的 UI 控件，基本能够满足大多数应用的 UI 开发需求。在设计 Android 应用的 UI 时，有些控件的使用频率非常高，比如显示文本的控件、按钮控件、输入框控件等几乎是 UI 必备的控件。而有些控件则不常用，随着 Android 系统的更新，有些控件则被更易用的控件代替。

本节介绍按钮、文本显示、输入框、单选按钮、复选按钮和图片显示控件，这 6 个控件使用频率非常高。

4-6 文本显示控件

4.3.1 文本显示控件

在控件面板的 Common 分类中可以看到文本显示控件，如图 4-8 所示，文本显示控件对应的类是 TextView 类。该控件用于文本展示，作用是在 UI 上显示文本信息，常用属性见表 4-1。

图 4-8 控件面板上的 TextView 控件

表 4-1 TextView 控件常见属性

XML 属性（android:）	功能	说明
text	设置显示的文本	字符串
textColor	设置字体颜色	
textSize	设置字体大小	推荐以 sp 为单位
textStyle	设置字体风格	normal（无效果），bold（加粗），italic（斜体）
textScaleX	控制字体水平方向的缩放比例	值是 float 类型，默认值 1.0f
lineSpacingExtra	设置行间距	推荐单位 dp
lineSpacingMultiplier	设置行间距的倍数	如 1.2
singleLine	自动换行	true 单行；默认 false，自动换行
ellipsize	设置当文字只显示一行时的效果	start：省略号在开头 middle：省略号在中间 end：省略号在结尾 marquee：跑马灯显示

4.3.2 输入框控件

输入框对应的类是 EditText 类，该类继承自 TextView 类，该控件用于输入文本信息。可以配置该控件的输入类型属性，让控件支持输入特定的数据，比如配置为输入电话、Email、仅数字等。Android Studio 已经预置了不同输入类型的输入框控件，如图 4-9 所示，在控件面板的 Text 分类下，可以看到不同输入类型的输入框控件。

4-7 输入框控件

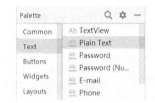

图 4-9　控件面板上的 EditText 控件

EditText 控件的常见属性如表 4-2 所示，EditText 控件中有关文本的一些属性与 TextView 控件相同，不再列出。

表 4-2　EditText 控件常见属性

XML 属性（android:）	功能	说明
hint	无内容时显示的提示文本	字符串
textColorHint	提示文本颜色	
maxLength	输入文本最大长度	整数值，字符个数
lines	设置文本框显示行数	设置控件高度与该行数匹配
digits	设置允许输入哪些字符	顺序列出，如"123abc"
inputType	设置输入类型	number：整数 numberDecimal：浮点数 date：日期类型 text：文本类型（默认值） phone：拨号键盘 textPassword：密码 textVisiblePassword：可见密码 textUri：网址

该控件可以监听用户输入内容，在用户输入内容时做一些预处理，比如不合法字符过滤、内容检测等。通过 EditText 类的 addTextChangedListener()方法，注册 TextWatcher 接口类型的监听器，在该接口相关方法中，可以实现在输入内容改变前、改变中、改变后进行相应处理。

4.3.3　按钮类控件

Button 按钮控件为用户提供一个按钮，让用户通过单击按钮的方式操作程序，上述案例中多次使用了按钮控件。按钮外观属性与文本框等组件类似，不再列出该控件属性。

下面介绍单选按钮控件和复选框控件。

1．单选按钮控件

该控件对应的类是 RadioButton，父类是 CompoundButton。可以在布局文件中通过它的 android:button 属性，修改控件的外观。

单选按钮控件往往分组使用，为用户提供 N 选 1 功能。如果没有分组控件，在界面显示上，单独使用该控件无法实现 N 选 1 功能，除非自己编写代码控制实现 N 选 1 功能的程序。也可以使用单选按钮控件的 setOnCheckedChangeListener()方法为每个单选按钮设置状态变化监听器，实现 CompoundButton 类中的 OnCheckedChangeListener 接口，并编写逻辑代码，来实现 N 选 1 功能，但开发上特别烦琐。

Android 系统提供了 RadioGroup 分组控件,与单选按钮控件配合使用,可以实现 N 选 1 功能。在布局文件中,只需将 RadioButton 放在 RadioGroup 标签内,就可完成分组设计。如下代码所示。

```
<RadioGroup  android:layout_width="match_parent"  android:layout_height=
"wrap_content">
    <RadioButton android:layout_width="match_parent"
    android:layout_height= "wrap_content"
    android:id="@+id/radioButton_male"  android:text="@string/male" />
    <RadioButton android:layout_width="match_parent"
    android:layout_height= "wrap_content"
    android:id="@+id/radioButton_female" android:text="@string/female" />
</RadioGroup>
```

两者配合使用时,在 Java 代码中为 RadioGroup 控件而不是单选按钮控件,设置选中状态变化监听器,这样就能监控本组单选按钮控件的选择。该选中状态变化监听器需要实现 RadioGroup.OnCheckedChangeListener 接口,并重写 onCheckedChanged()接口方法,在该方法参数中可以获得当前被选中的单选按钮控件的 ID。

2. 复选框控件

该控件对应的类是 CheckBox,父类是 CompoundButton。可以在布局文件中通过它的 android:button 属性,修改控件的外观。

复选框控件也是使用它的 setOnCheckedChangeListener()方法设置选中状态变化监听器,监听器需要实现 CompoundButton.OnCheckedChangeListener 接口。

类似的控件还有 ToggleButton 切换按钮和 Switch 开关按钮,使用方法类似,不再一一介绍。

4.3.4 图片显示控件

4-9 图片显示控件

图片显示控件对应的类是 ImageView,主要用来显示图片。常用属性如表 4-3 所示。

表 4-3　ImageView 控件常见属性

XML 属性（android:）	功能	说明
srcCompat	设置图片资源	布局文件设置资源目录的图片文件;在 Java 代码中可以设置内存中的图片
adjustViewBounds 和 maxWidth maxHeight	是否维持宽高比例,设置为 true 时,maxHeight 和 maxWidth 才生效	设置 true 时,会修改 scaleType 属性值为 fitCenter。是否需要缩放与设置的最大宽、高值有关。若宽、高为固定值,则不起作用;若宽、高为 wrap_content,显示原图的宽高比;若宽、高一个为固定值,一个为 wrap_content 属性: 1) 原图的对应固定值属性的边小于固定值,则显示原图; 2) 原图的对应固定值属性的边大于固定值,则宽、高按照等比例缩放
tint	图片着色颜色	配合 tintMode 属性一起使用,可实现类似滤镜的效果。在 Java 代码中设置
scaleType	设置缩放类型	matrix: 原图的大小不变,从左上角开始绘制,超出部分剪切处理; fitXY: 不保持原比例,填满 ImageView 控件; fitStart: 适配高度,根据控件高度按比例缩放,显示在前部、上部; fitCenter: 适配高度,显示在控件的中部,居中显示; fitEnd: 适配高度,显示在控件的后部、底部; center: 保持原图大小显示在中心,原图尺寸大于控件尺寸时,裁剪多余部分; centerCrop: 按比例缩放,以填满控件方式居中显示,超出部分不能显示; centerInside: 按比例缩放,以居中方式显示完整的图片,控件可能会留白
cropToPadding	裁剪处是否填充	设置 scaleType 属性后 padding 属性无效,设置此属性为 true 可使填充生效

在布局文件中为图片显示控件加入 tint 属性，颜色为蓝色，代码如下所示。效果为在原图片上有色区域加入蓝色。

```
<ImageView android:layout_width="wrap_content" android:layout_height=
"wrap_content"
    android:tint="@android:color/holo_blue_light" app:srcCompat=
"@drawable/headpic_default" />
```

在 Java 代码中获取和设置着色模式的代码如下所示。

```
PorterDuff.Mode mode= mImvhead.getImageTintMode();//获取 Mode 属性
//设置 Mode 属性
mImvhead.setImageTintMode(PorterDuff.Mode.OVERLAY);
```

上述代码中设置着色模式为重叠模式，与布局设置的蓝色结合在图片控件上使用后，效果如图 4-10 所示，有颜色部分覆盖了一层蓝色，无色部分没变化。读者可以自己设置显示的图片测试该效果。

图 4-10　着色后的图片显示

4.3.5　案例 16　几个控件的使用

4-10
案例 16　几个控件的使用

本案例以模拟登录为例，介绍几个控件的综合使用，界面效果如图 4-11 所示。当单击【登录】按钮后，显示用户的头像和登录状态。在头像的 ImageView 控件右侧有一个 TextView 控件，用于显示登录状态。ImageView 控件使用的图片需要事先复制到项目的 drawable 目录中。

1. UI 控件 ID 说明

界面中，头像显示 ImageView 控件的 ID 为 imageView。显示登录状态的 TextView 控件 ID 为 textView。用户名和密码输入框控件 ID 分别为 editTextUser、editTextPasswd。两个单选按钮控件 ID 分别为 radioButtonNormal、radioButtonHide。复选框控件 ID 为 checkBox。【登录】按钮控件 ID 为 buttonLog。

2. MainActivity 类

在 MainActivity 类中，先获得控件的对象引用，然后为控件设置相应事件处理程序。当按钮按下后，假定用户名和密码检查都是正确的，直接更新 ImageView 的头像和用户登录状态信息。

图 4-11　案例 16 界面效果

```
public class MainActivity extends AppCompatActivity {
    private TextView mTv;
    private EditText mEdtUser,mEdtPasswd;
    private CheckBox mCbk;
    private ImageView mImgview;
    private RadioGroup mRdgrp;
    private RadioButton mRdNormal;
    private String mUserState="正常登录"; //用于保存用户状态字符串
```

```java
        private String mLogPeriod = "临时";   //用于记录登录维持时间
        @Override
        protected void onCreate(Bundle savedInstanceState) {
            super.onCreate(savedInstanceState);
            setContentView(R.layout.activity_main);
            mTv = findViewById(R.id.textView);
            mCbk = findViewById(R.id.checkBox);  //获得复选框控件引用
            mImgview = findViewById(R.id.imageView);  //获得头像图片显示控件引用
            mEdtUser = findViewById(R.id.editTextUser);  //获得用户名输入框控件引用
            mEdtPasswd = findViewById(R.id.editTextPasswd);  //获得密码输入框控件引用
            mRdgrp = findViewById(R.id.radioGroup);  //获得单选按钮分组控件引用
            mRdNormal = findViewById(R.id.radioButtonNormal);  //获得单选按钮控件引用
            mRdNormal.setChecked(true);  //设置选中该单选按钮
            mRdgrp.setOnCheckedChangeListener(new RadioGroup.OnCheckedChangeListener() {
                @Override
                public void onCheckedChanged(RadioGroup radioGroup, int id) {
                    switch (id){  //根据单选按钮ID分支处理
                        case R.id.radioButtonHide: mUserState = "隐身登录"; break;
                        case R.id.radioButtonNormal: mUserState = "正常登录"; break;
                    }
                } });
            mCbk.setOnCheckedChangeListener(new CompoundButton.OnCheckedChange-
            Listener() {  //设置复选框监听器
                @Override
                public void onCheckedChanged(CompoundButton compoundButton, boolean b)
                {  //参数b传入复选框选择状态
                    if(b)    mLogPeriod = "登录一个月";
                    else     mLogPeriod = "临时登录";
                } });
            findViewById(R.id.buttonLog).setOnClickListener(new View.
            OnClickListener() {  //设置按钮单击事件监听器
                @Override
                public void onClick(View view) {  //假定密码检查通过
                    mTv.setText(mEdtUser.getText().toString() + "-"+ mUserState
                    + "-" + mLogPeriod);
                    //设置用户头像图片，该图片需要事先复制到项目中
                    mImgview.setImageResource(R.drawable.headpic_05);
                } });
        }
    }
```

上面代码中，使用了 mUserState、mLogPeriod 两个变量保存用户登录选项。用户头像图片 R.drawable.headpic_05 需要事先复制到项目中。

上面代码中，为 RadioGroup 分组控件实现了 RadioGroup.OnCheckedChangeListener 接口的监听器，在接口的 onCheckedChanged()方法中有两个参数，第二个参数传入被选中单选按钮的 ID，通过与组内各个单选按钮的 ID 匹配，从而得知是哪个单选按钮被选中。

上面代码还为复选框控件实现了 CompoundButton.OnCheckedChangeListener 接口的监听

器，注意该接口和 RadioGroup 控件的接口名相同，但属于不同的类，并且接口内的方法参数也不同。该接口内的 onCheckedChanged()方法中也有两个参数，第二个参数是布尔值，用来传入该复选框的选中状态。

4.4 软键盘

4.4.1 软键盘的设置

使用 Android 应用时，经常会用软键盘输入数据。软键盘有多种类型以应对不同的输入场景，设计界面时需要注意使用软键盘会占用屏幕空间，影响界面内容的呈现。

4-11
软键盘的设置

在清单文件中，可以为每个 Activity 设置 android:windowSoftInputMode 属性值，该值可以组合设置，定义软键盘的弹出和显示模式。比如"stateHidden|adjustResize"就是一个组合值，用"|"分隔，adjustResize 是弹出模式值，stateHidden 是显示模式值。

其中，弹出模式值用来定义软键盘的显示窗口与主窗口的位置关系，位置关系说明如表 4-4 所示，有覆盖、主窗口调整大小等值设置选项。

表 4-4 软键盘属性弹出模式值

属性值	说明
adjustUnspecified	由系统决定（默认配置）
adjustNothing	不调整，直接覆盖
adjustPan	如果焦点位置距离屏幕底部距离小于软键盘高度，则把整个布局顶上去到焦点位置，不压缩多余空间；否则同 adjustNothing
adjustResize	调整窗口大小，使输入方法不会覆盖其内容

显示模式值用来定义软键盘的可见性，如表 4-5 所示，用来指示软键盘的显示时机。

表 4-5 软键盘属性显示模式值

属性值	说明
stateAlwaysHidden	即使 Activity 主窗口获取焦点，软键盘也是被隐藏的
stateAlwaysVisible	软键盘总是显示状态
stateHidden	默认隐藏，当 EditText 控件获得焦点时显示
stateUnchanged	当前软键盘状态，与上一个界面的软键盘状态一致
stateUnspecified	软键盘的状态并没有指定，系统将选择一个合适的状态或依赖于主题的设置
stateVisible	软键盘通常是可见的，即使在界面上没有输入框的情况下也可以强制召唤

可以在布局文件中为 EditText 输入控件设置输入法属性 android:imeOptions，定义软键盘窗口中右下角所显示的功能键。常用属性值说明如表 4-6 所示。

表 4-6 imeOptions 属性值

常用属性值	说明
actionUnspecified	显示切换到下一项键（默认）
actionNone	同上
actionGo	显示 GO 键

(续)

常用属性值	说明
actionSearch	显示搜索键
actionSend	显示发送键
actionNext	显示下一个键
actionDone	显示完成键

> 需要将 EditText 控件设置为单行模式 singleLine，或设置它的 inputType 属性值，imeOptions 属性才能起作用。

可以为 EditText 控件设置 TextView.OnEditorActionListener 接口的编辑事件监听器，如下代码所示，创建了监听器对象，通过参数 actionId 判断是按了什么类型的按键，获得按键类型后，就可以写具体处理代码了。

```
mEdtname.setOnEditorActionListener(new TextView.OnEditorActionListener() {
    @Override
    public boolean onEditorAction(TextView v, int actionId, KeyEvent event) {
        switch (actionId) {
            case EditorInfo.IME_ACTION_SEARCH: break;
            case EditorInfo.IME_ACTION_GO: break;
        }
        return false;
    }
});
```

4-12 案例 17 软键盘的使用

4.4.2 案例 17 软键盘的使用

本案例界面效果如图 4-12 所示，在此案例上增加了键盘设置。当窗口启动后，就显示软键盘。此外还为输入框控件设置了搜索键，当单击搜索键时，显示单击了搜索键，搜索键上有个放大镜图形。

1. EditText 控件的键设置代码

该界面中用户输入框控件的 imeOptions 属性值设置为 actionSearch，该值是搜索键，代码如下所示。

```
<EditText … android:imeOptions="actionSearch"
    android:inputType="textPersonName" />
```

2. 清单文件中的键盘设置代码

在清单文件中，为主窗口 MainActivity 设置了 windowSoftInputMode 属性。

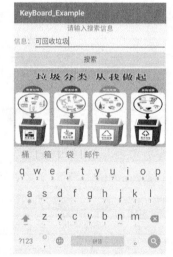

图 4-12 案例 17 界面效果

```
<manifest xmlns:android="http://schemas.android.
com/apk/res/android" package="com.wxstc.keyboard_example">
    <application …>
        <activity android:name=".MainActivity" android:windowSoftInputMode=
        "stateAlwaysVisible|adjustResize">
            …
        </activity>
```

```
            </application>
        </manifest>
```

3. MainActivity 类中的键盘按键处理代码

为用户名输入框设置了键盘监听程序，在程序中判断了〈Enter〉键的类型。需要注意 OnEditorActionListener 事件的触发时机，单击和编辑 EditText 控件时不触发，而是编辑完之后单击软键盘上的〈Enter〉键才会触发。

```
public class MainActivity extends AppCompatActivity {
    private TextView mTv;
    @Override
    protected void onCreate(Bundle savedInstanceState) {
        super.onCreate(savedInstanceState);
        setContentView(R.layout.activity_main);
        mTv = findViewById(R.id.textView);
        EditText editText = findViewById(R.id.editTextUser);
        editText.setOnEditorActionListener(new TextView.OnEditorActionListener()
        {  //设置编辑事件监听器
            @Override
            public boolean onEditorAction(TextView textView, int actionId,
            KeyEvent keyEvent) {
                switch (actionId) {
                    case EditorInfo.IME_ACTION_SEARCH:
                        mTv.setText("单击了搜索键");  break;
                    case EditorInfo.IME_ACTION_GO:
                        mTv.setText("单击了 GO 键");  break;
                }
                return false;
            }
        });
    }
}
```

 开发者可以根据软键盘功能键的类型编写自己的处理代码，比如本案例中，单击软键盘搜索键后，可以执行与单击【搜索】按钮相同的代码，来实现相同的功能。

4.5 思考与练习

【思考】

1. Android 应用处理事件的方式有哪几种？
2. 选项菜单和上下文菜单有什么区别？如何规划两种菜单中的菜单项功能？
3. 常见控件的功能和用途是什么？控件如何处理事件？
4. 软键盘的作用是什么？何时显示软键盘比较好？
5. 应用如何实现国际化？

【练习】

1. 使用所学知识，设计登录界面、注册界面。
2. 为界面中控件加入事件处理程序，如输入内容检查、信息提示等。

第 5 章　Activity 和 Intent

人们经常会使用手机进行网上办公、网上缴费等，常常需要跟各种 App 界面进行交互。在 Android 系统中，用户与 App 的交互是通过 Activity 完成的，Activity 负责管理 Android 应用程序的用户界面。

Activity 是 Android 应用程序中的四大组件之一，为用户提供可视化界面及操作。每个 App 中可以包含多个 Activity，每个 Activity 负责管理一个用户界面。在界面中可以添加多个控件，并编写相应的后台代码切换到其他界面。

本章通过学习 Activity 的创建、Activity 生命周期方法、Activity 的启动模式、Intent 的使用、对话框的使用和 Activity 中的数据传递等内容，使读者掌握界面之间的跳转以及界面之间的数据传递。

5.1　Activity 介绍

5.1.1　Activity 的启动模式

Android 系统采用任务栈的方式来管理 Activity 实例。栈是一种先进后出的数据结构。通常，一个应用程序有一个任务栈，默认情况下，每启动一个 Activity 都会将其加入栈中，放在栈顶位置。用户操作的界面永远都是栈顶的 Activity。

5-1
Activity 的启动模式和生命期

默认情况下，每启动一个新的 Activity 都会创建新的实例，并覆盖在原 Activity 之上，单击返回按钮，最上面的 Activity 会被销毁，下面的 Activity 重新显示。在开发中，可以为每个 Activity 指定恰当的启动模式，来复用 Activity 实例，优化 App 的效率和资源占用。

下面介绍 Activity 的 4 种启动模式。启动模式在配置文件中，通过<activity>标签中的 android:launchMode 属性设置。

1．standard 模式

如果不设置 Activity 的启动模式，系统会默认将其设置为 standard。每次启动一个标准模式的 Activity 都会重新创建一个新的实例，不管这个 Activity 之前是否已经存在实例，一个任务栈中可以有多个实例，每个实例也可以属于不同的任务栈，谁启动了这个 Activity，那么这个 Activity 实例就运行在谁的栈中。

2．singleTop 模式

在标准模式下，如果当前 Activity 已处于栈顶，再次启动该 Activity 会重新创建实例，不会直接复用，这样就造成了资源浪费。

把 Activity 的启动模式设置为 singleTop 模式，当启动该 Activity 时，会先检查栈顶是否是该 Activity 的实例，如果是，则直接复用，如果不是，创建实例。

3．singleTask 模式

在 singleTop 模式下，如果栈中有该 Activity 的实例，但不处于栈顶，仍会创建实例，栈中可能会存在该 Activity 的多个实例，因而此模式的效率仍然不高。

把 Activity 的启动模式设置为 singleTask 模式，启动该 Activity 时，会先检查任务栈中是否有该 Activity 的实例，有就直接复用，没有就创建实例并入栈。

4．singleInstance 模式

在 singleInstance 模式下，会启动一个新的任务栈来管理程序中启动的 Activity，并且在 Android 系统中，该 Activity 只有一个实例。启动 Activity 时，如果 Android 系统中不存在该 Activity 的实例，则创建实例并入栈；如果已存在该实例，Android 系统会把该任务栈转移到前台，显示该实例。可见，这种模式让多个应用共享同一个 Activity 实例。

5.1.2　Activity 生命周期

Activity 的运行从开始到结束会经历各种状态，并且会发生从一个状态到另一个状态的切换，这样的过程就叫作生命周期。

Activity 的生命周期主要分为 5 种状态，分别是启动状态、运行状态、暂停状态、停止状态和销毁状态，其中启动状态和销毁状态是过渡状态，Activity 在这两种状态的停留时间非常短暂。

1．启动状态

Activity 的启动状态很短暂，一般情况下，当 Activity 启动之后便会进入运行状态。

2．运行状态

Activity 在此状态时处于屏幕最前端，它是可见、有焦点的，可以与用户进行交互，如单击、双击、长按等。

当 Activity 处于运行状态时，Android 会尽可能地保持它的运行，即使出现内存不足的情况，Android 也会先销毁栈底的 Activity，来确保运行状态的 Activity 正常运行。

3．暂停状态

在某些情况下，Activity 对用户来说仍然可见，但它无法获取焦点，用户对它操作没有响应，此时它就处于暂停状态。例如，当前 Activity 上覆盖了一个透明或者非全屏的窗口时，被覆盖的 Activity 就处于暂停状态。

4．停止状态

当 Activity 完全不可见时，它就处于停止状态，但仍然保留着当前窗口的状态和成员变量中的信息。如果系统内存不足，那么这种状态下的 Activity 很容易被销毁。

5．销毁状态

当 Activity 处于销毁状态时，窗口状态和成员变量中的信息会被清除，Activity 实例将被清理出内存。

Activity 的生命周期模型如图 5-1 所示。在窗口的状态转换过程中，有对应的生命期方法被调用，开发者可以重写这些生命期方法，加入自己的代码，做相应的处理。

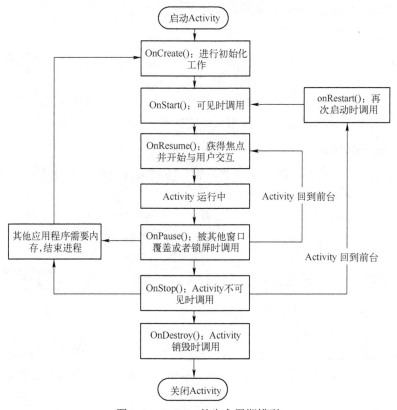

图 5-1 Activity 的生命周期模型

Activity 的生命周期方法介绍如下。

1）启动 Activity 时，系统会先调用 onCreate()方法，在该方法中做一些初始化设置。然后调用 onStart()方法和 onResume()方法，为做 Activity 获取焦点并与用户交互前的最后准备，完成后 Activity 进入运行状态。

2）当前 Activity 被其他小窗口覆盖、仍有部分可见，或被锁屏时，系统会调用 onPause()方法，暂停当前 Activity 的执行。

3）当前 Activity 恢复运行前，系统会调用 onResume()方法做运行前准备，准备好后再次进入运行状态。

4）当前 Activity 转到新的 Activity 界面或按〈Home〉键回到主屏，自身需要退居到后台时，系统会先调用 onPause()方法，然后再调用 onStop()方法，进入停止状态。

5）用户通过后退等操作再次回到此 Activity 时，系统会先调用 onRestart()方法，然后调用 onStart()方法，最后调用 onResume()方法，再次进入运行状态。

6）当前 Activity 处于暂停或停止状态时，因系统内存不足需要结束该应用进程时，不会调用该状态之后的生命期方法，因此在设计时应格外注意，在暂停状态和停止状态就做好状态保存工作。

7）用户退出当前 Activity 时，系统先调用 onPause()方法，然后调用 onStop()方法，最后调用 onDestory()方法，结束当前 Activity。

5.1.3 案例 18 启动窗口输出生命周期方法

在 MainActivity 类内部右击选择【Generate】|【Override Methods】|【Select Methods】，可以在窗口中选择要重写 Activity 的生命周期方法，自动生成到代码中。在每个方法中打印出 Log 信息，观察生命周期方法的调用时机。代码如下所示。

5-2 案例 18 启动窗口输出生命周期方法

```java
public class MainActivity extends AppCompatActivity {
    public class MainActivity extends AppCompatActivity {
    @Override
    protected void onCreate(Bundle savedInstanceState) {
        super.onCreate(savedInstanceState);
        setContentView(R.layout.activity_main);
        Log.d("LC", "onCreate()生命周期方法被调用");
    }
    @Override
    protected  void onStart(){
        super.onStart();
        Log.d("LC", "onStart()生命周期方法被调用");
    }
    @Override
    protected  void onResume(){
        super.onResume();
        Log.d("LC", "onResume()生命周期方法被调用");
    }
    @Override
    protected  void onPause(){
        super.onPause();
        Log.d("LC", "onPause()生命周期方法被调用");
    }
    @Override
    protected  void onStop(){
        super.onStop();
        Log.d("LC", "onStop()生命周期方法被调用");
    }
    @Override
    protected  void onDestroy(){
        super.onDestroy();
        Log.d("LC", "onDestroy()生命周期方法被调用");
    }
    @Override
    protected  void onRestart(){
        super.onRestart();
        Log.d("LC", "onRestart()生命周期方法被调用");
    }
}
```

运行程序，运行结果如图 5-2 所示。在开发环境的 LogCat 窗口中观察输出日志，可以发现程序启动后依次调用了 onCreate()、onStart()和 onResume()方法，这时程序处于运行状态，等待与用户进行交互。

单击模拟器上的返回按钮，程序退出，运行结果如图 5-3 所示。可以看到日志中输出了

onPause()、onStop()和 onDestroy()方法的调用结果。

图 5-2　第一次运行调用方法　　　　　　　　图 5-3　返回按钮调用方法

 注意：Activity 可以在其内部调用 finish()方法关闭自己。如果调用 System.exit(0)退出进程，会退出应用进程，这时活动所占的资源会被释放，不会再调用 onPause()、onStop()和 onDestroy()生命周期方法。

5.2 启动新窗口

5.2.1 Intent 介绍

在第一次使用 QQ 的时候一般会要求先输入用户名和密码，登录之后会跳转到 QQ 对话界面。像这样从一个 Activity 跳转到另外一个 Activity，需要用到 Intent 意图组件。

5-3
Intent 介绍

Intent 是程序中各组件进行交互的一种重要方式，它不仅可以指定当前组件要执行的动作，还可以在不同组件之间进行数据传递。根据开启目标组件的方式不同，Intent 被分为两种类型：显示 Intent 和隐式 Intent。

1. 显式 Intent

显式 Intent 是明确目标 Activity 的类名。通过 Intent(Context packageContext, Class<?> cls)构造方法来指定，该方法是最常用的，只适用于当前应用，只能启动本应用中的 Activity。

```
Intent intent = new Intent(this, SecondActivity.class);
startActivity(intent);
```

2. 隐式 Intent

隐式 Intent 启动 Activity 时，并没有在 Intent 中指明 Acitivity 的类。Android 系统设计了匹配机制，能够根据 Intent 中的数据信息找到需要启动的 Activity。Android 系统使用 Intent 过滤器（Intent Filter）来实现。

Intent 过滤器根据 Intent 中的动作（action）、类别（category）和数据（data）等内容，对目标组件进行匹配和筛选。Intent 过滤器可以匹配数据类型、路径和协议，还指定多个匹配项的优先级（priority）。

为了使 Android 系统能了解组件能响应的 Intent 意图，通常在 AndroidManifest.xml 文件的各个组件下定义 Intent 过滤器<intent-filter>节点，在节点中声明该组件所支持的动作、执行的环境和数据格式等信息。也可以在程序代码中动态地为组件设置 Intent 过滤器。

<intent-filter>节点支持<action>标签、<category>标签和 <data>标签，分别用来定义 Intent

过滤器的动作、类型和数据。<intent-filter>节点支持的标签和属性说明如表 5-1 所示。

表 5-1 节点属性

标签	属性	说明
action	android: name	指定组件所能响应的动作
category	android: category	指定以何种方式去服务 Intent 请求的动作
data	android: host	指定一个有效的主机名
data	android: mimetype	指定组件能处理的数据类型
data	android: path	有效的 URI 路径名
data	android: port	主键的有效端口号
data	android: scheme	所需要的特定协议

Android 系统中很多常用 Action 动作，以静态字符串常量的形式定义在 Intent 类和其他系统类中，例如呼入电话、呼出电话、接收短信等。常用动作和数据匹配表如表 5-2 所示。

表 5-2 Action 和 Data 属性匹配表

Action 属性	Data 属性	说明
ACTION_VIEW	content://contacts/people/1	显示 ID 为 1 的联系人信息
ACTION_DIAL	content://contacts/people/1	将 ID 为 1 的联系人电话号码显示在拨号界面中
ACTION_CALL	tel:123	拨打电话，电话号码为 123
ACITON_VIEW	tel:123	显示电话为 123 的联系人信息
ACTION_VIEW	http://www.google.com	在浏览器中浏览该网站
ACTION_VIEW	file://sdcard/mymusic.mp3	播放 MP3
ACTION_VIEW	geo:39.2456,116.3523	显示地图

如果要调用 Android 系统的电话拨号程序，可以使用如下代码。

```
Intent intent = new Intent();
intent.setAction("android.intent.action.CALL");
intent.setData(Uri.parse("tel:mobile"));//mobile 为电话号码（是数字）
startActivity(intent);
```

<category>标签用来指定 Intent 过滤器的类别，每个 Intent 过滤器可以定义多个<category>标签，开发者可以使用自定义的类别，也可以使用系统提供的类别，Android 系统提供的类别如表 5-3 所示。

表 5-3 Intent 过滤器的类别

值	说明
DEFAULT	默认的执行方式
HOME	手机开机启动后显示的 Activity 或按下〈HOME〉键后显示的 Activity
LAUNCHER	表示目标 Activity 是应用程序中最优先被执行的 Activity
BROWSABLE	目标 Activity 能通过在网页浏览器中单击链接而激活
ALTERNATIVE	Intent 数据默认动作的一个可替换的执行方法
GADGET	表示目标 Activity 可以被内嵌到其他 Activity 当中

在 Intent 与 Intent 过滤器进行匹配时，Android 系统会将列表中所有 Intent 过滤器的"动作"和"类别"与 Intent 进行匹配，任何不匹配的 Intent 过滤器都将被过滤掉。没有指定"动

作"的 Intent 过滤器可以使用"类别"进行匹配，但是没有指定"类别"的 Intent 过滤器只能匹配没有"类别"的 Intent。

把 Intent 数据 URI 的每个子部与 Intent 过滤器的<data>标签中的属性进行匹配，如果<data>标签指定了协议、主机名、路径名或 MIME 类型，那么这些属性都要与 Intent 的 URI 数据部分进行匹配，任何不匹配的 Intent 过滤器均被过滤掉。

如果 Intent 过滤器的匹配结果多于一个，则可以根据在<intent-filter>标签中定义的优先级标签来对 Intent 过滤器进行排序，优先级最高的 Intent 过滤器将被选择。

如下代码在 MainActivity.java 文件中定义了一个 Intent 以启动另一个 Activity，这个 Intent 与启动目标 Activity 设置的过滤器是完全匹配的。相关代码如下。

```
Intent intent = new Intent(Intent.ACTION_VIEW,Uri.parse("schemodemo://com.edu/path"));
startActivity(intent);
```

目标 Activity 的清单文件 AndroidManifest.xml 的代码如下。动作是 android.intent.action.VIEW，表示根据 URI 协议，以浏览的方式启动相应的 Activity。类别是 android.intent.category.DEFAULT，表示数据的默认动作。数据的协议部分是 android:scheme="schemodemo"，数据的主机名称部分是 android:host="com.edu"。

```
<activity android:name=". SecondActivity ">
    <intent-filter>
        <action android:name="android.intent.action.VIEW" />
        <category android:name="android.intent.category.DEFAULT " />
        <data android:scheme="schemodemo" android:host="com.edu"/>
    </intent-filter>
</activity>
```

在 Android 系统与 Intent 过滤器列表进行匹配时，会与 AndroidManifest.xml 文件中定义的 Intent 过滤器进行匹配，目标组件 SecondActivity 能满足匹配条件，将会被开启。

 注意：隐式 Intent 启动的目标组件中，至少需要加入一个 category（分类）"android.intent.category.DEFAULT"，否则不能有效匹配上。

5.2.2　案例 19　添加新窗口并启动

在程序的包名处单击右键，如图 5-4 所示，选择【New】|【Activity】|【Empty Activity】选项。

如图 5-5 所示，"Activity Name"是新建的 Activity 的名称，"Layout Name"是布局文件名称。单击【Finish】按钮完成 Activity 的创建。同时会创建 UI 文件 activity_main2.xml。

5-4 案例 19　添加新窗口并启动

创建完成的窗口类 MainActivity2.java 的代码如下。

```
public class MainActivity extends AppCompatActivity {
    @Override
    protected void onCreate(Bundle savedInstanceState) {
        super.onCreate(savedInstanceState);
        setContentView(R.layout.activity_main);
    }
}
```

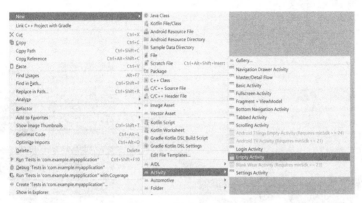

图 5-4 创建 Activity

图 5-5 配置 Activity

MainActivity2 类继承了 AppCompatActivity，并且重写了 onCreate()方法，该方法在 Activity 创建时调用。setContentView()方法的功能是设置一个 Activity 对应的显示界面。

创建 Activity 后，配置文件 AndroidManifest.xml 中会注册相应的 Activity 的信息，代码如下所示。

```xml
<activity android:name=".MainActivity2">
    <intent-filter>
        <action android:name="android.intent.action.MAIN" />
        <category android:name="android.intent.category.LAUNCHER" />
    </intent-filter>
</activity>
```

5.2.3 案例 20 使用浏览器浏览网页

5-5
案例 20 使用
浏览器浏览网页

设计一个主界面，如图 5-6 所示，在输入框中输入中国科学院紫金天山文台的网址，单击【打开网址】按钮，跳转到浏览器，用浏览器打开如图 5-7 所示的页面。

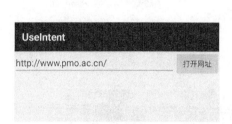

图 5-6　主界面　　　　　　　　　　图 5-7　浏览器打开网页

1. UI 控件 ID 说明

本案例中，文本输入框控件的 ID 为 editText，按钮控件的 ID 为 btn。

2. MainActivity 类

```java
public class MainActivity extends AppCompatActivity {
    private EditText editText;
    private Button btn;
    @Override
    protected void onCreate(Bundle savedInstanceState) {
        super.onCreate(savedInstanceState);
        setContentView(R.layout.activity_main);
        editText=findViewById(R.id.editText);
        btn=findViewById(R.id.btn);
        btn.setOnClickListener(new View.OnClickListener() {
            @Override
            public void onClick(View view) {
                //将网址字符串解析成 URI 对象
                Uri uri = Uri.parse(editText.getText().toString());
                //设置动作为 ACTION_VIEW
                Intent intent = new Intent(Intent.ACTION_VIEW, uri);
                startActivity(intent);
            }
        });
    }
}
```

5.3　Activity 中的数据传递

Android 系统中，组件之间可以进行消息传递或者数据传递，使用的是 Intent。Intent 不仅可以开启 Activity，还可以在各个 Activity 之间传递数据。

5.3.1 数据正传

Intent 提供了 putExtra(String name,String value)方法，通过该方法将要传递的数据暂存到 Intent 中，数据以键值对的形式保存。方法的第一个参数是键名，第二个参数是传递的数据内容。

5-6
数据正传和案例 21

```
Intent intent=new Intent(this,SecondActivity.class);
intent.putExtra("name","zhangsan");
```

当启动另一个 Activity 之后，可以调用 getStringExtra(String name)方法，根据键值取出相应的数据。

```
Intent intent=getIntent();
String name=intent.getStringExtra("name");
```

注意：获取数据的 key 值与存入数据的 key 值的数据类型要一致，否则查找不到数据。

5.3.2 案例 21 从登录界面跳转到新界面

创建一个登录界面，如图 5-8 所示，在输入框中输入相应的账号和密码，单击【登录】按钮跳转到如图 5-9 所示的新界面。

图 5-8 登录界面

图 5-9 跳转到的新界面

1. UI 控件 ID 说明

本案例中，图片显示控件的 ID 为 imgshow，账号输入框控件的 ID 为 etname，密码输入框控件的 ID 为 etpwd，按钮控件的 ID 为 btnlogin。跳转到新界面中文本显示控件的 ID 为 tvshow。

2. MainActivity 类

在登录界面中输入账号和密码后，单击【登录】按钮把账号信息保存在 Intent 对象中并跳转到新界面。

```java
public class MainActivity extends AppCompatActivity {
    private EditText etname;
    private Button btnlogin;
    @Override
    protected void onCreate(Bundle savedInstanceState) {
        super.onCreate(savedInstanceState);
        setContentView(R.layout.activity_main);
        etname=findViewById(R.id.etname);
        btnlogin=findViewById(R.id.btnlogin);
        btnlogin.setOnClickListener(new View.OnClickListener() {
            @Override
            public void onClick(View view) {
                //创建 intent 对象，启动 SecondActivity
                Intent intent=new Intent(MainActivity.this,SecondActivity.class);
                //将数据存入 intent
                intent.putExtra("name",etname.getText().toString());
                startActivity(intent);
            }
        });
    }
}
```

3．SecondActivity 类

在新界面的 onCreate()方法中获得登录界面传递过来的账号信息，显示在文本框中。

```java
public class SecondActivity extends AppCompatActivity {
    private TextView tvshow;
    @Override
    protected void onCreate(Bundle savedInstanceState) {
        super.onCreate(savedInstanceState);
        setContentView(R.layout.activity_second);
        Intent intent=getIntent();//获取 intent 对象
        String name=intent.getStringExtra("name");//取出键名对应的值
        tvshow=findViewById(R.id.tvshow);
        tvshow.setText(name.substring(0,1).toUpperCase().concat(name.substring(1).toLowerCase())+" fights for tomorrow! ");
    }
}
```

5.3.3 数据回传

在 Activity 中，使用 Intent 既可以将数据传给下一个 Activity，还可以将数据回传给上一个 Activity。数据回传很常用，比如发微信朋友圈时，进入相册选择好图片后，会回传选择的图片的信息。

5-7 数据回传和案例22

调用 startActivityForResult(Intent intent,int requestCode)方法启动目标窗口，可以获得目标窗口返回的数据。该方法第一个参数是 Intent 对象，第二个参数是请求码，用于判断数据的来源，可以输入一个唯一值。

```
Intent intent=new Intent(this,SecondActivity.class);
startActivityForResult(intent, 1);
```

调用该方法后跳转到第二个 Activity，在第二个 Activity 设置返回的结果给第一个 Activity。在第二个 Activity 中调用 setResult(int resultCode,Intent data)方法向第一个 Activity 回传数据，该方法第一个参数为结果码，第二个参数用 Intent 对象设置要传回的数据。设置完成后，调用 finish()方法结束自己回到前一个窗口。

```
Intent intent = new Intent();//创建 intent 对象
intent.putExtra("name","zhangsan");//保存数据
setResult(1,intent);
finish();
```

第一个 Activity 中需要重写 onActivityResult(int requestCode,int resultCode,Intent data)方法，通过该方法获取返回的数据。第一个参数表示第一个 Activity 启动第二个 Activity 时传递的请求码，第二个参数表示第二个 Activity 返回数据时传入的结果码，第三个参数是返回数据的 Intent 对象。代码如下所示。

```
protected void onActivityResult(int requestCode,int resultCode, Intent data) {
    super.onActivityResult(requestCode, resultCode, data);
    if (requestCode == 1 && resultCode == 1) {
        String string=data.getStringExtra("name");
    }
}
```

 第一个 Activity 如果开启了多个目标 Activity，回传数据调用 onActivityResult()方法时就要根据结果码区分是哪个目标 Activity 回传的数据。如果只开启了一个目标 Activity，可以不判断。获取数据的 key 值与存入数据的 key 值的数据类型要一致，否则查找不到数据。

5.3.4 案例 22　注册页面头像选择

创建一个登录界面，效果如图 5-10 所示。单击头像控件转向头像选择界面，如图 5-11 所示，选择合适的图片后结束头像选择界面，返回登录界面，如图 5-12 所示。

图 5-10　登录界面　　　　图 5-11　头像选择界面　　　　图 5-12　返回登录界面

1. UI 控件 ID 说明

本案例中,登录界面的 ImageView 控件 ID 为 imgshow。在头像选择界面上,创建一个水平线性布局,布局中有三个图片显示控件用来显示头像图片,三个 ImageView 控件的 ID 分别为 imageViewheadpick_1、imageViewheadpick_2、imageViewheadpick_3。

2. MainActivity 类

从当前界面跳转到头像选择界面并回传所选择的图像,使用了 startActivityForResult()方法启动头像选择界面。在 onActivityResult()方法中,对请求码和返回码进行了判断。ImageView 控件的 setImageResource()方法,用来显示选中的头像图片,如果未获取到,会使用默认图片。代码如下。

```java
public class MainActivity extends AppCompatActivity {
    private ImageView imgshow;
    @Override
    protected void onCreate(Bundle savedInstanceState) {
        super.onCreate(savedInstanceState);
        setContentView(R.layout.activity_main);
        imgshow= findViewById(R.id.imgshow);
        imgshow.setOnClickListener(new View.OnClickListener() {
            @Override
            public void onClick(View view) {//单击头像图片,进入头像选择界面
                Intent intent = new Intent(MainActivity.this,
                HeadImageActivity.class);
                startActivityForResult(intent, 1);//需要返回请求结果,请求码为1
            }
        });
    }
    @Override
    protected void onActivityResult(int requestCode,int resultCode,
    Intent data) {
        super.onActivityResult(requestCode, resultCode, data);
        if (requestCode == 1 && resultCode == 1) {//判断是否为待处理的结果
            imgshow.setImageResource(data.getIntExtra("imageselect", R.drawable.
            headpic_default));//显示选择的图像
        }
    }
}
```

3. HeadImageActivity 类

在头像选择界面中,使用了 3 个事先放置的图片。任意选择一个头像,把头像的 ID 信息保存在 Intent 对象中,回传给登录界面,结束当前头像选择界面,代码如下。

```java
public class HeadImageActivity extends AppCompatActivity implements View.OnClickListener{
    @Override
    protected void onCreate(Bundle savedInstanceState) {
```

```java
        super.onCreate(savedInstanceState);
        setContentView(R.layout.activity_head_image);
        findViewById(R.id.imageViewheadpick_1).setOnClickListener(this);
        findViewById(R.id.imageViewheadpick_2).setOnClickListener(this);
        findViewById(R.id.imageViewheadpick_3).setOnClickListener(this);
    }
    @Override
    public void onClick(View view) {
        Intent intent = new Intent();//获取 Intent 对象
        switch (view.getId()){
            case R.id.imageViewheadpick_1:
                //将数据保存到 intent 中
                intent.putExtra("imagesel",R.drawable.headpic_01);
                break;
            case R.id.imageViewheadpick_2:
                intent.putExtra("imagesel",R.drawable.headpic_02);
                break;
            case R.id.imageViewheadpick_3:
                intent.putExtra("imagesel",R.drawable.headpic_03);
                break;
            default:
                intent.putExtra("imagesel",R.drawable.headpic_default);
                break;
        }
        setResult(1,intent);//设置返回的结果码，并返回数据
        finish();//关闭当前 Activity
    }
}
```

5.4 对话框

如果用户名或者密码错误，应用程序需要弹出对话框，让用户确认一些信息或提示用户信息。Android 开发框架提供了工具类用来构造对话框。如果只是给用户提示，可以使用 Toast 类构造提示信息，这种信息不具备交互性，显示几秒后自动消失。使用 Toast 显示信息的例子如下：

```
Toast.makeText(this, "我是提示信息", Toast.LENGTH_SHORT).show();
```

Toast 的使用比较简单，通过 makeText()方法构造提示信息，参数依次为上下文、信息字符串、显示时间长短，构造好后，调用 show()方法显示。

如果需要可交互的对话框，可以使用 Android SDK 提供的 AlertDialog 类构建可交互的对话框，让用户选择和确认信息。此外，Android SDK 还提供了用于日期和时间选择的对话框类 DatePickerDialog 和 TimePickerDialog，这两个类继承自 AlertDialog 类，使用相对比较简单。Android SDK 还提供了 ProgressDialog 进度条对话框，这种对话框运行期间用户不能与主界面交互，不推荐使用。

下面先介绍日期和时间对话框类的使用，再介绍 AlertDialog 类的使用。

5.4.1 日期和时间对话框类的使用

日期 DatePickerDialog 和时间 TimePickerDialog 对话框类，显示的对话框效果如图 5-13 所示。使用构造方法创建对话框对象实例，然后调用实例的 show()方法，就可以显示出对话框。两者的使用方法类似，日期对话框类的构造方法接收 5 个参数，依次是上下文、日期选定监听器、年/月/日的初始值（3 个）。时间对话框类的构造方法也是接收 5 个参数，依次是上下文、时间选定监听器、小时/分钟初始值（2 个）、是否 24 小时显示。

5-8
日期和时间对话框类的使用

图 5-13 日期和时间选择对话框

日期选择控件和时间选择控件使用时，监听器参数分别需要实现 DatePickerDialog.OnDateSetListener 和 TimePickerDialog.OnTimeSetListener 接口，开发者在接口方法中获得选定的年月日和小时、分钟数，代码如下。

```
//日期选择对话框
DatePickerDialog dp = new DatePickerDialog(this, new DatePickerDialog.OnDateSetListener() {
    @Override
    public void onDateSet(DatePicker datePicker, int year, int month, int day) {
        //选定日期后调用此方法
    }},2020,01,18);
dp.show();
//时间选择对话框
TimePickerDialog tp = new TimePickerDialog(this, new TimePickerDialog.OnTimeSetListener() {
    @Override
    public void onTimeSet(TimePicker timePicker, int hour, int minute) {
        //选定时间后调用此方法
    }},10,30,true);
tp.show();
```

5.4.2 AlertDialog 对话框类的使用

AlertDialog 对话框类功能比较强大，可以构造多种显示效果的对话框，包括普通信息提示样式、列表样式、单选样式、多选样式、自定义布局样式等。

5-9
AlertDialog 对话框类的使用

不论哪种样式的对话框，都不要直接使用 AlertDialog 类的构造方法创建，而是使用 AlertDialog.Builder 类的对象来构建。创建 Builder 对象后，可以用该对象设置对话框外观样式，使用一系列 set 开头的成员方法设置标题、确认和取消等按钮、提示信息、单选按钮、复选框、自定义布局、监听器等，定制对话框外观样式。定制完成后，调用对象的 create()方法创建 AlertDialog 对话框对象实例。

获得对话框对象实例后，也可以用对话框对象设置某些外观和样式，与用 Builder 对象设置方式相同，但没有它全面。最后调用对话框的 show()方法来显示对话框。

下面依次介绍几种样式对话框的使用。

1．普通信息提示样式

普通信息提示对话框如图 5-14 所示，仅设置了标题、提示信息、【确定】和【取消】按钮，以及按钮的监听事件，在监听事件中编写代码，响应用户的单击，代码如下。

```
AlertDialog.Builder builder = new AlertDialog.Builder(this);
AlertDialog dlg = builder.create();
dlg.setTitle("提示");
dlg.setMessage("确定清空信息？");
dlg.setButton(AlertDialog.BUTTON_POSITIVE, "确定",
    new DialogInterface.OnClickListener() {
        @Override
        public void onClick(DialogInterface dialogInterface, int i) {    }
    });
dlg.setButton(AlertDialog.BUTTON_NEGATIVE, "取消",
    new DialogInterface.OnClickListener() {
        @Override
        public void onClick(DialogInterface dialogInterface, int i) {    }
    });
dlg.show();
```

2．列表样式

列表对话框如图 5-15 所示，必须使用 Builder 对象的 setItems()方法设置列表内容。对话框中没有这个方法，列表项文本放在字符串数组中。该方法还注册了列表项单击监听器，当某项被单击后，会调用监听器的 onClick()方法。该方法有一个 index 参数，该参数值就是列表项文本在数组中的下标，以此方式确定用户单击了哪一项，代码如下。

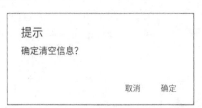

图 5-14　普通信息提示对话框

图 5-15　列表对话框

```java
        final String[] items = {"大一", "大二", "大三", "大四"};
        AlertDialog.Builder builder = new AlertDialog.Builder(this);
        builder.setTitle("列表样式");
        builder.setItems(items,
                new DialogInterface.OnClickListener() {
                    @Override
                    public void onClick(DialogInterface dialogInterface, int index) {
                        //选中某个列表项后，调用该方法，index 是列表项在数组 items 中的下标
                    }
                });
        builder.setPositiveButton("确定",
                new DialogInterface.OnClickListener() {
                    @Override
                    public void onClick(DialogInterface dialogInterface, int i) {     }
                });
        builder.setNegativeButton("取消",
                new DialogInterface.OnClickListener() {
                    @Override
                    public void onClick(DialogInterface dialogInterface, int i) {     }
                });
        AlertDialog dlg = builder.create();
        dlg.show();
```

> **注意**：单击列表项后，对话框会消失，本例设置了【确定】和【取消】两个按钮，可以用来实现其他交互功能，比如用户什么也不选就单击【取消】按钮。如果使用 setMessage()方法同时设置了提示信息，那么列表项就不再显示了。

3. 单选样式

单选对话框如图 5-16 所示，单选样式的设置与列表样式类似，但选中后对话框不会消失。设置单选样式用的方法是 setSingleChoiceItems()，该方法多了一个参数，第 2 个参数用来设置默认选中按钮的下标。本例代码设置第一个按钮默认被选中，代码如下。

```java
        final String[] items = {"大一", "大二", "大三", "大四"};
        AlertDialog.Builder builder = new AlertDialog.Builder(this);
        builder.setTitle("单选样式");
        builder.setSingleChoiceItems(items,0,
                new DialogInterface.OnClickListener() {
                    @Override
                    public void onClick(DialogInterface dialogInterface, int index) {
                        //选中某个按钮项后，调用该方法，index 是列表项在数组 items 中的下标
                    }
                });
        builder.setPositiveButton("确定",
                new DialogInterface.OnClickListener() {
                    @Override
                    public void onClick(DialogInterface dialogInterface, int i) {     }
                });
        builder.setNegativeButton("取消",
```

```
            new DialogInterface.OnClickListener() {
                @Override
                public void onClick(DialogInterface dialogInterface, int i) {      }
            });
    AlertDialog dlg = builder.create();
    dlg.show();
```

4．多选样式

多选对话框如图 5-17 所示，多选样式与单选样式类似，但设置方法不同，多选样式使用 setMultiChoiceItems()方法，该方法的默认选中参数是一个 boolean 类型的数组，监听器的 onClick()方法也多了一个表示选择状态的参数，代码如下。

图 5-16　单选对话框

图 5-17　多选对话框

```
final String[] items = {"大一", "大二", "大三", "大四"};
boolean[] defaultSel = {true,false,true,false};
AlertDialog.Builder builder = new AlertDialog.Builder(this);
builder.setTitle("多选样式");
builder.setMultiChoiceItems(items, defaultSel,new DialogInterface.
OnMultiChoiceClickListener() {
    @Override
    public void onClick(DialogInterface dialogInterface,int index, boolean b){
            //该方法 index 参数是状态发生变化项在数组的下标，b 参数是选择状态
    }
});
builder.setPositiveButton("确定",new DialogInterface.OnClickListener() {
    @Override
    public void onClick(DialogInterface dialogInterface, int i) {      }
});
builder.setNegativeButton("取消", new DialogInterface.OnClickListener() {
    @Override
    public void onClick(DialogInterface dialogInterface, int i) {      }
});
AlertDialog dlg = builder.create();
dlg.show();
```

5-10 自定义布局样式

5．自定义布局样式

自定义布局对话框如图 5-18 所示。设计时需要在布局文件中设计要呈现的内容，设计完成后，使用 setView()方法设置布局文件为对话框呈现的内容，如果布局文件中的内容无需用户操

作，那么用 R 文件将布局文件作为方法参数即可。如果布局文件中的控件需要响应用户的操作，那么就需要获得这些控件引用，并为这些控件设置监听程序，需要开发者显式装载布局文件。

本示例使用表格布局小节中的布局文件，来演示自定义布局对话框，并为按钮【2】设置监听程序，当单击【2】按钮时，会显示提示"单击了按钮 2"，代码如下。

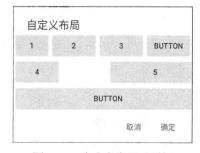

图 5-18　自定义布局对话框

```
//装载自定义布局文件
final View view = LayoutInflater.from(this).inflate(R.layout.test_ly,null);
//为自定义视图的 id 为 button2 的按钮设置点击监听程序
view.findViewById(R.id.button2).setOnClickListener(new
View.OnClickListener() {
    @Override
    public void onClick(View view) {
        Toast.makeText(MainActivity.this,"单击了按钮 2",Toast.LENGTH_SHORT).show();
    }
});
AlertDialog.Builder builder = new AlertDialog.Builder(this);
builder.setTitle("自定义布局");
builder.setView(view);//设置定义布局视图
builder.setPositiveButton("确定", new DialogInterface.OnClickListener() {
    @Override
    public void onClick(DialogInterface dialogInterface, int i) {        }
});
builder.setNegativeButton("取消", new DialogInterface.OnClickListener() {
    @Override
    public void onClick(DialogInterface dialogInterface, int i) {        }
});
AlertDialog dlg = builder.create();
dlg.show();
```

5.5　思考与练习

【思考】

1．Activity 的作用是什么？
2．Activity 的生命周期是什么？
3．Activity 的启动模式是什么？
4．两个 Activity 之间如何传递数据？
5．常用的对话框有哪些？分别有什么作用？

【练习】

1．开发一个程序，实现在两个 Activity 之间传递一个字符串，并在第二个 Activity 中弹出提示框显示传递的值。
2．实现一个带城市选择功能的用户注册界面。

第 6 章　子窗口设计

平板计算机与手机最大的区别就在于屏幕的大小，为了能够同时兼顾手机和平板计算机的开发，从 Android 3.0 开始推出了 Fragment，该组件有自己的布局文件和后台代码文件，可以将复杂的逻辑放在子窗口的模块代码中实现。本章通过学习 Fragment 的使用，并结合 BottomNavigationView、ViewPager、TabLayout 等控件的使用，演示子窗口的设计和开发，使读者能熟练地掌握子窗口设计方式，并应用到项目中。

6.1　Fragment 介绍

Fragment 是 Android 3.0 后引入的一个新的 API，它是一种可以嵌入在活动中的 UI 片段，能够让程序更加合理和充分地利用大屏幕的空间，可以将其看成一个小型 Activity，它又被称作 Activity 片段。

6-1
Fragment 介绍

使用 Fragment 可以把屏幕划分成几块，然后进行分组，进行模块化管理。Fragment 不能够单独使用，需要嵌套在 Activity 中使用，其生命周期也受到宿主 Activity 的生命周期的影响。

一个 Activity 中可以放入多个 Fragment；一个 Fragment 可以被多个 Activity 重用。Fragment 有自己的生命周期，并能接收输入事件，可以在 Activity 运行时动态地添加或删除 Fragment。

当 Activity 暂停时，它拥有的所有 Fragment 也会暂停；当 Activity 被销毁时，它拥有的所有 Fragment 也会被销毁。当 Activity 正在运行时，可以独立操纵每个 Fragment，如添加或移除它们。

Fragment 的优势如下。
- 模块化：不必把所有代码全部写在 Activity 中，可以把代码写在各自的 Fragment 中。
- 可重用：多个 Activity 可以重用一个 Fragment。
- 可适配：根据硬件的屏幕尺寸、屏幕方向，能够方便地实现不同的布局，用户体验更好。

6.1.1　Fragment 的创建

Fragment 的创建过程如图 6-1 所示，只须在程序包名处单击鼠标右键并选择【New】|【Fragment】|【Fragment(Blank)】，进入【Configure Component】界面，如图 6-2 所示，在该界面中指定 Fragment 名称以及 Fragment 对应的布局名称。

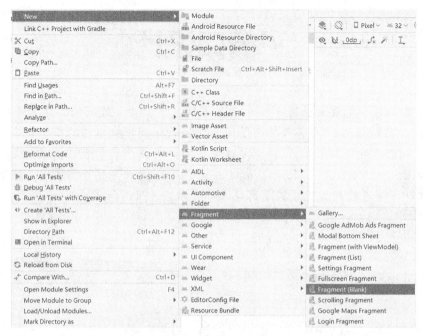

图 6-1 创建 Fragment

图 6-2 【Configure Component】界面

创建后会生成一个继承 Fragment 的类，并且重写了 onCreateView()方法，如文件 6-1 所示，对应的布局文件代码如文件 6-2 所示。

文件 6-1 MyFragment.java

```
public class MyFragment extends Fragment {
    public MyFragment() {    }//构造方法
    @Override
```

```
public View onCreateView(LayoutInflater inflater, ViewGroup container,
Bundle savedInstanceState) {
    return inflater.inflate(R.layout.fragment_my, container, false);
    //Fragment 加载布局
}
}
```

文件 6-2　fragment_my.xml

```xml
<?xml version="1.0" encoding="utf-8"?>
<FrameLayout xmlns:android="http://schemas.android.com/apk/res/android"
    xmlns:tools="http://schemas.android.com/tools"
    android:layout_width="match_parent"
    android:layout_height="match_parent"
    tools:context=".MyFragment">
    <!-- TODO: Update blank fragment layout -->
    <TextView
        android:layout_width="match_parent"
        android:layout_height="match_parent"
        android:text="@string/hello_blank_fragment" />
</FrameLayout>
```

6.1.2　Fragment 的生命周期

Fragment 的生命周期如图 6-3 所示。

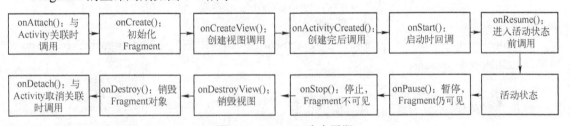

图 6-3　Fragment 生命周期

Fragment 的生命周期和 Activity 的生命周期相似，Fragment 比 Activity 多了几种方法。
- onAttach()：当 Fragment 和 Activity 建立关联时调用。
- onCreateView()：当 Fragment 创建视图时调用。
- onActivityCreated()：当相关联的 Activity 的 OnCreate()方法已返回时调用。
- onDestroyView()：当 Fragment 中的视图被移除时调用。
- onDetach()：当 Fragment 和 Activity 取消关联时调用。

6.1.3　Fragment 的使用

使用 Fragment 有两种方式，分别是静态加载和动态加载。

1．静态加载

使用 Fragment 时只需要将 Fragment 作为一个控件在 Activity 的布局文件中进行引用即可。

```
<?xml version="1.0" encoding="utf-8"?>
<LinearLayout xmlns:android="http://schemas.android.com/apk/res/android"
    android:id="@+id/line"
    android:layout_width="match_parent"
    android:layout_height="match_parent"
    android:orientation="vertical">
    <fragment
        android:id="@+id/frament_one"
        android:layout_width="match_parent"
        android:layout_height="match_parent"
        android:name="com.example.MyFragment"></fragment>
</LinearLayout>
```

上述代码中，引入了<fragment></fragment>标签，标签中需要添加 id 属性和 name 属性，name 属性值指明 Fragment 的实现类。

 name 属性值需要指定自定义 Fragment 的完整路径，静态加载一旦添加就不能在运行时删除。

2. 动态加载

除了可以在布局文件中添加 Fragment 之外，还可以在 Activity 中通过代码动态添加 Fragment，这种方式更加灵活。

```
FragmentManager fragmentManager = getSupportFragmentManager();
FragmentTransaction transaction = fragmentManager.beginTransaction();
MyFragment myFragment = new MyFragment();
transaction.add(R.id.line, myFragment);//添加 Fragment
transaction.commit();//提交事务
```

FragmentManager 类用来管理和维护 Fragment，具体使用该类中的 FragmentTransaction 类对象添加和删除 Fragment。

6.1.4 案例 23 Fragment 的使用

在界面上放置 3 个按钮，切换显示 3 个 Fragment，实现效果如图 6-4 所示。

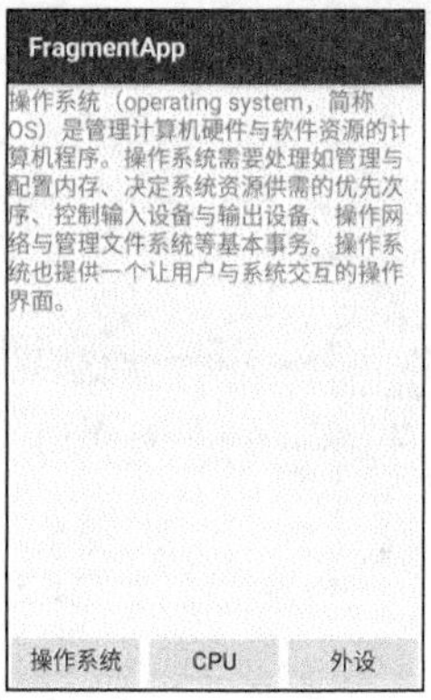

1. UI 控件 ID 说明

本案例中，放置一个 FrameLayout 控件作为容器，呈现 Fragment 子窗口，ID 为 main_fragment。三个按钮控件 ID 分别为 btn1、btn2、btn3。在 strings.xml 文件中定义了案例中使用的文本，创建 Fragment 对象时通过 R.string.b1、R.string.b2、R.string.b3 引用。

2. Fragment 控件 ID 说明

子窗口 Fragment 的布局中放置一个文本显示控件，ID 为 fragment_tv，用来显示不同的内容，以演示三个子窗口的切换。

3. MainActivity 类

在该类中，创建了 Fragment 的 3 个实例对象，当单击 3 个按钮时，切换显示子窗口。如果

图 6-4 Fragment 切换

子窗口未加入 FragmentTransaction 对象中管理，则先加入，再隐藏其他子窗口并显示自己。

```java
public class MainActivity extends AppCompatActivity implements View.OnClickListener {
    private MyFragment f1,f2,f3;
    private Button btn1,btn2,btn3;
    @Override
    protected void onCreate(Bundle savedInstanceState) {
        super.onCreate(savedInstanceState);
        setContentView(R.layout.activity_main);
        btn1=findViewById(R.id.btn1);
        btn2=findViewById(R.id.btn2);
        btn3=findViewById(R.id.btn3);
        btn1.setOnClickListener(this);
        btn2.setOnClickListener(this);
        btn3.setOnClickListener(this);
        initFragment1();   //显示第 1 个子窗口
    }
    private void initFragment1(){//该方法显示第 1 个子窗口
        FragmentTransaction transaction=getSupportFragmentManager().beginTransaction();//开启一个事务
        if(f1==null){
            //创建一个 Fragment 对象
            f1=new MyFragment(getResources().getString(R.string.b1));
            transaction.add(R.id.main_fragment,f1);//添加 Fragment 对象到 Activity 中
        }
        hideFragment(transaction);//调用自定义隐藏 Fragment 的方法
        transaction.show(f1);//显示 Fragment
        transaction.commit();//操作完成后，一定要提交事务才能生效
    }
    private void hideFragment(FragmentTransaction transaction) {//隐藏子窗口方法
        if(f1!=null){ transaction.hide(f1); }
        if(f2!=null){ transaction.hide(f2); }
        if(f3!=null){ transaction.hide(f3); }
    }
    private void initFragment2(){//该方法显示第 2 个子窗口
        FragmentTransaction transaction=getSupportFragmentManager().beginTransaction();
        if(f2==null) {
            f2 = new MyFragment(getResources().getString(R.string.b2));
            transaction.add(R.id.main_fragment, f2); }
        hideFragment(transaction);
        transaction.show(f2);
        transaction.commit();
    }
    private void initFragment3(){//该方法显示第 3 个子窗口
        FragmentTransaction transaction=getSupportFragmentManager().beginTransaction();
```

```
        if(f3==null){
            f3=new MyFragment(getResources().getString(R.string.b3));
            transaction.add(R.id.main_fragment,f3);
        }
        hideFragment(transaction);
        transaction.show(f3);
        transaction.commit();
    }
    @Override
    public void onClick(View view) {
        switch (view.getId()){//根据按钮控件ID调用显示子窗口的方法
            case R.id.btn1: initFragment1();break;
            case R.id.btn2: initFragment2();break;
            case R.id.btn3: initFragment3();break; }
    }
}
```

4．MyFragment 类

子窗口 MyFragment 类中加载 Fragment 布局文件，根据构造方法传入的参数在文本控件中显示不同的内容。

```
public class MyFragment extends Fragment {
    private String name ;
    private TextView fragment_tv;
    public MyFragment(String name) {//构造方法中传入要显示的文本
        super();
        this.name = name;
    }
    @Override
    public View onCreateView(LayoutInflater inflater, ViewGroup container,
    Bundle savedInstanceState) {
        //加载布局文件
        View view= inflater.inflate(R.layout.fragment_my, container, false);
        //获得布局文件中的文本框控件
        fragment_tv=view.findViewById(R.id.fragment_tv);
        fragment_tv.setText(name);//设置文本内容
        return view;
    }
}
```

6.2 BottomNavigationView 控件

6.2.1 BottomNavigationView 控件简介

6-3 BottomNavigationView 控件简介

BottomNavigationView 是一个底部导航栏控件，一般和 Fragment 一起使用，用于实现底部导航栏的效果。在低版本开发工具中，可能需要在项目中添加 material

库依赖。可以在 build.gradle 文件中将添加该依赖，如下代码所示。

```
implementation 'com.google.android.material:material:1.0.0'
```

高版本开发工具可以用拖拽方式加入该控件，加入后，在布局文件中添加 BottomNavigationView 控件的代码如下。

```
<com.google.android.material.bottomnavigation.BottomNavigationView app:
menu="@menu/navbottom_menu"… />
```

BottomNavigationView 控件的常用属性如下。
- app:itemIconTint：设置导航栏中图片的颜色。
- app:itemTextColor：设置导航栏中文字的颜色。
- app:itemBackground：设置底部导航栏的背景颜色，默认是主题的颜色。
- app:menu：设置导航栏布局里的图片和文字，属性值为菜单文件。

6.2.2 案例 24 Fragment 与 BottomNavigationView 结合实现子窗口切换

本案例演示 BottomNavigationView 和 Fragment 子窗口两者的组合使用，节省了底部导航栏控件的布局设计，提高了开发效率。运行效果如图 6-5 所示，导航条上设置了 4 项。

6-4
案例 24 实现子窗口切换

底部导航栏控件使用的菜单文件 navbottom_menu.xml 的代码如下所示。使用的图片需要事先复制到项目中。

```
<menu xmlns:android="http://schemas.android.com/ apk/res/android">
    <item android:id="@+id/sport" android:icon= "@drawable/bom_icon_sport"
    android:title="运动"></item>
    <item android:id="@+id/info" android:icon= "@drawable/bom_icon_info"
    android:title="资讯"></item>
    <item android:id="@+id/device" android:icon= "@drawable/bom_icon_device"
    android:title="设备"> </item>
    <item android:id="@+id/my" android:icon= "@drawable/bom_icon_my" android:
    title="历史"></item>
</menu>
```

1．UI 控件 ID 说明

本案例界面中放置一个 FrameLayout 控件作为子窗口的容器，ID 为 main_fragment。BottomNavigationView 控件 ID 为 bottomnav。

2．Fragment 控件 ID 说明

本案例创建了 4 个 Fragment，由底部导航栏控件的 4 个菜单项切换。每个子窗口布局文件中有一个 TextView 控件，用于显示不同的文本，以便演示切换效果。4 个文本控件的 ID 分别为 tvsport、tvinfo、tvdevice、tvmy。

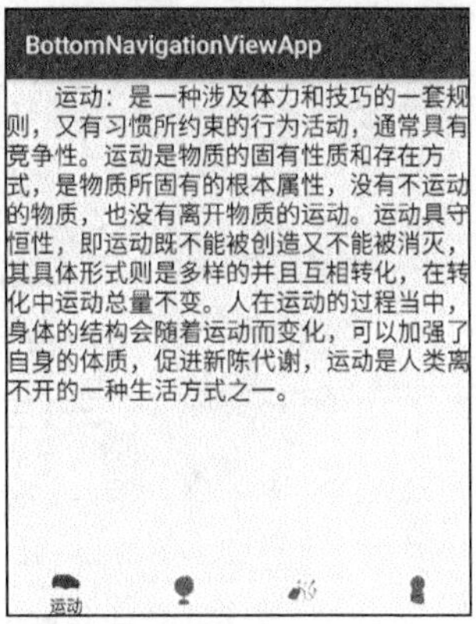

图 6-5 底部导航栏

3．子窗口 Fragment 类

在子窗口的布局文件中设置好显示的文本信息。其中，Fragment_Sport 类中加入了修改文本控件的文字大小和文字颜色代码。其他 3 个类只有开发工具生成的代码，没有添加代码。

```
public class Fragment_Sport extends Fragment {
    public Fragment_Sport() {   } //构造方法
    @Override
    public View onCreateView(LayoutInflater inflater, ViewGroup container,
    Bundle savedInstanceState) {
        //加载布局
        View view= inflater.inflate(R.layout.fragment__sport, container, false);
        //找到 Fragment 布局中的控件
        TextView tvsport=view.findViewById(R.id.tvsport);
        tvsport.setTextSize(20);//修改文字大小
        tvsport.setTextColor(Color.parseColor("#23238E"));//修改文字颜色
        return view;
    }
}
```

4．MainActivity 类

所有代码都在 onCreate()方法中实现。先初始化 4 个子窗口实例，然后将 4 个子窗口加入事务，加入后就隐藏子窗口的显示。在底部导航栏控件上设置监听事件代码，在监听事件代码中实现切换显示子窗口。使用 mCurIndex 变量记录当前显示的子窗口的索引，该索引用来指示数组 fragments 的下标，该数组中保存了 4 个子窗口实例引用。

```
public class MainActivity extends AppCompatActivity {
    private BottomNavigationView bottomNavigationView;
    private Fragment fragment_device,fragment_info,fragment_my,fragment_sport;
    private Fragment[] fragments;//记录 4 个子窗口实例的数组，辅助切换显示操作
    private  int mCurIndex=0;//记录当前显示子窗口的索引
    @Override
    protected void onCreate(Bundle savedInstanceState) {
        super.onCreate(savedInstanceState);
        setContentView(R.layout.activity_main);
        //初始化 4 个子窗口实例
        fragment_device=new Fragment_Device();
        fragment_info=new Fragment_Info();
        fragment_my =new Fragment_My();
        fragment_sport=new Fragment_Sport();
        fragments=new Fragment[]{fragment_sport,fragment_info,fragment_device,
        fragment_my};
        //将 4 个子窗口加入事务中
        getSupportFragmentManager().beginTransaction().add(R.id.main_fragment,
        fragment_sport).hide(fragment_sport)
                .add(R.id.main_fragment,fragment_info).hide(fragment_info)
                .add(R.id.main_fragment,fragment_device).hide(fragment_device)
                .add(R.id.main_fragment,fragment_my).hide(fragment_my).commit();
```

```java
//底部导航栏初始化，设置监听事件代码，在监听事件代码中切换显示Fragment
bottomNavigationView=findViewById(R.id.bottomnav);
bottomNavigationView.setOnNavigationItemSelectedListener(new
        BottomNavigationView.OnNavigationItemSelectedListener() {
    @Override
    public boolean onNavigationItemSelected(@NonNull MenuItem menuItem){
        int last=mCurIndex;
        switch (menuItem.getItemId()){
            case R.id.sport://显示子窗口1
                mCurIndex=0;
                getSupportFragmentManager().beginTransaction().
                    hide(fragments[last]).show(fragments[mCurIndex]).commit();
                return true;
            case R.id.info://显示子窗口2
                mCurIndex=1;
                getSupportFragmentManager().beginTransaction()
                    .hide(fragments[last]).show(fragments[mCurIndex]).commit();
                return true;
            case R.id.device://显示子窗口3
                mCurIndex=2;
                getSupportFragmentManager().beginTransaction().
                    hide(fragments[last]).show(fragments[mCurIndex]).commit();
                return true;
            case R.id.my://显示子窗口4
                mCurIndex=3;
                getSupportFragmentManager().beginTransaction().
                    hide(fragments[last]).show(fragments[mCurIndex]).commit();
                return true;
        }
        return false;
    }
});
bottomNavigationView.setSelectedItemId(R.id.sport);//显示运动子窗口
    }
}
```

在 onCreate()方法的最后，调用底部导航栏控件的 setSelectedItemId(R.id.sport)方法，实现启动后默认显示运动子窗口的功能。

6.3 ViewPager 控件

6.3.1 ViewPager 控件简介

6-5
ViewPager
控件和
PagerAdapter
适配器介绍

ViewPager 也可以实现子窗口功能，能使用单独的布局文件，没有自己的后台代码文件，只能在所在的窗口后台代码中处理自己的事件逻辑，功能没有

Fragment 强。该控件可以让用户通过左右滑动切换当前的 View 视图,在图片轮播中经常使用,ViewPager 也经常和 Fragment 一起使用。

ViewPager 继承自 ViewGroup,它是一个容器类。在布局文件中添加 ViewPager 控件的代码如下。

```xml
<androidx.viewpager.widget.ViewPager
    android:id="@+id/viewpager1" android:layout_width="match_parent" android:layout_height="match_parent">
</androidx.viewpager.widget.ViewPager>
```

6.3.2 PagerAdapter 适配器

ViewPager 需要 PagerAdapter 适配器类来连接视图和数据,PagerAdapter 是一个基类适配器,开发者需要继承该类自定义自己的适配器类。实现自定义 PagerAdapter,必须实现 4 个方法,一个定义案例如下代码所示。

```java
public class AdapterViewpager extends PagerAdapter {
    private List<View> mViewList;//自定义链表,存放要显示的视图资源
    public AdapterViewpager(List<View> mViewList) {
        this.mViewList = mViewList;//通过构造方法获得预先实例化好的视图链表
    }
    @Override
    public int getCount() {//获得视图数量
        return mViewList.size();
    }
    @Override
    //判断该 view 是否已经关联
    public boolean isViewFromObject(View view, Object object) {
        return view == object;
    }
    @Override
    //获取视图实例,本方法从链表获得
    public Object instantiateItem(ViewGroup container, int position) {
        container.addView(mViewList.get(position));
        return mViewList.get(position);
    }
    @Override
    public void destroyItem(ViewGroup container, int position, Object object) {//销毁视图项,本方法仅移除
        container.removeView(mViewList.get(position));
    }
}
```

6.3.3 案例 25 用 ViewPager 实现简单的图片切换

本案例使用 ViewPager 控件实现运动图片的切换，如图 6-6 所示。项目中还创建了三个页面的布局文件，在 ViewPager 中显示，文件名分别为 layout_viewpager1.xml、layout_viewpager2.xml 和 layout_viewpager3.xml，每个页面中添加了不同图片背景。

图 6-6 图片切换

1. UI 控件 ID 说明

本案例界面中，ViewPager 控件的 ID 为 viewpager1，该控件会加载上面的 3 个布局文件。

2. MainActivity 类

界面中加载 3 个视图，然后放到 viewList 链表中，viewPager.setAdapter()方法的参数是以匿名内部类对象方式创建的自定义 PagerAdapter 对象，在该内部类中直接使用了外部类成员 viewList。

为 viewpager1 页面添加了单击监听事件代码，单击页面时显示提示信息。如果单击后跳转页面，修改 onClick()方法中的代码即可。

```java
public class MainActivity extends AppCompatActivity {
    private View viewpager1,viewpager2,viewpager3;//创建三个 View 对象
    private List<View> viewList;//创建一个链表对象
    private ViewPager viewPager;
    @Override
    protected void onCreate(Bundle savedInstanceState) {
        super.onCreate(savedInstanceState);
        setContentView(R.layout.activity_main);
        viewPager=findViewById(R.id.viewpager1);
        //加载 3 个子窗口的布局文件
        viewpager1=View.inflate(this,R.layout.layout_viewpager1,null);
        viewpager2=View.inflate(this,R.layout.layout_viewpager2,null);
        viewpager3=View.inflate(this,R.layout.layout_viewpager3,null);
        viewList =new ArrayList<View>();//将 3 个子窗口对象添加到链表中
        viewList.add(viewpager1);
        viewList.add(viewpager2);
        viewList.add(viewpager3);
        //添加单击事件
        viewpager1.setOnClickListener(new View.OnClickListener() {
            @Override
            public void onClick(View view) {
                Toast.makeText(MainActivity.this,"运动有益健康！",Toast.
                LENGTH_LONG).show();
            }    });
        viewPager.setAdapter(new PagerAdapter() {//设置适配器
            @Override
            public int getCount() {    return viewList.size();    }
            @Override
```

```
        public boolean isViewFromObject(@NonNull View view, @NonNull
        Object object) {
            return view==object;
        }
        @Override //销毁指定的页面
        public void destroyItem(@NonNull ViewGroup container, int position,
        @NonNull Object object) {
            container.removeView(viewList.get(position));
        }
        @NonNull @Override //实例化指定位置页面,并将其添加到容器中
        public Object instantiateItem(@NonNull ViewGroup container, int
        position) {
            container.addView(viewList.get(position));
            return viewList.get(position);
        }
    });
}
```

6.4 TabLayout 控件

6.4.1 TabLayout 控件简介

TabLayout 控件提供显示选项卡功能,与底部导航栏不同,选项卡往往在上部出现。TabLayout 的常用属性说明如表 6-1 所示。

6-7
TabLayout 控件简介

表 6-1　TabLayout 控件的常用属性说明

属性	描述
tabTextColor	设置选项卡未被选中时的文字颜色
tabSelectedTextColor	设置选中选项卡中的字体颜色
tabBackground	设置选项卡背景
tabIndicatorColor	设置指示器的颜色
tabIndicatorHeight	设置指示器的高度
tabTextAppearance	设置样式,控制字体的颜色、大小等
tabMode	设置 TabLayout 的布局模式,有两个值。 fixed:固定的,不能滑动,当有很多标签的时候会被挤压(默认是 fixed)。 scrollable:可以滑动的
tabGravity	设置 TabLayout 的布局方式,有两个值。fill 为充满;center 为居中。 默认值是 fill,且只有当 tabMode 为 fixed 时才有效

6.4.2 TabLayout 的使用

设置 TabLayout 的显示选项卡的方法有两种,一种是事先在布局文件中添加好,另一种是通过代码编程方式动态添加。

1. 在布局文件中添加选项卡

如下布局代码通过添加 TabItem 标签方式，定义了两个选项卡，分别是"运动知识"和"运动场地"。

```xml
<com.google.android.material.tabs.TabLayout
    android:id="@+id/frgmt_info_tab"
    android:layout_width="match_parent"
    android:layout_height="wrap_content">
    <com.google.android.material.tabs.TabItem
        android:layout_width="wrap_content"    android:layout_height="wrap_content"    android:text="运动知识" />
    <com.google.android.material.tabs.TabItem
        android:layout_width="wrap_content"    android:layout_height="wrap_content"    android:text="运动场地" />
</com.google.android.material.tabs.TabLayout>
```

2. 在代码中添加选项卡

在代码中，可以调用 TabLayout 类的 newTab()方法创建选项卡实例，创建完成后再调用 addTab()方法将选项卡实例添加到 TabLayout 布局中。如下代码所示，R.id.frgmt_info_tab 是预先放置在界面布局中的 TabLayout 控件。

```java
TabLayout tabLayout =fmroot.findViewById(R.id.frgmt_info_tab);
tabLayout.addTab(tabLayout.newTab().setText("运动知识"));
tabLayout.addTab(tabLayout.newTab().setText("运动场地"));
```

添加好选项卡后，可以设置选项卡选择状态监听器，对选项卡的选择状态进行监听，代码如下所示。

```java
tabLayout.addOnTabSelectedListener(new TabLayout.OnTabSelectedListener() {
    @Override
    public void onTabSelected(TabLayout.Tab tab) {    //添加选中选项卡的逻辑    }
    @Override
    public void onTabUnselected(TabLayout.Tab tab) {    //添加未选中选项卡的逻辑    }
    @Override
    public void onTabReselected(TabLayout.Tab tab) {    //再次选中选项卡的逻辑    }
});
```

还可以通过代码为选项卡设置外观属性，如添加图标的代码如下。

```java
tabLayout.addTab(tabLayout.newTab().setText("").setIcon(R.mipmap.ic_launcher)) ;
```

TabLayout 与 ViewPager 关联的代码如下。关联后，选项卡的选择会与 ViewPager 中页面的切换联动，开发者不编写代码，就可以通过选项卡控制 ViewPager 中的页面切换。

```java
tabLayout .setupWithViewPager(ViewPager viewpager) ;
```

6.4.3 案例 26 TabLayout 与 ViewPager 结合设计子栏目

6-8 案例 26 TabLayout 与 ViewPager 结合设计子栏目

本案例实现效果如图 6-7 所示，TabLayout 的选项卡与 ViewPager 结合实现了联动。

1. UI 控件 ID 说明

本案例中，TabLayout 控件 ID 为 tablayout1，在该控件中事先定义好两个选项卡。ViewPager 控件 ID 为 viewpager1。

2. MainActivity 类

本案例代码中创建了两个 View 对象 viewpager1 和 viewpager2 以加载两个子页面布局，并添加到链表 viewList 中。仍然需要为 ViewPager 控件设置 PagerAdapter 适配器来完成与子页面对象的绑定。最后调用 TabLayout 控件的 setupWithViewPager() 方法与 ViewPager 控件关联。

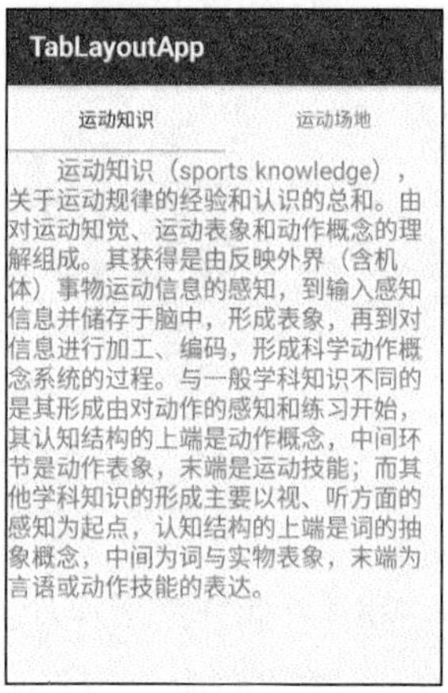

图 6-7 TabLayout 与 ViewPager 结合使用

```
public class MainActivity extends AppCompatActivity {
    private View viewpager1,viewpager2;
    private List<View> viewList;
    private ViewPager viewPager;
    private TabLayout tabLayout;
    @Override
    protected void onCreate(Bundle savedInstanceState) {
        super.onCreate(savedInstanceState);
        setContentView(R.layout.activity_main);
        viewPager=findViewById(R.id.viewpager1);
        viewpager1=View.inflate(this,R.layout.layout_viewpager1,null);
        viewpager2=View.inflate(this,R.layout.layout_viewpager2,null);
        viewList =new ArrayList<View>();
        viewList.add(viewpager1);
        viewList.add(viewpager2);
        viewPager.setAdapter(new PagerAdapter() {
            @Override  public int getCount() {
                return viewList.size();//返回子页面数量
            }
            @Override  public boolean isViewFromObject(@NonNull View view,
            @NonNull Object object) {
                return view==object;
            }
            @Override //销毁指定的页面
            public void destroyItem(@NonNull ViewGroup container, int position,
            @NonNull Object object) {
                container.removeView(viewList.get(position));
            }
            @NonNull  @Override //实例化指定位置页面，并将其添加到容器中
            public Object instantiateItem(@NonNull ViewGroup container, int
```

```
                position) {
            container.addView(viewList.get(position));
            return viewList.get(position);
        }
    });
    tabLayout=findViewById(R.id.tablayout1);
    // TabLayout 控件与 ViewPager 控件关联
    tabLayout.setupWithViewPager(viewPager);
    tabLayout.getTabAt(0).setText("运动知识");//修改第 1 个选项卡的标题
    tabLayout.getTabAt(1).setText("运动场地");//修改第 2 个选项卡的标题
    }
}
```

 因为 TabLayout 设置关联 ViewPager 后，会清空所有选项卡，因此设置关联后，必须再用代码显示选项卡标题。

6.5 Fragment 的嵌套使用

6.5.1 Fragment 的嵌套

在开发中经常会遇到一些比较复杂的 UI 设计，以及一些需要动态替换的 UI 模块，可能需要在 Fragment 中再嵌套子 Fragment 实现模块化设计。嵌套的子 Fragment 和普通的 Fragment 一样，有自己的布局文件和代码文件，能够在自己的代码文件中对自己的控件进行操作。

6-9 Fragment 嵌套和适配器

Fragment 嵌套子 Fragment 的用法与 Activity 嵌套 Fragment 类似，步骤如下。
1）在相应的 Fragment 布局文件中添加容器控件，一般添加 FrameLayout 控件。
2）在 Fragment 中调用它的 getChildFragmentManager()方法获得子 Fragment 的管理器。
3）进行子 Fragment 的初始化。
4）展示需要的子 Fragment，隐藏其他的子 Fragment。

 getSupportFragmentManager()是获得 Activity 中 Fragment 的管理器；getChildFragmentManager()是获得 Fragment 中子 Fragment 的管理器。

6.5.2 Fragment 适配器

Fragment 适配器和 ViewPager 控件的适配器功能类似，可以提供容器和子窗口视图间的数据绑定功能。Fragment 适配器类是 PagerAdapter 的子类，主要有 FragmentPagerAdapter 类和 FragmentStatePagerAdapter 类两个。这两个类在使用时需要继承自定义的适配器类，并重写相关方法。

自定义 FragmentPagerAdapter 适配器类的代码如下所示。

```
public class AdapterFragment extends FragmentPagerAdapter {
```

```
    private List<Fragment> mFragments;//用链表保存子窗口视图对象
    //构造方法
    public AdapterFragment(FragmentManager fm, List<Fragment> mFragments) {
        super(fm);
        this.mFragments = mFragments;
    }
    @Override  public Fragment getItem(int position) {//获得对应的条目
        return mFragments.get(position);
    }
    @Override  public int getCount() {//获得总数
        return mFragments.size();
    }
    @Override  public CharSequence getPageTitle(int position) {//获得页面的标题
        return mFragments.get(position).getClass().getSimpleName();
    }
}
```

自定义 FragmentStatePagerAdapter 类的实现方式与此类似。FragmentPagerAdapter 类适用于页面比较少的情况，FragmentStatePagerAdapter 类适用于页面比较多的情况。

6.5.3 案例 27 结合 TabLayout、ViewPager、Fragment 嵌套实现页中页

本案例使用了三个 Fragment，实现效果如图 6-8 所示。主窗口中显示容器 Fragment 窗口，该容器窗口类是 Fragment_Info。在容器 Fragment 的布局中放置了 TabLayout 控件和 ViewPager 控件，通过两者结合实现了子窗口的切换效果。两个子窗口的类是 Fragment_Info_s1 和 Fragment_Info_s2，每个子窗口中分别显示一首诗。

1. UI 控件 ID 说明

本案例中，主窗口布局中放置容器 Fragment 的容器控件的 ID 为 ff。容器 Fragment 布局文件为 fragment_info.xml，其中放置一个 TabLayout 控件（ID 为 tablayout1）和一个 ViewPager 控件（ID 为 viewpager1）。两个子 Fragment 布局文件分别为 fragment_info_s1.xml、fragment_info_s2.xml。

2. MainActivity 类

创建一个 Fragment_Info 对象，并把该对象添加到容器控件中显示。因为只有一个容器 Fragment，不涉及切换显示，所以代码逻辑比较简单。

图 6-8 页中页效果图

```
public class MainActivity extends AppCompatActivity {
    @Override
    protected void onCreate(Bundle savedInstanceState) {
        super.onCreate(savedInstanceState);
        setContentView(R.layout.activity_main);
        FragmentTransaction transaction = getSupportFragmentManager().
```

```java
        beginTransaction();
        //创建一个 Fragment 对象
        Fragment_Info fragment_info = new Fragment_Info();
        transaction.add(R.id.ff, fragment_info);//添加 Fragment 对象到 Activity 中
        transaction.commit();//事务提交
    }
}
```

3. 容器 Fragment_info 类

该类中创建了子窗口对象 Fragment_Info_s1 和 Fragment_Info_s2，并添加到 Fragment 链表中。ViewPager 控件设置了 FragmentPagerAdapter 适配器来与子窗口视图对象绑定，又与 TabLayout 控件关联实现选项卡切换子窗口功能。

```java
public class Fragment_Info extends Fragment {
    private Fragment fragment_info_s1,fragment_info_s2;//子窗口成员变量
    private List<Fragment> fragmentList;//子窗口链表
    private ViewPager viewPager;
    private TabLayout tabLayout;
    //在 Fragment 适配器中使用该数组元素做选项卡的标题
    private String[] tabtitle={"崔颢","李白"};
    @Override
    public View onCreateView(LayoutInflater inflater, ViewGroup container, Bundle savedInstanceState) {
        View view = inflater.inflate(R.layout.fragment_info, container, false);
        fragment_info_s1= new Fragment_Info_s1();//创建子窗口 1 对象
        fragment_info_s2= new Fragment_Info_s2();//创建子窗口 2 对象
        fragmentList = new ArrayList<Fragment>();//创建链表
        fragmentList.add(fragment_info_s1);//子窗口 1 对象加入链表
        fragmentList.add(fragment_info_s2);//子窗口 2 对象加入链表
        viewPager = view.findViewById(R.id.viewpager1);
        tabLayout = view.findViewById(R.id.tablayout1);
        //设置适配器
        viewPager.setAdapter(new FragmentPagerAdapter(getChildFragmentManager()){
            @Override  //获得子窗口视图
            public Fragment getItem(int position) {
                return fragmentList. get(position);      }
            @Override//获得子窗口视图总数
            public int getCount() {   return fragmentList.size();     }
            @Override//获得选项卡标题
            public CharSequence getPageTitle(int position){
                return tabtitle [position];      }
        });
        tabLayout.setupWithViewPager(viewPager);//选项卡和 ViewPager 结合
        return view;
    }
}
```

6.6 思考与练习

【思考】

1. Fragment 的作用是什么？
2. 把 Fragment 加载到 Activity 有几种方式？
3. Fragment 的生命周期是什么？
4. Fragment 和 Activity 之间如何传递数据？
5. FragmentPagerAdapter 与 FragmentStatePagerAdapter 的主要区别是什么？

【练习】

用 Fragment 实现一个新闻阅读程序，左边显示新闻标题，右边显示新闻详细内容。

第 7 章　数据访问

Android 平台的数据存储方式有 SharedPreferences 配置文件、文件存储、SQLite 数据库等。SharedPreferences 是 Android 提供的用来存储简单配置信息的存储方式，底层采用 XML 文件存储数据。文件存储的用途更广泛，可以存储各种类型的数据。JSON 是一种轻量级数据交换格式，现在广泛使用。此外，Android 还提供了 SQLite 数据库实现关系数据的存储。

本章介绍 SharedPreference 存储配置信息、文件存储数据、SQLite 数据库的使用以及 JSON 数据的解析，通过案例使读者掌握 Android 中数据的读和写。

7.1　SharedPreferences 的使用

7.1.1　SharedPreferences 简介

SharedPreferences 是一种轻型的数据存储方式，底层是基于 XML 文件存储的 key-value 键值对数据，通常用来存储一些简单的配置信息。其存储位置在/data/data/<包名>/shared_prefs 目录下。SharedPreferences 与其他存储方式相比，在使用上简捷、方便，但只能存储 boolean、int、float、long 和 String 五种简单的数据类型。

7-1 SharedPreferences 简介

SharedPreferences 类对象用来获取数据，存储和修改数据通过该对象获取的 Editor 对象来实现。

1．存储数据

开发步骤如下。

1）使用窗口组件上下文的 getSharedPreferences()方法获取 SharedPreferences 对象。

2）调用 SharedPreferences 对象的 edit()方法获取 Editor 对象。

3）使用 Editor 对象的方法设置 key-value 键值对数据。

4）使用 Editor 对象的 commit()方法提交数据，完成存储和修改，如果数据不存在就是存储，已存在就是修改。

保存数据的示意代码如下。

```
SharedPreferences sharedPreferences = getSharedPreferences("data", Context.MODE_PRIVATE);//参数 1 指定文件名
SharedPreferences.Editor editor = sharedPreferences.edit();//获取编辑器
editor.putString("name ", "zs");//保存数据
editor.putInt("age", 24);//保存数据
editor.commit();//提交修改
```

getSharedPreferences(String name, int mode)方法的第 1 个参数用于指定文件的名称，名称不用带扩展名，扩展名会由 Android 自动加上；第 2 个参数指定文件的操作模式，共有 4 种操作模式。

- MODE_PRIVATE：该文件只能被当前程序读写，是默认的操作模式。
- MODE_APPEND：该文件的内容可以追加，是常用的一种模式。
- MODE_WORLD_READABLE：该文件的内容可以被其他文件读取，安全性低，通常不使用。
- MODE_WORLD_WRITEABLE：该文件的内容可以被其他程序写入，安全性低，通常不使用。

2．获取数据

使用 SharedPreferences 类获取数据的代码如下。

```
SharedPreferences sharedPreferences = getSharedPreferences("data",Context.MODE_PRIVATE);
String name = sharedPreferences.getString("name", "");//获取数据
int age = sharedPreferences.getInt("age", 1);//获取数据
```

getString()方法的第二个参数是没有数据时返回的默认值，如果 sharedPreferences 中不存在该 key 对应的数据，将返回默认值。

 SharedPreferences 的使用很简单，但是获取数据的 key 值与存入数据的 key 值的数据类型要一致，否则查找不到数据。保存 sharedPreferences 的 key 值时，可以用静态变量保存，以免存储、删除时写错。

7.1.2 案例 28 使用 SharedPreferences 保存用户名和密码

本案例在输入框中输入用户名和密码，如图 7-1 所示，单击按钮保存账号和密码信息，为了验证登录信息是否成功保存，可以在手机的文件目录中找到该程序的 shared_prefs 目录，然后找到 info.xml 文件，如图 7-2 所示。再次运行该应用程序，使用 SharedPreferences 获得用户名、密码，用户名和密码将显示在登录界面上。

7-2 案例 28 使用 SharedPreferences 保存用户名和密码

图 7-1 保存账号和密码　　　　　　　图 7-2 info.xml

1. UI 控件 ID 说明

本案例中，输入账号和密码的两个输入框控件 ID 分别为 etname 和 etpwd，【登录】按钮控件的 ID 为 btnlogin。

2. MainActivity 类

在输入框控件中输入账号和密码，单击【登录】按钮，使用 SharedPreferences 保存用户名和密码到文件 info.xml。每次启动窗口时都会使用 SharedPreferences 从文件中获取账号和密码并显示在输入框中。

```java
public class MainActivity extends AppCompatActivity {
    private EditText etname,etpwd;
    private String name,pwd;//保存用户名和密码
    private Button btnlogin;
    @Override
    protected void onCreate(Bundle savedInstanceState) {
        super.onCreate(savedInstanceState);
        setContentView(R.layout.activity_main);
        etname=findViewById(R.id.etname);
        etpwd=findViewById(R.id.etpwd);
        btnlogin=findViewById(R.id.btnlogin);
        btnlogin.setOnClickListener(new View.OnClickListener() {
            @Override
            public void onClick(View view) {//使用SharedPreferences保存账号、密码
                SharedPreferences sp=getSharedPreferences("info", Context.MODE_PRIVATE);
                SharedPreferences.Editor editor = sp.edit();//获得Editor对象
                editor.putString("name",etname.getText().toString());
                editor.putString("pwd",etpwd.getText().toString());
                editor.commit();
                Toast.makeText(MainActivity.this,"成功登录！",Toast.LENGTH_LONG).show();;
            }
        });
        //每次启动窗口时，都使用SharedPreferences获得账号、密码
        SharedPreferences sp = getSharedPreferences("info", Context.MODE_PRIVATE);
        //使用长度为0的字符串做默认值，而不是null，防止发生空引用异常
        name = sp.getString("name","");
        //使用长度为0的字符串做默认值，而不是null，防止发生空引用异常
        pwd = sp.getString("pwd","");
        etname.setText(name);
        etpwd.setText(pwd);
    }
}
```

将 info.xml 文件导出到桌面，可以看到 info.xml 文件中保存了用户名和密码，如下所示，"某某"和"某某的密码"是代指，具体内容视输入的实际用户名和密码而定。

```xml
<?xml version='1.0' encoding='utf-8' standalone='yes' ?>
<map>
    <string name="name">某某</string>
    <string name="pwd">某某的密码</string>
</map>
```

7.2 文件存储

文件存储是 Android 中最基本的一种存储方式，可以通过 I/O 流的形式把数据直接存储在文件中，数据的格式定义、编码、解码由开发者控制，是最通用的一种存储方式，适合各种应用场合。缺点是使用比较烦琐。文件存储分为内部存储和外部存储。

7.2.1 内部存储

将应用程序中的数据以文件方式存储到设备的内部存储空间中，具体实现是存储在应用程序的数据目录下。该目录地址是 data/data/<packagename>/files/，可以在该目录下再创建子目录实现文件分类存储。

窗口等 Android 组件的上下文 Context 类提供了一个 openFileOutput()方法，该方法就在上述内部存储目录下进行文件的创建和读写。该方法返回一个 FileOutputStream 输出流对象，使用该对象将数据写入到文件。

这个方法接收两个参数，第一个参数是文件名，文件名不必包含上面的目录，默认存在内部存储目录下。第二个参数是文件的操作模式，主要有两种模式可选，MODE_PRIVATE 和 MODE_APPEND。其中 MODE_PRIVATE 是默认的操作模式，当文件存在时，新写入的内容将会覆盖原文件内容，MODE_APPEND 则表示追加写，不存在就创建新文件。

内部存储的写入文件步骤如下。
1）调用 openFileOutput(String name, int mode)方法创建文件的输出流对象。
2）调用文件输出流对象的 write()方法将数据写入文件。
3）调用 close()方法关闭文件的输出流对象。

Context 类中还提供 openFileInput()方法，用于从文件中读取数据，该方法也是在上述内部存储目录下进行读操作的，打开文件后返回一个 FileInputStream 输入流对象，使用该对象从文件中读数据。

内部存储的读取文件步骤如下。
1）调用 openFileInput(String filename)方法创建文件的输入流对象。
2）调用文件输入流对象的 read()方法读取文件中的数据。
3）调用 close()方法关闭文件输入流对象。

7.2.2 案例 29　使用内部存储保存文本文件

7-3
内部存储和案例 29

本案例中，单击"保存"按钮，如图 7-3 所示，会将文本框中的诗歌内容保存到文件 info.txt 中，保存的同时清空文本框内容。

保存后，可以在手机的文件目录中可以看到该文件，如图 7-4 所示。单击【读取】按钮，从该文件中读取诗词，重新显示在文本框中。

图 7-3 内部存储读写文件

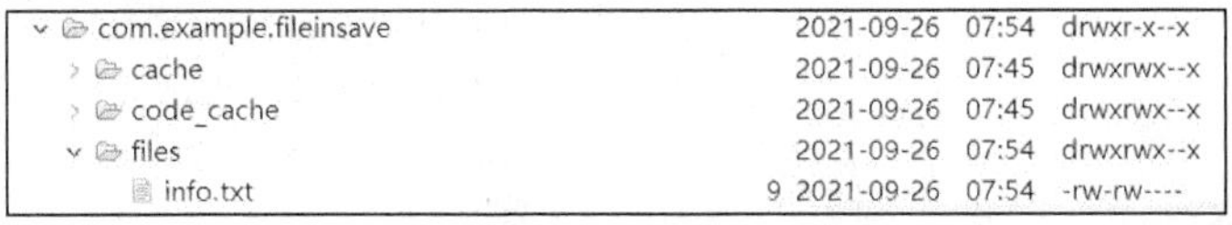

图 7-4 内存上的 info.txt 文件目录

1. UI 控件 ID 说明

本案例需要创建一个文本框控件（ID 为 tvshow）、一个【保存】按钮控件（ID 为 btn1）和一个【读取】按钮（控件 ID 为 btn2）。

2. MainActivity 类

为【保存】按钮和【读取】按钮分别设置了单击监听器，在监听器中实现了文件保存和读取的功能。

```java
public class MainActivity extends AppCompatActivity {
    private Button btn1,btn2;
    private TextView tvshow;
    @Override
    protected void onCreate(Bundle savedInstanceState) {
        super.onCreate(savedInstanceState);
        setContentView(R.layout.activity_main);
        btn1=findViewById(R.id.btn1);
        btn2=findViewById(R.id.btn2);
        tvshow=findViewById(R.id.tvshow);
        btn1.setOnClickListener(new View.OnClickListener() {
            @Override
            public void onClick(View view) {
                try {
                    //获得文件输出流对象
                    FileOutputStream fileOutputStream = openFileOutput("info.txt", Context.MODE_PRIVATE);
                    //将数据写入文件
                    fileOutputStream.write(tvshow.getText().toString().getBytes());
                    fileOutputStream.close();//关闭输出流
                    tvshow.setText("");//清空文本框内容
```

```
                } catch (Exception e) { e.printStackTrace(); }
            }
        });
        btn2.setOnClickListener(new View.OnClickListener() {
            @Override
            public void onClick(View view) {
                try {
                    //获得文件输入流对象
                    FileInputStream fileInputStream=openFileInput("info.txt");
                    //创建字节数组
                    byte[] buffer=new byte[fileInputStream.available()];
                    fileInputStream.read(buffer);//将文件内容读取到字节数组中
                    String data=new String(buffer);//转换成字符串
                    fileInputStream.close();//关闭输入流
                    tvshow.setText(data);//显示在文本框中
                } catch (Exception e) { e.printStackTrace(); }
            }
        });
    }
}
```

7.2.3 外部存储

应用开发中，有时也需要将文件存储到一些外部设备，如 SD 卡上，以解决内部存储空间不足的问题。但外部存储不稳定，比如卡槽接触不良会导致不能识别卡等故障，因此在允许的情况下，优先使用内部存储。

7-4
外部存储和案例 30

由于外部存储设备可能被移除、丢失或者处于其他故障状态，因此在使用外部设备之前必须使用 Environment.getExternalStorageState()方法获取 SD 卡的状态。如果手机装有 SD 卡并且可以进行读写，那么该方法返回的状态就等于 Environment.MEDIA_MOUNTED。当外部设备可用并且具有读写权限时，就可以读写外部设备中的文件。

读写外部设备中的文件必须在配置文件中加入读写权限。在 Android 6.0 及更高版本的系统中，还需要加入动态申请读写外部存储的代码，动态申请权限。在 Android 9.0 及更高版本的系统中还需要在清单文件的<application>标签的属性中加入 android:requestLegacyExternalStorage="true"的权限属性配置。

```
<uses-permission android:name="android.permission.READ_EXTERNAL_STORAGE" />
<uses-permission android:name="android.permission.WRITE_EXTERNAL_STORAGE"/>
```

7.2.4 案例 30 使用外部存储保存文件

本案例中，单击【外部设备保存】按钮，如图 7-5 所示，将文本框中的诗歌内容保存到外部存储文件 info.txt 中，同时清空文本框内容。

info.txt 文件目录如图 7-6 所示。单击【外部设备读取】按钮，从 info.txt 文件中获得诗词内容，重新显示在文本框中。

图 7-5　外部存储读写文件

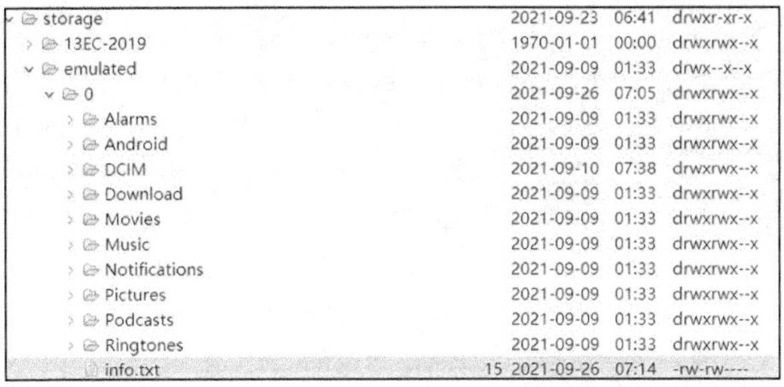

图 7-6　外存上的 info.txt 文件目录

1. UI 控件 ID 说明

本案例中，显示诗词的文本框控件 ID 为 tvshow，两个按钮控件的 ID 分别为 btn1、btn2。

2. 动态权限代码

动态申请外部存储读写权限的代码如下所示。代码封装在自定义方法 getPermissionForApp() 中，当应用启动时调用该方法就可以完成版本检查和动态权限申请。如果需要动态申请其他权限，可以按下列代码所示方式，检查是否已有该权限，如果没有就加入请求列表。

```java
//请求读、写外存权限
private void getPermissionForApp() {
    if (Build.VERSION.SDK_INT > 22) {
        List<String> permissionList = new ArrayList<>();
        // 检查是否已经获得写外存权限，没有就放进请求列表
        if (ContextCompat.checkSelfPermission(this,
            Manifest.permission.WRITE_EXTERNAL_STORAGE)!= PackageManager.
            PERMISSION_GRANTED)
            permissionList.add(Manifest.permission.WRITE_EXTERNAL_STORAGE);
        // 检查是否已经获得读外存权限，没有就放进请求列表
        if (ContextCompat.checkSelfPermission(this,
            Manifest.permission.READ_EXTERNAL_STORAGE) != PackageManager.
            PERMISSION_GRANTED)
            permissionList.add(Manifest.permission.READ_EXTERNAL_STORAGE);
        if (permissionList.size() > 0)
            ActivityCompat.requestPermissions(this, permissionList.toArray
            (new String[permissionList.size()]), 1);
    }
}
```

3. MainActivity 类

该类代码与内容存储的代码结构类似，都是在按钮的监听事件中读写文件。

```java
public class MainActivity extends AppCompatActivity {
    private Button btn1,btn2;
    private TextView tvshow;
    @Override
    protected void onCreate(Bundle savedInstanceState) {
        super.onCreate(savedInstanceState);
        setContentView(R.layout.activity_main);
        btn1=findViewById(R.id.btn1);
        btn2=findViewById(R.id.btn2);
        tvshow=findViewById(R.id.tvshow);
        btn1.setOnClickListener(new View.OnClickListener() {
            @Override
            public void onClick(View view) {
                //获取外部设备的状态
                String state= Environment.getExternalStorageState();
                //判断外部设备是否可用
                if(state.equals(Environment.MEDIA_MOUNTED)){
                    //获取SD卡的目录
                    File sdpath=Environment.getExternalStorageDirectory();
                    File file=new File(sdpath,"info.txt");//在SD卡目录下创建文件
                    try {
                        FileOutputStream fileOutputStream=new FileOutputStream
                        (file); //创建文件输出流对象
                        fileOutputStream.write(tvshow.getText().toString().
                        getBytes());//将文本框里的数据写入文件
                        fileOutputStream.close();//关闭输出流
                        tvshow.setText("");//清空文本框
                    } catch (Exception e) {  e.printStackTrace();  }
                }
            }
        });
        btn2.setOnClickListener(new View.OnClickListener() {
            @Override
            public void onClick(View view) {
                //获取外部设备的状态
                String state = Environment.getExternalStorageState();
                //判断外部设备是否可用
                if (state.equals(Environment.MEDIA_MOUNTED)) {
                    //获取SD卡的目录
                    File sdpath = Environment.getExternalStorageDirectory();
                    File file = new File(sdpath, "info.txt");
                    try {
                        FileInputStream fileInputStream = new FileInputStream
                        (file);    //创建文件输入流对象
                        //创建一个数组
                        byte[] buffer=new byte[fileInputStream.available()];
                        fileInputStream.read(buffer);//将文件内容读取到数组中
```

```
                    String data = new String(buffer);//转换成字符串
                    fileInputStream.close();//关闭输入流对象
                    tvshow.setText(data);//显示在文本框中
                } catch (Exception e) {  e.printStackTrace();  }
            }
        }
    });
    }
}
```

7.3 JSON 解析

JSON（JavaScript Object Notation，轻量级的数据交换格式）是基于 JavaScript 编程语言的一个子集，主要用来交换数据。这种数据格式易于阅读和编写，同时也易于机器解析和生成。

7.3.1 JSON 数据

JSON 是基于纯文本的数据格式，文件的扩展名一般为.json。它有两种数据结构。

7-5
JSON 数据

1．对象结构

以"{"开始，以"}"结束。中间部分由 0 个或多个以","分隔的 key:value 键值对构成，注意关键字和值之间以英文的冒号":"分隔。语法结构代码如下所示。

```
{key1:value1,key2:value2,key3:value3}
```

其中 key 必须为字符串类型，value 可以为字符串、数值、对象、数组等数据类型。
一个简单的 JSON 对象的表示如下，对象中有两个成员，key 分别是"name"和"age"，对应的值一个是字符串，一个是整数值。

```
{"name":"lijun","age":18}
```

2．数组结构

以"["开始，以"]"结束。中间部分由 0 个或多个以","分隔的值的列表组成。其语法结构代码如下。

```
[value1,value2,value3]
```

其中数组里的值可以为字符串、数值、对象、数组等数据类型。
一个简单的 JSON 数组的表示如下。

```
["wangjianjun","liming","wangcheng",]
```

对象和数组两种结构也可以相互嵌套组合，构成更复杂的数据结构，如数组中包含对象，对象中包含对象，对象中的 value 值是一个数组，数组的元素是对象。一个示例代码如下所示，外层是数组结构，每个元素是对象结构。

```
[
{"name":" liming","age":18},
{"name":"wangzhen","age":19}
]
```

 JSON 存储多个同类型数据时，建议使用数组形式，不要使用对象形式，因为对象形式必须是"名称：值"的形式。

7.3.2　JSON 解析方法

如果要使用 JSON 中的数据，就需要将 JSON 数据解析出来。下面介绍 JSON 的两种解析技术。

7-6
JSON 解析方法

1．org.json 解析

Android SDK 中提供了 org.json 工具类来解析 JSON 数据。该解析工具提供了 JSONObject 和 JSONArray 两个类对 JSON 数据进行解析，两个类组合使用，可以解析复杂的 JSON 数据，使用上非常灵活。

（1）JSONObject 类

得到 JSON 字符串后，可以使用 JSONObject 类的构造方法创建 JSONObject 对象。有了该对象，就可以用该对象的 get 开头的方法来获得相应类型的数据；如果要保存键值对数据，需要调用该对象的 put 开头的方法。从 JSON 字符串创建 JSONObject 对象，然后获得对象成员数据的示意代码如下所示。

```
JSONObject jsonObject=new JSONObject(json1); //json1 是一个 JSON 对象
String name=jsonObject.getString("name");//根据 name 获得 JSON 对象中相应的 value
int age=jsonObject.getInt("age");//根据 age 获得 JSON 对象中相应的 value
//获得成员对象
JSONObject jsonObject_sub1= jsonObject.getJSONObject ("address");
JSONArray jsonArray= jsonObject. getJsonArray ("prices");//获得成员数组
```

（2）JSONArray 类

可以使用 JSONArray 类的构造方法或 fromString(String string)方法从字符串获得 JSONArray 对象。再调用该对象的 get 开头的方法来获得数组的中的元素，调用 put 方法将数据保存到数组的元素上。

```
JSONArray jsonArray=new JSONArray(json2);//json2 是一个 JSON 数组
//根据下标得到 JSON 数组中对应的 JSON 对象
JSONObject jsonObject = jsonArray.getJSONObject(i);
//根据下标得到 JSON 数组中对应的 JSON 数组对象
JSONArray jsonArray_sub = jsonArray. getJSONArray((i);
String name = jsonObject.getString(i); //根据下标得到 JSON 数组中对应的字符串
int age = jsonObject.getInt(i); //根据下标得到 JSON 数组中对应的整数
```

2．Gson 解析

Gson 库是由 Google 提供的，但 Android SDK 中未提供。若要使用 Gson 库，首先需要将 gson.jar 添加到项目中。使用 Gson 库之前，需要创建与要解析的 JSON 数据结构对应的

JavaBean 实体类。

 实体类中的成员变量名称要与 JSON 数据的 key 值一致。

具体操作步骤如下。

1）下载 gson.jar 包。

2）将 jar 包导入到项目的 libs 目录下。

3）导入库文件，如图 7-7 所示。

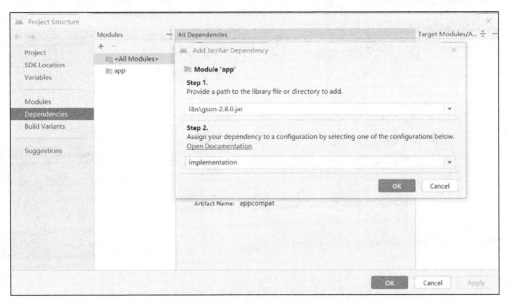

图 7-7　添加 Gson 库文件

4）创建 Gson 对象，如下代码所示。

```
Gson gson=new Gson();
```

5）通过 Gson 对象调用 fromJson()方法，可以反序列化，从 JSON 字符串中得到对应的 JavaBean 对象或 JavaBean 对象链表，JavaBean 对象中封装了 JSON 字符串中的结构化数据。

```
//json1 是一个 JSON 对象字符串，第 2 个参数是 JavaBean 类
Student student=gson.fromJson(json1,Student.class);
```

通过 Gson 对象调用 fromJson()方法，返回 JSON 数据的 Java 集合。

```
//TypeToken 是 Gson 提供的数据类型转换器，可以支持各种数据集合类型转换
Type listType=new TypeToken<List<Integer>>(){}.getType();
//json2 是一个 JSON 数组字符串，第 2 个参数说明链表类型
List<Integer> ages=gson.fromJson(json2,listType);
```

6）通过 Gson 对象调用 toJson()方法，可以序列化，从 JavaBean 对象或 JavaBean 对象链表中，生成 JSON 字符串。

```
//该方法参数可以是 JavaBean 对象或 JavaBean 对象链表
String jsonStr=gson.toJson(ages);
```

7.3.3 案例 31 使用 org.json 解析学生信息

本案例界面效果如图 7-8 所示，单击两个按钮分别解析 JSON 对象和 JSON 数据，并显示在界面上。JSON 字符串详情见代码。

7-7 案例 31 使用 org.json 解析学生信息

1. UI 控件 ID 说明

本案例中，显示解析内容的文本框控件 ID 为 tvshow，两个按钮控件 ID 分别为 btn1、btn2。

2. MainActivity 类

本类实现了 View.OnClickListener 接口。两个按钮分别对 JSON 对象字符串和 JSON 数组字符串进行解析，取出内容后显示在文本框中。

JSONObject 对象用 get()方法获得相应 key 的值。JSONArray 对象中解析的是数组，数组元素是 JSON 对象对象字符串，需要用循环程序逐个取出数组元素后，再用 JSONObject 对象的方法获得具体内容。

图 7-8 解析学生信息

```
public class MainActivity extends AppCompatActivity implements View.OnClickListener {
    private TextView tvshow;
    String s = "";
    @Override
    protected void onCreate(Bundle savedInstanceState) {
        super.onCreate(savedInstanceState);
        setContentView(R.layout.activity_main);
        tvshow=findViewById(R.id.tvshow);
        findViewById(R.id.btn1).setOnClickListener(this);
        findViewById(R.id.btn2).setOnClickListener(this);
    }
    @Override
    public void onClick(View view) {
        switch (view.getId()){
            case R.id.btn1:
                try{
                    JSONObject jsonObject=new JSONObject("{'name':'王建国','age':20}");   //解析 JSON 对象
                    String name=jsonObject.getString("name");
                    int age=jsonObject.getInt("age");
                    tvshow.setText("获得 JSON 对象的值："+"姓名,"+name+",年龄, "+age);
                } catch (Exception e) {   e.printStackTrace();  }
                break;
            case R.id.btn2:
                try {//解析 JSON 数组
                    JSONArray jsonArray=new JSONArray("[{'name':'王建国',
```

```
                    'age':20},{'name':'李红军','age':15}]");
                    for(int i=0;i<jsonArray.length();i++) {
                    //获得JSON数组中的对象
                        JSONObject jsonObject = jsonArray.getJSONObject(i);
                        String name = jsonObject.getString("name");
                        int age = jsonObject.getInt("age");
                        s = s + "姓名," + name + ",年龄," + age;//拼接字符串
                    }
                    tvshow.setText("获得JSON数组中所有对象的值:"+"\n"+s);
                    s="";
                } catch (Exception e) { e.printStackTrace(); }
                    break;
            }
        }
    }
```

7.3.4 案例 32 使用 Gson 解析天气信息

本案例界面效果如图 7-9 所示，程序运行时解析天气的 JSON 数据放在链表中，单击按钮时显示对应城市的天气信息。用到的图片需要事先复制到项目中。

7-8
案例 32 使用 Gson 解析天气信息

1. UI 控件 ID 说明

本案例中，约束布局的 ID 为 constraintlayout，用来设置城市背景图片。一个文本框控件显示城市名，ID 为 tv_city。放置三个水平线性布局，第一个水平线性布局里有两个文本框控件，ID 分别为 tv_weather、tv_temp，显示天气情况和温度；第二个水平线性布局里有两个文本框控件，ID 分别为 tv_wind、tv_pm，显示风力和 PM 指数；第三个水平线性布局里有三个按钮控件，ID 分别为 btn_bj、btn_sh、btn_gz。

2. weather.json 文件

项目中用到的 JSON 字符串存在 res 文件夹的 raw 文件夹中，文件名字为 weather.json，文件内容如下所示，数组中包含 3 个城市的信息，每个城市的信息用 JSON 对象结构呈现。

图 7-9 天气预报显示界面

```
[
    {"temp":"25℃/32℃","weather":"晴","name":"上海","pm":"36","wind":"2 级"},
    {"temp":"17℃/25℃","weather":"阴","name":"北京","pm":"45","wind":"3 级"},
    {"temp":"26℃/35℃","weather":"多云","name":"广州","pm":"38","wind":"1 级"}
]
```

3. 自定义 JavaBean 类 WeatherInfo

根据 weather.json 文件中的每个城市 JSON 对象的结构，定义 JavaBean 类 WeatherInfo。该

类中定义了 5 个成员变量，变量名和类型与城市 JSON 对象中的 5 个属性的键名字符串相同，且数据类型一致，此外还需要为这 5 个成员变量提供 getter 和 setter 方法，这样就定义了能封装城市天气信息的 JavaBean 类。

```java
public class WeatherInfo {
    //成员变量
    private String temp;
    private String weather;
    private String name;
    private String pm;
    private String wind;
    //属性方法
    public String getTemp() { return temp; }
    public void setTemp(String temp) { this.temp = temp; }
    public String getWeather() { return weather; }
    public void setWeather(String weather) { this.weather = weather; }
    public String getName() { return name; }
    public void setName(String name) { this.name = name; }
    public String getPm() { return pm; }
    public void setPm(String pm) { this.pm = pm; }
    public String getWind() { return wind; }
    public void setWind(String wind) { this.wind = wind; }
}
```

4．MainActivity 类

在 onCreate()方法中先调用 initView()方法初始化控件，再从 weather.json 文件中读 JSON 字符串，初始化天气信息链表 mWeatherInfos，完成后默认显示北京的天气。getMap()方法从 JavaBean 类中获得天气信息显示在界面上。具体代码如下。

```java
public class MainActivity extends AppCompatActivity implements View.OnClickListener{
    private TextView tvCity,tvWeather,tvTemp,tvWind,tvPm;
    private List<WeatherInfo> mWeatherInfos;//城市天气链表
    private ConstraintLayout constraintLayout;//布局控件变量
    @Override
    protected void onCreate(Bundle savedInstanceState) {
        super.onCreate(savedInstanceState);
        setContentView(R.layout.activity_main);
        initView();//初始化控件
        try {//读取 weather.json 文件，初始化城市天气链表
            InputStream is = this.getResources().openRawResource(R.raw.weather);
            byte[] buffer = new byte[is.available()];
            is.read(buffer);//将数据读出并保存在字节数组 buffer 里
            is.close();
            String json = new String(buffer, "utf-8");//转换成字符串对象
            Gson gson = new Gson();//创建 Gson 对象
            Type listType = new TypeToken<List<WeatherInfo>>(){ }.getType();
```

```java
        //定义TypeToken数据类型转换器
        mWeatherInfos = gson.fromJson(json, listType);//获得城市天气链表
    } catch (Exception e) {
        Toast.makeText(this, "解析信息失败", Toast.LENGTH_SHORT).show();
    }
    getMap(0);//默认显示北京天气
}
private void initView() {//初始化控件，设置监听器
    tvCity=findViewById(R.id.tv_city);
    tvWeather=findViewById(R.id.tv_weather);
    tvTemp=findViewById(R.id.tv_temp);
    tvWind=findViewById(R.id.tv_wind);
    tvPm=findViewById(R.id.tv_pm);
    constraintLayout=findViewById(R.id.constraintlayout);
    findViewById(R.id.btn_sh).setOnClickListener(this);
    findViewById(R.id.btn_bj).setOnClickListener(this);
    findViewById(R.id.btn_gz).setOnClickListener(this);
    constraintLayout.setBackground(getResources().getDrawable(R.drawable.
        beijing));
}
@Override //按钮的单击事件
public void onClick(View v) {
    switch (v.getId()) {
        case R.id.btn_bj:
            getMap(0);
            constraintLayout.setBackground(getResources().getDrawable(R.
                drawable.beijing));
            break;
        case R.id.btn_sh:
            getMap(1);
            constraintLayout.setBackground(getResources().getDrawable(R.
                drawable.shanghai));
            break;
        case R.id.btn_gz:
            getMap(2);
            constraintLayout.setBackground(getResources().getDrawable(R.
                drawable.guangzhou));
            break;
    }
}
//将每个城市的天气信息展示到界面上
private void getMap(int number) {
    WeatherInfo cityMap = mWeatherInfos.get(number);
    tvCity.setText( cityMap.getName() );
    tvWeather.setText( cityMap.getWeather() );
    tvTemp.setText( "" + cityMap.getTemp() );
    tvWind.setText( "风力:" + cityMap.getWind() );
```

```
            tvPm.setText( "pm:" + cityMap.getPm() );
        }
    }
```

7.4 SQLite 数据库

SQLite 是轻量级嵌入式数据库引擎,它支持 SQL 语言,并且只占用很少的内存就有很好的性能。现在的主流移动设备都使用 SQLite 作为关系型数据库的引擎。

SQLite 是遵守 ACID 关联式的数据库管理系统。ACID 是指数据库事务正确执行的 4 个基本要素,即原子性(Atomicity)、一致性(Consistency)、隔离性(Isolation)、持久性(Durability)。SQLite 数据库有如下优点。

- 独立性:不依赖第三方软件,使用它不需要安装。
- 轻量级:使用时只需要带上它的一个动态库就可以使用它的全部功能,动态库的尺寸非常小。
- 隔离性:数据库中所有的信息都包含在一个文件内,方便管理和维护。
- 安全性:通过独占性和共享锁来实现独立事务处理。
- 跨平台:可在 Windows、Linux、Android 等操作系统中运行。
- 多语言接口:支持很多语言编程接口。

SQLite 数据库功能非常强大,开发时操作步骤是:①创建数据库;②创建表;③打开数据库;④完成数据的各种操作;⑤关闭数据库。

7.4.1 创建数据库

Android 应用程序开发时,需要继承 SQLiteOpenHelper 类定义自己的数据库工具类,该工具类用来创建数据库、创建表、升级数据库表的操作。自定义类时,需要重写 SQLiteOpenHelper 类中 onCreate()方法、onUpgrade()方法和构造方法。示例代码如下。

7-9 创建数据库

```
public class DBHelper extends SQLiteOpenHelper {
    //构造方法,4 个参数分别是应用上下文、数据库名(不用带后缀)、游标工厂对象、版本号
    public DBHelper(Context context, String name, SQLiteDatabase.CursorFactory
    factory, int version) {
        super(context, name, factory, version);
    }
    //第一次创建数据库时会调用该方法
    @Override
    public void onCreate(SQLiteDatabase db) {
        //执行创建数据库表结构的 SQL 语句
        db.execSQL("create table student(xh varchar(10) primary key,name
        varchar(20), cj integer)");
    }
    //当数据库升级时调用该方法,本类实例创建时会通过数据库版本号判断是否要升级
    @Override
```

```
public void onUpgrade(SQLiteDatabase db, int oldVersion, int newVersion) {
    }
}
```

使用自定义类的构造方法创建工具类对象实例，参数中提供必要的信息，就可以创建数据库和表。创建的数据库文件放在应用包下的 databases 文件夹，如图 7-10 所示，里面有一个 data.db 数据库文件。data.db-journal 文件是辅助文件，打开数据库后会使用该文件保存连接等信息。

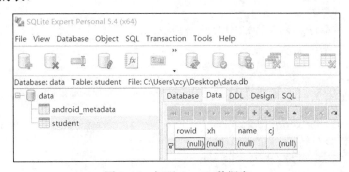

图 7-10 数据库文件

数据库文件创建完成后，可以使用 SQLite Expert Personal 等 PC 端的第三方可视化工具来查看和管理数据库。如图 7-11 所示，使用工具软件打开了 data.db 数据库，软件有管理数据库的功能，当前看到该数据库的两个表，其中 student 表是自定义表，android_metadata 表是 Android 系统生成的表。

图 7-11 打开 data.db 数据库

SQLite Expert Personal 功能强大，需要安装。除了这个工具，还有 SQLiteSpy、SQLite Administrator 等工具，都可以用来查看 SQLite 数据库。

7.4.2 数据库操作

通过调用 SQLiteOpenHelper 子类对象的 getReadableDatabase()方法或者 getWritableDatabase()方法返回 SQLiteDatabase 实例对象。得到该对象后，就可以用该对象的方法执行 SQL 语句或调用相关的方法操作数据库了。示意代码如下，调用自定义工具类构造方法时，传入数据库文件名和版本号。

7-10 数据库操作

```
DBHelper dbHelper=new DBHelper(this, "data.db", null, 1);
SQLiteDatabase db = dbHelper.getReadableDatabase();//只读方式打开数据库
SQLiteDatabase db2 = dbHelper.getWritableDatabase();//读写方式打开数据库
```

开发时，主要是实现对数据库表的增加、删除、更新和查找的操作。有两种方法可以对表执行增加、删除和更新。

第一种方法是执行 SQL 语句。通过调用 SQLiteDatabase 对象的 execSQL()方法执行 insert、 delete 和 update 等语句。这种方法还可以执行建表、建立索引等 DDL 数据库定义语句。

```
db.execSQL(String sql);
```

第二种方法是使用 SQLiteDatabase 对象的 insert()、update()和 delete()等方法。这些方法主要是为不熟悉 SQL 语句的开发者准备的，通过参数把 SQL 语句各组成部分进行拆分，方便开发者的使用。示意代码如下所示。

```
db.insert(String table, String nullColumnHack, ContentValues values);
db.update(String table, Contentvalues values, String whereClause, String whereArgs);
db.delete(String table, String whereClause, String whereArgs);
```

以上三个方法的第 1 个参数都表示要操作的表名。

其中 insert()方法中的第 2 个参数表示空列的默认值。第 3 个参数是 ContentValues 类型的参数，该参数中存放键值对组成的列值集合，键为列名，值是列值。

update()方法的第 2 个参数是需要更新字段的值集合。第 3 个参数 whereClause 是 SQL 中 where 子句的表达式部分。第 4 个参数 whereArgs 是第 3 个参数中占位符的实际参数值，占位符一般用"?"表示。

delete()方法的参数同上几个方法中的同名参数。

下面通过具体的例子来演示数据的增、删、改、查。

1. 数据的添加

（1）调用 execSQL()方法

```
String sql = "insert into user(username,password) values ('liming','123456')";//插入操作的 SQL 语句
db.execSQL(sql);//执行 SQL 语句
```

（2）调用 insert()方法

```
ContentValues cv = new ContentValues();//实例化一个 ContentValues 对象
cv.put("username","liming");//将数据添加到 ContentValues 对象中
cv.put("password","123456");
db.insert("user",null,cv);//执行插入操作
```

2. 数据的删除

（1）调用 execSQL()方法

```
String sql = "delete from user where username=' liming'";//删除操作的 SQL 语句
db.execSQL(sql);//执行删除操作
```

（2）调用 delete()方法

```
String whereClause = "username=?";//删除的条件
String[] whereArgs = {" liming"};//删除的条件参数
db.delete("user",whereClause,whereArgs);//执行删除
```

3. 数据的修改

（1）调用 execSQL()方法

```
//修改的 SQL 语句
```

```
String sql = "update user set password = '111111' where username='liming'";
db.execSQL(sql);//执行修改
```

(2) 调用 update()方法

```
ContentValues cv = new ContentValues();//实例化
cv.put("password","111111");//添加要更改的字段及内容
String whereClause = "username=?";//修改条件
String[] whereArgs = {" liming"};//修改条件的参数
db.update("user",cv,whereClause,whereArgs);//执行修改
```

4．数据的查询

查询数据需要游标类 Cursor 来辅助。查询数据有两种方法。

(1) 调用 rawQuery()方法

```
db.rawQuery(String sql, String[] selectionArgs);
```

该方法使用 SQL 进行查询，第一个参数是 SQL 的 select 语句，第二个参数是 select 语句中占位符参数的值，如果没有使用占位符，该参数可以设置为 null。示意代码如下。

```
Cursor c = db.rawQuery("select * from user where id=?",new String[] {"123456"});
```

(2) 调用 query()方法

```
db.query(String table, String[] columns, String selection, String[] selectionArgs, String groupBy, String having, String orderBy);
```

该方法第 1 个参数是表的名称。第 2 个参数是要查询的列。第 3 个参数是 where 之后的条件语句，可以使用占位符。第 4 个参数是条件语句的值数组。第 5 个参数是指定分组的列名。第 6 个参数指定分组条件，配合 groupBy 使用。第 7 个参数是指定排序的列名及升降序。

上面两个查询方法都会返回一个 Cursor 游标对象，代表数据集的游标，该对象的常用方法如表 7-1 所示。

表 7-1 Cursor 对象的常用方法

方法	说明
move(int offset)	以当前位置为参考，移动到指定行
moveToFirst()	移动到第一行
moveToNext()	移动到下一行
moveToPrevious()	移动到前一行
moveToLast()	移动到最后一行
moveToPosition(int position)	移动到指定行
getCount()	总数据项数
getPosition()	返回当前游标所指向的行数
getColumnIndex(String columnName)	返回某列名对应的列索引值
getString(int columnIndex)	返回当前行指定列的值

使用游标对象的示意代码如下。先调用 moveToFirst()方法移动游标到第一行数据，如果返回 false，代表没查到数据。否则用 for 循环结构，结合 move(i)方法调用，逐行获取数据。Cursor 游标对象提供了 get 开头的获取数据方法，可以取出列中相应类型的数据。

```
Cursor cursor = db.query("user",null,"id=?",new String[]{id+""},null,
null,null);//查询返回一个游标对象
 if(cursor.moveToFirst()){ //指向第一条记录
    for(int i=0;i<cursor.getCount();i++){
        cursor.move(i);//根据下标移动到指定记录
        //根据下标获得对应的值
        String username = cursor.getString(cursor.getColumnIndex ("username"));
        String password = cursor.getString(cursor.getColumnIndex("password")); }
}
```

7.4.3 ListView 控件的使用

很多应用需要在一个页面展示多个条目，并且每个条目的布局风格都是一样的。可以用 ListView 控件实现这种数据展示方式。ListView 是一个列表视图控件，以垂直的形式列出需要显示的列表项。列表项由很多 Item 组成，每个 Item 的布局都是相同的，这个 Item 布局会单独使用一个 XML 定义。

7-11 ListView 控件的使用

ListView 控件还允许用户通过上下滑动来将屏幕外的数据滚动到屏幕内，同时屏幕内原有的数据滚动出屏幕，从而显示更多的数据内容。

使用 ListView 时，需要使用适配器将数据填充到 Item 布局文件中，进行多条目显示。ListView 常用的适配器有数组适配器 ArrayAdapter 类、简单适配器 SimpleAdapter 类和基本适配器 BaseAdapter 类。BaseAdapter 类主要用来给开发者自定义适配器用。对于一般的应用，使用数组适配器或简单适配器就可以。下面介绍 SimpleAdapter 类的使用。

使用 SimpleAdapter 类进行数据适配时，需要调用该类构造方法创建适配器对象，并传入数据、布局文件、对应关系等参数。创建完成后，调用 ListView 对象的 setAdapter()方法设置适配器对象即可完成数据和布局视图的绑定。SimpleAdapter 类的构造方法如下所示。

```
public SimpleAdapter(Context context, List<? extends Map<String, ?>>
data, int resource, String[] from, int[] to)
```

SimpleAdapter 类的参数如下。
➢ context：上下文对象。
➢ data：数据集合，每一项对应 ListView 中每一项的数据。
➢ resource：ListView 的 Item 布局文件。
➢ from：Map 集合里的 Key 值。
➢ to：Item 布局相应的控件 ID。

7.4.4 案例 33 学生成绩管理

本案例界面效果如图 7-12 所示。界面上有学号、姓名、成绩的输入框，还提供 4 个按钮实现数据的增、删、改、查操作。在按钮下边是 ListView 控件，以列表

7-12 案例 33 学生成绩管理

图 7-12 学生成绩管理

方式显示学生成绩信息。

1. UI 控件 ID 说明

学生成绩管理界面中，创建一个垂直线性布局，该布局中有四个水平线性布局和一个 ListView 控件（ID 为 lvshow）。第一个水平线性布局中输入框控件的 ID 为 etxh。第二个水平线性布局中输入框控件的 ID 为 etname。第三个水平线性布局中文本输入控件的 ID 为 etcj。第四个水平线性布局中 4 个 Button 控件的 ID 分别为 btninsert、btndelete、btnupdate 和 btnquery。

2. ListView 控件的 Item 布局说明

布局文件名为 listview_student_item.xml。使用水平线性布局，布局中有三个文本显示控件，ID 分别 txt_xh、txt_name、txt_cj，用来显示学号、姓名、成绩。

3. DBHelper 文件

见 7.4.1 中 DBHelper 类定义的内容。

4. MainActivity 类

该类实现了 View.OnclickListener 接口，在接口的 onClick()方法中，根据按钮 ID 来执行增、删、改、查的程序分支。增、删、改、查功能分别封装在 insertstudent()、deletestudent()、modifystudent()和 querystudent()这 4 个方法中，修改数据表中的数据后，都会调用查询方法刷新 ListView 控件，显示最新修改过的数据列表。

在 onCreate()方法中，对 dbHelper 进行了实例化，第一次实例化时会创建数据库。在该方法中也对 ListView 控件和数据链表 mDataList 进行了初始化，从数据库中查询的数据会更新到 mDataList 链表中。

```java
public class MainActivity extends AppCompatActivity implements View.OnClickListener {
    private DBHelper dbHelper;//数据库工具类对象
    private EditText etxh,etname,etcj;
    private SQLiteDatabase db=null;//数据库对象
    private ListView lvshow;
    private List<Map<String,Object>> mDataList;//数据集合
    private int selectedxh;//选中学生的学号
    SimpleAdapter simpleAdapter;//简单适配器对象
    @Override
    protected void onCreate(Bundle savedInstanceState) {
        super.onCreate(savedInstanceState);
        setContentView(R.layout.activity_main);
        etxh = findViewById(R.id.etxh);
        etname = findViewById(R.id.etname);
        etcj=findViewById(R.id.etcj);
        lvshow = findViewById(R.id.lvshow);
        findViewById(R.id.btninsert).setOnClickListener(this);
        findViewById(R.id.btndelete).setOnClickListener(this);
        findViewById(R.id.btnupdate).setOnClickListener(this);
        findViewById(R.id.btnquery).setOnClickListener(this);
        lvshow = findViewById(R.id.lvshow);
```

```java
//设置ListView控件的单击Item的事件监听
lvshow.setOnItemClickListener(new AdapterView.OnItemClickListener() {
    @Override
    //参数index是该项在适配器中的位置；offset是该项在ListView中的相对位置
    public void onItemClick(AdapterView<?> adapterView, View view,
    int index, long offset) {
        Map<String,Object> map = mDataList.get(index);
        etxh.setText( map.get("xh").toString());
        etname.setText(map.get("name").toString());
        etcj.setText(map.get("cj").toString());
        selectedxh = Integer.parseInt(map.get("xh").toString());
    }
});
dbHelper = new DBHelper(this,"data.db", null, 1);
mDataList = new ArrayList<Map<String,Object>>();
simpleAdapter = new SimpleAdapter(this,mDataList,R.layout.listview_
student_item,new String[]{"xh","name","cj"},new int[]{R.id.txt_xh,
R.id.txt_name,R.id.txt_cj});//创建适配器实例
lvshow.setAdapter(simpleAdapter);//为ListView控件设置适配器
}
@Override
public void onClick(View view) {
    switch (view.getId()){
        case R.id.btninsert:
            insertstudent();//添加学生信息
            break;
        case R.id.btndelete:
            deletestudent();//删除学生信息
            break;
        case R.id.btnupdate:
            modifystudent();//修改学生信息
            break;
        case R.id.btnquery:
            querystudent();//查询学生信息
            break;
    }
}
private void querystudent() {//查询学生信息
    mDataList.clear();//重置数据为空，重新查询得到
    db = dbHelper.getReadableDatabase();
    //全部查询
    Cursor cursor = db.query("student",null, null,null,null,null,null);
    if(cursor.getCount()>0){
        cursor.moveToFirst();
        do{
            Map<String,Object> map1 = new HashMap<String,Object>();
            map1.put("xh", cursor.getString(0));
            map1.put("name", cursor.getString(1));
```

```
                map1.put("cj", cursor.getInt(2));
                mDataList.add(map1);
            }while (cursor.moveToNext());
        }else
            Toast.makeText(this,"没有学生信息数据",Toast.LENGTH_SHORT).show();
        cursor.close();
        db.close();
        simpleAdapter.notifyDataSetChanged();//刷新 ListView 控件
    }
    private void deletestudent() {//删除学生信息
        db = dbHelper.getWritableDatabase();
        db.delete("student","xh=?", new String[]{Integer.toString(selectedxh)});
        db.close();
        Toast.makeText(this,"成功删除!",Toast.LENGTH_LONG).show();
        querystudent();//查询数据,以更新 ListView 控件中的显示
    }
    private void modifystudent() {//修改学生信息
        db = dbHelper.getWritableDatabase();
        ContentValues values = new ContentValues();
        values.put("name",etname.getText().toString());
        values.put("cj",etcj.getText().toString());
        db.update("student",values,"xh=?", new String[]{Integer.toString(selectedxh)});
        db.close();
        Toast.makeText(this,"成功修改!",Toast.LENGTH_LONG).show();
        querystudent();//查询数据,以更新 ListView 控件中的显示
    }
    private void insertstudent() {//添加学生信息
        db = dbHelper.getWritableDatabase();
        ContentValues values = new ContentValues();
        values.put("xh",etxh.getText().toString());
        values.put("name",etname.getText().toString());
        values.put("cj",etcj.getText().toString());
        db.insert("student",null,values);
        Toast.makeText(this,"成功添加!",Toast.LENGTH_LONG).show();
        db.close();
        querystudent();//查询数据,以更新 ListView 控件中的显示
    }
}
```

7.5 思考与练习

【思考】

1. Android 中有几种数据存储方式?各自的特点是什么?

2. Android 中如何使用 SharedPreferences 类？
3. 如何实现 JSON 数据解析？
4. SQLite 数据库是如何创建的？
5. ListView 控件如何实现数据展示？

【练习】

1. 使用 SharedPreferences 保存用户的自定义配置信息，并在程序启动时自动加载这些自定义的配置信息。

2. 创建一个数据库，该数据库包含一个 device.db 表，device.db 表中需要存入 5 种设备名称以及设备价格，然后使用 ListView 控件将设备信息展示到界面中。

第 8 章　广播和内容提供者

广播和内容提供者是 Android 提供的基本组件，在 Android 应用开发中经常使用。在应用中添加广播组件，可以接收 Android 系统发出的重要广播事件，然后根据广播事件做相应的处理，比如收到电量低广播后，应用可以做保存数据的操作，防止突然关机造成数据丢失。

内容提供者组件是在应用间共享数据的组件，Android 应用向其他应用共享数据或访问其他应用的数据，都可以使用该组件完成。本章介绍这两类组件的基本使用方法，并通过案例练习，让读者掌握它们的开发。

8.1　广播介绍

广播是一种在应用程序内、应用程序之间传输消息的机制，当某些事件发生时，Android 系统、应用程序都可以使用广播向其他应用发送这些事件信息。在 Android 系统中有一些事件会触发系统广播，比如拨打电话、电池电量低等事件。广播中会携带与事件有关的信息，比如事件发送时间、有关数据等，应用程序可以监听这些广播，获得系统事件信息。

此外，应用程序也可以使用广播发送自己的事件，并将信息携带在事件中，发送给接收事件的应用程序。

8.1.1　广播运转模式

Android 系统中的广播机制采用观察者模式，基于消息的发布/订阅事件模型。广播模型如图 8-1 所示，该模型中包括 3 个角色：广播接收者、广播发布者、广播消息处理中心（Activity Manager Service，AMS）。

广播发布者根据 Android 开发框架，准备好广播消息，然后调用 Android 提供的 API，将广播发送出去，发送出去的广播会进入广播消息处理中心。

广播消息处理中心是一个具有广播消息管理功能的缓存器，它对发出的广播消息进行缓冲和管理，并将广播消息发给目标广播接收者。

广播接收者需要先注册，让广播消息处理中心获知有这样的广播订阅者，以及订阅的广播类型。当有对应的广播时，广播消息处理中心才会将广播接收者订阅的广播发给广播接收者。

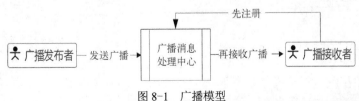

图 8-1　广播模型

8.1.2 广播分类

可以按机制、类型、来源对广播进行分类。

1．按广播机制分类

按照广播机制，广播分为无序广播和有序广播两种。

无序广播是指所有的接收者都会接收到广播事件，广播不可以被拦截，不可以被修改。

有序广播是指广播按照接收者的优先级和顺序逐级向下传递，序列上的接收者可以修改广播数据，也可以终止广播，广播被终止后，后面的接收者将不能收到该广播。如果明确指定了广播接收者，不论广播是否在路途上被终止，这个接收者一定会接收到该广播。

2．按广播类型分类

按照类型，广播分为全局广播和本地广播。全局广播可以被所有应用程序接收。本地广播是在应用程序内部使用的广播。

3．按广播来源分类

按照来源，广播可分为自定义广播和系统广播两类。自定义广播是开发者自定义的广播，主要在应用内部使用。系统广播是 Android 系统内置的广播。关于系统广播字符串的定义和说明如下所示。

```
关闭或打开飞行模式时的广播         Intent.ACTION_AIRPLANE_MODE_CHANGED
电池电量低时的广播                 Intent.ACTION_BATTERY_LOW
充电或电量发生变化时的广播         Intent.ACTION_BATTERY_CHANGED
重启设备时的广播                   Intent.ACTION_REBOOT
关闭系统时的广播                   Intent.ACTION_SHUTDOWN
系统启动完成后的广播               Intent.ACTION_BOOT_COMPLETED
按下拍照按键时的广播               Intent.ACTION_CAMERA_BUTTON
屏幕被关闭时的广播                 Intent.ACTION_SCREEN_OFF
屏幕被打开时的广播                 Intent.ACTION_SCREEN_ON
屏幕锁屏时的广播                   Intent.ACTION_CLOSE_SYSTEM_DIALOGS
插入耳机时的广播                   Intent.ACTION_HEADSET_PLUG
插入外部储存装置（如SD卡）时的广播  Intent.ACTION_MEDIA_CHECKING
成功安装APK时的广播                Intent.ACTION_PACKAGE_ADDED
成功删除APK时的广播                Intent.ACTION_PACKAGE_REMOVED
设备当前设置被改变(界面语言、设备方向等)时的广播  Intent.ACTION_CONFIGURATION_CHANGED
监听网络变化时的广播               android.net.conn.CONNECTIVITY_CHANGE
```

8.2 全局广播

8.2.1 全局广播的使用

在应用程序中接收全局广播，须继承 BroadcastReceiver 类定义自己的广播接收者类，并注册自定义的广播接收者。

8-2 全局广播使用介绍

1. 自定义广播接收者类

自定义广播接收者类时，必须重写 onReceiver()方法，该方法是获得广播事件信息的入口方法，当收到广播事件时，会回调该方法，可以在该方法的 Intent 类型的参数中获得广播事件的详细信息。通常在该方法中编写接收到广播事件后的处理代码，根据不同的广播事件做相应的处理。定义广播接收者类的方式如下所示，MyBroadcastReceiver 是自定义的类名。

```
public class MyBroadcastReceiver extends BroadcastReceiver{
    @Override
    //这里写广播事件处理代码      }
    public void onReceive(Context context, Intent intent) {
}
```

2. 注册广播接收者

定义广播接收者类后，还需要注册广播接收者才能收到广播事件。注册方式有两种：静态注册和动态注册。

静态注册是常驻型，由系统进行管理，不论应用程序是否打开，只要注册后，广播接收者实例就被创建并处于活动状态，如果收到监听的广播事件，广播接收者的 onReceive()方法就会被调用。

在 Android 8.0 后，Google 公司对静态注册广播接收者的方式增加了很多限制，取消了大部分广播的静态注册方式。所以本节内容在低版本 Android 系统最为适用，在高于 8.0 版本的 Android 系统中，个别广播还可以静态注册，比如设备启动完成后发送的启动完成广播。

静态注册广播接收者的方式，通过在清单文件 Androidmanifest.xml 中的<application>标签内对广播接收者组件进行配置，如下代码所示。用<receiver>标签配置广播接收者，其中标签内用 name 属性指定广播接收者的类名，本例中类名为".MyBroadcastReceiver"，其中"."表示该类是在当前包下。在<intent-filter>标签中，使用<action>标签定义了订阅的事件列表，事件用字符串标识，可以是系统事件，也可以是自定义事件，本例中指示系统要接收一个自定义事件。

```
<receiver android:name=".MyBroadcastReceiver">
   <intent-filter>
       <action android:name="com.example.yundong.CallMyReceiver"></action>
   </intent-filter>
</receiver>
```

动态注册是在程序代码中使用 Android 提供的注册 API 注册广播接收者。动态注册的广播接收者的生命期，一般与注册它的应用程序生命周期一致，具体由开发者控制。在应用程序终止前，应当注销广播接收者。

在程序代码中调用 Activity 类或 Service 类的 registerReceiver()方法和 unregisterReceiver()方法进行广播接收者的注册和注销。代码如下所示，注册方法中需要传入自定义广播接收者类创建的对象实例。此外，还需要用 IntentFilter 类创建意图过滤器对象，加入广播接收者需要订阅的广播事件，在注册广播接收者时作为参数传入。下面示例中使用了 TelephonyManager 类中的静态成员定义的事件字符串，订阅手机状态变化事件。

```
MyBroadcastReceiver mReceiver = new MyBroadcastReceiver();
IntentFilter intentFilter = new IntentFilter();
intentFilter.addAction(TelephonyManager.ACTION_PHONE_STATE_CHANGED);
this.registerReceiver(mReceiver,intentFilter);
this.unregisterReceiver(mReceiver);
```

3. 使用有序广播

若要使用有序广播，需要在注册广播接收者时设置其优先级，优先级值范围为−1000～1000，数值越大，优先级越高。

静态注册法，只须在广播的 intent-filter 标签中加入优先级属性 priority 即可，如下代码设置优先级为 10。

```
<intent-filter android:priority="10">
```

动态注册法也可以设置优先级，使用 IntentFilter 对象实例的 setPriority()方法设置，如下代码同样设置了优先级为 10。

```
intentFilter.setPriority(10);
```

如果要截断广播，收到广播后，只需要在自定义广播接收者类的 onReceive()方法中，调用 BroadcastReceiver 类中的 abortBroadcast()方法即可。截断广播后，低优先级的广播接收者将不能收到该广播。

4. 发送全局广播

如果 Android 应用需要发送全局广播，可以使用应用程序上下文 Context 对象的 sendBroadcast()方法发送无序广播、sendOrderedBroadcast()方法发送有序广播。示意代码如下。

```
Intent intent = new Intent("com.example.yundong.CallMyReceiver");
sendBroadcast(intent); //发送无序广播
sendOrderedBroadcast(intent,null); //发送有序广播
```

上述方法中，使用 Intent 对象构建了广播事件，在 Intent 对象中设置了自定义广播事件的 Action 字符串，以标识一个广播事件。

8.2.2 案例 34 监听 WiFi 状态

本案例通过监听 WiFi 状态，来判断 WiFi 连接状态的变化，演示全局广播接收者的使用。

案例界面效果如图 8-2 所示。界面上放置了一个开关，用来设置是否监听 WiFi 状态。还放置了一个按钮，让应用发送自定义的全局广播。本案例中注册的广播接收者也订阅了自定义全局广播。当接收到广播后弹窗显示。

图 8-2 全局广播使用

1. 清单文件代码

清单文件中申请了获取网络状态有关权限，并以静态注册方式注册了广播接收者组件。

```
<uses-permission android:name="android.permission.access_wifi_state" />
<uses-permission android:name="android.permission.access_network_state" />
<receiver   android:name=".MyReceiver"   android:enabled="true"
android: exported="true">
    <intent-filter>
        <action android:name="android.net.wifi.WIFI_STATE_CHANGED"></action
```

```xml
            <action android:name="android.net.wifi.STATE_CHANGE"></action>
            <action android:name="android.net.conn.CONNECTIVITY_CHANGE"></action>
            <action android:name="your.app.action_one"></action>
        </intent-filter>
    </receiver>
```

上述代码中，在<intent-filter>标签中为广播接收者声明了接收的广播事件，广播事件使用<action>标签，前 3 个<action>标签指明了要接收的系统广播事件。第 4 个<action>标签指明了要接收的自定义广播，自定义广播字符串为"your.app.action_one"，在下面的程序代码中，会使用该字符串发送自定义广播。

注意：上述静态注册方式中声明的几个监听网络变化的广播事件，在 Android 8.0 以上版本系统中无效，仅在低版本 Android 系统中可以正常注册。

2. MainActivity 类代码

```java
public class MainActivity extends AppCompatActivity {
    private TextView mTv;
    MyReceiver mReceiver;
    @Override
    protected void onCreate(Bundle savedInstanceState) {
        super.onCreate(savedInstanceState);
        setContentView(R.layout.activity_main);
        mTv = findViewById(R.id.textView_state);
        mReceiver = new MyReceiver();//动态注册开始
        IntentFilter intentFilter = new IntentFilter();
        intentFilter.addAction(WifiManager.WIFI_STATE_CHANGED_ACTION);
        intentFilter.addAction(WifiManager.NETWORK_STATE_CHANGED_ACTION);
        intentFilter.addAction(ConnectivityManager.CONNECTIVITY_ACTION);
        intentFilter.addAction("your.app.action_one");
        this.registerReceiver(mReceiver,intentFilter);
        findViewById(R.id.button_sendbroad).setOnClickListener(
            new View.OnClickListener() {
                @Override
                public void onClick(View view) {
                    Intent intent = new Intent("your.app.action_one");
                    MainActivity.this.sendBroadcast(intent);//发送广播
                }
            });
        Switch s1 = findViewById(R.id.switch_jianting);
        s1.setOnCheckedChangeListener(
            new CompoundButton.OnCheckedChange Listener() {
                @Override
                public void onCheckedChanged(
                    CompoundButton compoundButton, boolean b) {
                        //开关变量定义在广播接收者类中
                        MyReceiver.Moniter_WIFI_Flag = b;
                    }
            });
    }
```

```java
    @Override
    protected void onDestroy() {
        this.unregisterReceiver(mReceiver);
        super.onDestroy();
    }
}
```

在类代码中,对广播接收者进行了动态注册。使用 IntentFilter 对象声明了要接收的 4 个广播,其中系统广播字符串存放在相关类的静态成员变量中,比如 WifiManager 类的 WIFI_STATE_CHANGED_ACTION 变量值为 "android.net.wifi.WIFI_STATE_CHANGED",与静态注册中的字符串相同。

当销毁应用时,在 onDestroy()方法中,使用 unregisterReceiver()方法注销广播接收者。

在按钮的 onClick()事件方法中,用 Intent 构造了自定义广播字符串的对象,调用 sendBroadcast()发送了该自定义广播。

在开关 Switch 控件的 onCheckedChanged()方法中,根据开关状态,更新自定义广播接收者类中的变量 Moniter_WIFI_Flag 的值,该变量用于控制是否处理 WiFi 广播事件。

3. MyReceiver 类代码

本类使用 Toast 显示捕获的广播事件信息。使用 Android 系统提供的 WifiManager 类中的静态成员定义来判断 WiFi 状态。

```java
public class MyReceiver extends BroadcastReceiver {
    public static boolean Moniter_WIFI_Flag = false; //静音开关
    @Override
    public void onReceive(Context context, Intent intent) {
        String action = intent.getAction();
        if ("your.app.action_one".equals(action)) {
            Toast.makeText(context,"成功捕获自定义广播! ",Toast.LENGTH_SHORT).
            show();
        }
        if (Moniter_WIFI_Flag && WifiManager.WIFI_STATE_CHANGED_ACTION.Equals
        (intent.getAction())){
            int wifiState = intent.getIntExtra(WifiManager.EXTRA_WIFI_
            STATE,0); //获取 WiFi 的状态值
            switch (wifiState){
                case WifiManager.WIFI_STATE_ENABLED:
                    Toast.makeText(context,"当前启用 WIFI",Toast.LENGTH_LONG).
                    show();
                    break;
                case WifiManager.WIFI_STATE_DISABLED:
                    Toast.makeText(context,"当前禁用 WIFI",Toast.LENGTH_LONG).
                    show();
                    break;
            }
        }
    }
}
```

在类代码中，定义了静态成员变量 Moniter_WIFI_Flag，用于保存界面开关状态，并根据开关状态控制是否处理 WiFi 广播事件。

接收到广播后，根据 intent 对象中的 action 字符串判断是什么广播事件，然后进行相应处理。

8.3 本地广播

8.3.1 本地广播的使用

全局广播可以跨应用传递消息，简化了应用程序间的通信，但全局广播存在安全和效率问题，所有的应用程序都可以接收到全局广播，数据私密性不高。如果恶意程序大量发送垃圾广播，会使系统变慢。

8-4
本地广播的使用

本地广播只在应用程序内部传递，数据私密性比较好。本地广播只能采用动态注册方式使用。本地广播的注册和注销所使用的 API 接口方法与全局广播有所不同。

Android 系统提供了 LocalBroadcastManager 类管理本地广播，使用该类注册、注销和发送本地广播。该类提供的几个关键方法说明如下。

➢ 调用 LocalBroadcastManager.getInstance() 来获得该类的实例，用该类实例管理本地广播。
➢ 调用该类实例的成员方法 registerReceiver() 注册本地广播。
➢ 调用该类实例的成员方法 sendBroadcast() 发送本地广播。
➢ 调用该类实例的成员方法 unregisterReceiver() 注销本地广播。

> **注意**：使用 Android Studio 4.0 之后版本的开发工具，如果本地广播不能用，可以导入 support-v4 包支持该功能，如图 8-3 所示。

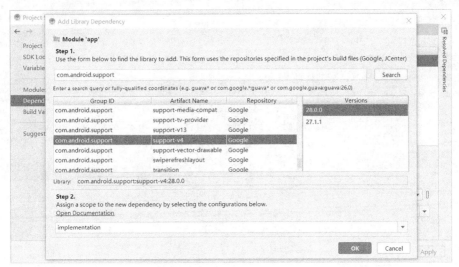

图 8-3　导入 support-v4 包

8.3.2 案例 35 使用本地广播发送数据

下面给出使用本地广播的案例，界面效果如图 8-4 所示。三个按钮分别实现注册、发送和注销本地广播功能。先注册本地广播接收者，才能发送本地广播，否则会出错。

本案例在程序中动态注册本地广播接收者，无须在清单文件中配置广播接收者，本例也无须申请权限，所以不再给出清单文件代码。

1. UI 控件 ID 说明

【注册本地广播接收者】、【发送本地广播】【注销本地广播接收者】三个按钮控件的 ID，分别为 button_register、button_send、button_unregister。

图 8-4 案例 35 界面效果

2. MainActivity 类代码

```
public class MainActivity extends AppCompatActivity implements View.OnClickListener{
    MyLocalReceiver mLocalReceiver;
    @Override
    protected void onCreate(Bundle savedInstanceState) {
        super.onCreate(savedInstanceState);
        setContentView(R.layout.activity_main);
        findViewById(R.id.button_register).setOnClickListener(this);
        findViewById(R.id.button_send).setOnClickListener(this);
        findViewById(R.id.button_unregister).setOnClickListener(this);
        mLocalReceiver = new MyLocalReceiver();//创建广播接收者实例
    }
    @Override
    public void onClick(View view) {
        LocalBroadcastManager lm = LocalBroadcastManager.getInstance(this);
        switch (view.getId()){
            case R.id.button_register://注册本地广播接收者
                IntentFilter intentFilter = new IntentFilter();
                intentFilter.addAction("your.app.action_forlocal");
                lm.registerReceiver(mLocalReceiver,intentFilter);
                break;
            case R.id.button_send://发送本地广播
                //此处的Action字符串和注册广播时的一样
                Intent intent = new Intent("your.app.action_forlocal");
                intent.putExtra("youdata","hello,本地广播");
                lm.sendBroadcast(intent);
                break;
            case R.id.button_unregister://注销本地广播接收者
                lm.unregisterReceiver(mLocalReceiver);
```

```
            break;
        }
    }
}
```

在该类中实现了按钮的 OnClickListener 接口，在接口方法 onClick()中，获取本地广播管理者类 LocalBroadcastManager 的对象，然后根据 view 的 ID 判断是哪个按钮被单击了，然后编写相应的代码。

注册本地广播接收者时，同样使用 IntentFilter 对象声明要接收的广播事件。

在发送本地广播时，演示了使用 Intent 构造方法指定广播事件字符串的方式，以及使用 Intent 对象携带数据、发送给广播接收者。

3. MyLocalReceiver 类代码

```
public class MyLocalReceiver extends BroadcastReceiver {
    @Override
    public void onReceive(Context context, Intent intent) {
        Log.d("YDHL", intent.getAction());//输出广播 Action 字符串
        String action = intent.getAction();
        if ("your.app.action_forlocal".equals(action)) {
            String thedata = intent.getStringExtra("youdata");
            Toast.makeText(context,"捕获本地广播-'"+thedata+"'",Toast.LENGTH_
                SHORT).show();
        }
    }
}
```

本地广播接收者类仍然是继承 BroadcastReceiver 类来定义，并重写 onReceive()方法，从 intent 参数中获取本地广播的数据，获取数据时根据 Intent 对象中的数据格式取出数据。本例 Intent 对象中携带的数据的 KEY 是"youdata"，所以还是使用该 KEY 来取出数据。

8.4 内容提供者

为了方便在不同应用间共享数据，Android 系统为开发者提供了内容提供者组件。该组件定义了一套接口用以操作共享数据，开发者通过重写相关方法等方式，可以将自己的数据开放给其他应用。开发者可以在接口方法中加入安全性代码、数据格式转化代码等，屏蔽源数据的位置、结构等信息，保障数据安全。

Android 系统内也预置了许多内容提供者，方便开发者获取系统提供的数据，如消息、联系人、日程表、相册等。

8.4.1 内容提供者介绍

8-6
内容提供者介绍

Android 系统的内容提供者组件主要有三个类：ContentObserver 类、ContentProvider 类和 ContentResolver 类。

- ContentObserver 类是内容观察者,用于观察目标数据是否发生变化。
- ContentProvider 类是数据供给方,用于提供访问共享数据的接口。
- ContentResolver 类是数据索取方,用于向 ContentProvider 发出数据访问请求。

ContentProvider 类和 ContentResolver 类间的数据访问过程如图 8-5 所示,两者通过 Uri 对象这一媒介指示要访问数据的具体位置,有了位置信息,两者就能进行数据访问的交互了。

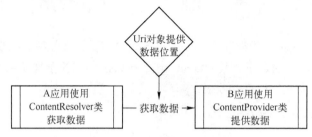

图 8-5　应用数据共享机制

下面介绍如何在自己的应用中使用三个类操作共享数据。

1. ContentProvider 类的使用

要为其他应用共享数据,开发者需要在自己的项目中继承 ContentProvider 类自定义类,并重写父类中操作数据的相关抽象方法,就可以使用自己的数据源提供数据操作功能,可以提供查询、增加、修改、删除等功能。数据源可以是数据库、文件、网络服务器等,开发者负责数据的组织、操作。关于数据的几个方法介绍如下。

1)创建方法。

```
public boolean onCreate();
```

该方法在创建对象时执行,运行在主线程,所以该方法内不能有耗时代码,可以在该方法中进行初始化数据源工作。

2)查询数据方法。

```
public Cursor query(Uri uri, String[] projection, String selection,
String[] selectionArgs, String sortOrder);
```

该方法提供参数设置查询条件,查询结束后,返回一个游标。参数含义如下。

- uri: 数据资源位置 URI 值。
- projection: 查询列名数组,如果为 null,则表示查询全部列。
- selection: 查询条件,类似 SQL 的 WHERE 子句,里面可以用"?"占位符。
- selectionArgs: 查询条件值数组,用于替换 selection 中"?"处的变量值。
- sortOrder: 排序方式。

3)插入数据方法。

```
public Uri insert(Uri uri, ContentValues values);
```

该方法在指定的 uri 位置插入数据,数据值放在参数 values 中,成功后返回数据的 Uri 类型地址。ContentValues 类的用法与 HashMap 相似,通过键值对的方式存储数据。

4)更新数据方法。

```
public int update(Uri uri, ContentValues values,String selection, String[]
selectionArgs);
```

该方法在指定的 uri 位置更新数据，数据值放在参数 values 中，参数 selection 和 selectionArgs 的含义同 query()方法中的同名参数。该方法执行完毕后，返回更新操作影响的行数。

5）删除数据方法。

```
public int delete(Uri uri, String selection, String[] selectionArgs);
```

该方法执行成功后返回删除的行数。参数含义同上面方法中的同名参数。

6）获得数据 MIME 类型方法。

```
public String getType(Uri uri);
```

该方法获得 uri 位置的数据类型。

当有多个线程同时访问内容提供者时，需要开发者做好线程同步工作，需要在上述增/删/改/查方法中加入线程同步代码。

在自定义好 ContentProvider 类后，还须在清单文件中注册自定义的内容提供者组件，并定义相关访问权限，如下代码所示。

```
<provider
    android:name=".MyContentProvider"
    android:authorities="com.example.yundong.MyProvider"
    android:readPermission="com.example.yundong.provider.READ_PERMISSION"
    android:writePermission="com.example.yundong.provider.WRITE_PERMISSION"
    android:process="MyProvider"
    android:exported="true"/>
```

android:name 属性用于定义内容提供者的实现类的名称。

android:authorities 属性唯一标识数据 URI 的授权列表，其他应用访问本内容提供者时，需要用该属性字符串指明。当有多个授权时，要用分号来分隔每个授权。

android:readPermission 属性和 android:writePermission 属性定义该内容提供者的读写权限。其他应用使用该内容提供者时，需要声明该内容提供者定义的权限，才能使用该内容提供者，声明方式同声明申请 Android 系统中的权限，如下所示。

```
<uses-permission
android:name="com.example.yundong.provider.READ_PERMISSION"/>
<uses-permission
android:name="com.example.yundong.provider.WRITE_PERMISSION"/>
```

2．ContentResolver 类的使用

该类的使用比较简单，不需要注册，也不需要自定义类。在 Activity 当中通过 getContentResolver()方法可以得到当前应用的 ContentResolver 实例。然后用它的增/删/改/查成员方法操作目标 ContentProvider 提供的数据即可。ContentResolver 类的增/删/改/查成员方法和 ContentProvider 类的增/删/改/查成员方法一一对应，一方是数据请求方，另一方是数据供给方，这些 API 方法的使用遵循 ContentProvider 类的定义即可。

当与目标内容提供者进行交互时，Android 系统会检查目标内容提供者是否存在并确保它正在运行，如果没有运行，Android 系统会实例化 ContentProvider 对象实例并运行，开发者无须负责 ContentProvider 对象的实例化和运行。

3．ContentObserver 类的使用

该类是抽象类，开发者需要继承该类自定义自己的观察者类，并重写 onChange()方法，该方法会传入发送变化数据的 Uri 参数，开发者使用该参数，就可以在该方法中编写处理数据内容改变的代码。

可以通过 ContentResolver 类的 registerContentObserver()方法注册内容观察者，通过 unregisterContentObserver()方法注销。在注册时通过 Uri 对象指定要监听的 ContentProvider 内容提供者。不再需要监听数据变化时，一定要注销 ContentObserver 以免引起内存泄漏。

当被监听的内容提供者发生变化时，就会回调上述自定义 ContentObserver 类的 onChange()方法，开发者可以在此使用 ContentResolver 类访问和操作目标数据。

内容观察者的创建、注册和注销代码如下所示。注意该 ContentObserver 类构造方法需要传递一个 Handler 对象作为参数，有了 Handler 对象，就可以为调用者发送消息了，比如通知窗口调用者更新界面数据。关于 Handler 和消息机制在后面章节讲解。

```
//代码片段 1：创建监听者对象
ContentObserver mContentObserver = new ContentObserver(mHandler) {
    @Override
    public void onChange(boolean selfChange, Uri uri) {
        super.onChange(selfChange, uri); }  };
//代码片段 2：注册监听，第 2 个参数 true 表示模糊匹配
getContentResolver().registerContentObserver(myUri,true, mContentObserver);
//代码片段 3：注销监听
if(mContentObserver!= null)
    getContentResolver().unregisterContentObserver (mContentObserver);
```

内容观察者的观察行为属于被动观察，能否观察到内容变化取决于内容提供者的主动通知，如果内容提供者不通知就观察不到。内容提供者在自己的增、删、改三个方法中完成数据更新后，需要主动调用 ContentResolver 中的 notifyChange()方法通知数据发生了变化，内容观察者才能观察到这些变化。发通知示例代码如下所示，方法第一个参数 dataUri 是所更改数据的 Uri 对象，第二个参数用于指定接收变化通知的内容观察者，传入 null 表示不指定内容观察者。

```
getContext().getContentResolver().notifyChange(dataUri,null);
```

8.4.2 案例 36 监听用户截屏和短信

Android 系统中有一个媒体数据库，当拍照、截屏后保存图片时，都会把图片信息存入到媒体数据库，并发出内容改变通知。开发者可以利用内容观察者 ContentObserver 监听媒体数据库的变化。当收到变化通知后，根据一定的判断规则来判断是否截屏操作。

8-7 案例 36 监听用户截屏和短信

当 Android 系统收到短信后会将其存在短信数据库中，Android 应用也可以监听系统发出的短信数据变化通知，以获得短信内容。

本案例通过开发监听用户截屏和短信的项目，演示内容提供者相关类的使用。界面效果如图 8-6 所示，界面上没有功能控

图 8-6 案例 36 界面效果

件,当截屏和收到短信时,用 Toast 弹窗显示文件全路径名和短信信息。截屏功能需要使用真机进行测试。短信收发可以启动两个模拟器互发短信测试。

本案例需要在清单文件中申请存储读写权限和读取短信权限,在 Android 6.0 之后的版本中,这些涉及隐私性较强的权限,还须在代码中加入动态申请权限。案例中使用的内部存储器和外部存储器上的媒体数据库的 URI 资源,以静态成员变量方式定义在 Media 类中。

- 内部存储器内容:MediaStore.Images.Media.INTERNAL_CONTENT_URI。
- 外部存储器内容:MediaStore.Images.Media.EXTERNAL_CONTENT_URI。

下面给出项目代码,界面无交互功能,XML 代码不再给出。

1. 清单文件代码

清单文件中申请了存储读写权限和读取短信的权限。

```
<uses-permission android:name="android.permission.WRITE_EXTERNAL_STORAGE" />
<uses-permission android:name="android.permission.READ_EXTERNAL_STORAGE" />
<uses-permission android:name="android.permission.READ_SMS"/>
```

2. 主窗口类

主窗口类中定义了内容观察者对象 mObserver,在 onCreate()方法中注册内容观察者,该内容观察者在媒体库的内部存储路径和外部存储路径都进行了注册,短信的观察路径为"content://sms/inbox"。一个内容观察者对象可以观察多个 URI 资源。

在 onDestory()方法中注销内容观察者,因为只创建了一个内容观察者对象,所以只需要注销该对象,就不再监控上述路径了。如果创建了多个内容观察者对象并注册,在注销时也需要将它们一一注销掉。

在 getPermissionForApp()方法中实现了动态申请存储权限。

```java
public class MainActivity extends AppCompatActivity {
    private ContentResolver mContentResolver;
    private MyContentObserver mObserver;
    private Handler mHandler;
    @Override
    protected void onCreate(Bundle savedInstanceState) {
        super.onCreate(savedInstanceState);
        setContentView(R.layout.activity_main);
        getPermissionForApp();//申请权限
        mHandler = new Handler();
        mContentResolver = this.getContentResolver();//步骤:注册内容观察者
        mObserver = new MyContentObserver(mHandler, this);
        mContentResolver.registerContentObserver(MediaStore.Images.Media.
            INTERNAL_CONTENT_URI, true, mObserver);
        mContentResolver.registerContentObserver(MediaStore.Images.Media.
            EXTERNAL_CONTENT_URI, true, mObserver);
        mContentResolver.registerContentObserver(Uri.parse("content://sms/
            inbox"), true,mObserver);
    }
    @Override
    protected void onDestroy() {
```

```
        if(mContentResolver != null)
            mContentResolver.unregisterContentObserver(mObserver);//注销内容观察者
        super.onDestroy();
    }
    private void getPermissionForApp() {  //请求权限
        if (Build.VERSION.SDK_INT > 22) {
            List<String> permissionList = new ArrayList<>();
            if (ContextCompat.checkSelfPermission(this, Manifest.permission.
            WRITE_EXTERNAL_STORAGE) != PackageManager.PERMISSION_GRANTED)
                permissionList.add(Manifest.permission.WRITE_EXTERNAL_STORAGE);
            if (ContextCompat.checkSelfPermission(this, Manifest.permission.
            READ_SMS) != PackageManager.PERMISSION_GRANTED)
                permissionList.add(Manifest.permission.READ_SMS);
            if (permissionList.size() > 0)
                ActivityCompat.requestPermissions(this,permissionList.toArray
                (new String[permissionList.size()]), 110);
        }
    }
}
```

3. MyContentObserver 类

该类检测到媒体数据库有变化后,就使用 ContentResolver 对象查询数据库中最新的一条记录,通过一系列规则判断是否截屏。辅助方法中实现了判断规则。

此外,为了方便弹出 Toast 窗口,在 MyContentObserver()构造方法中传入了 MainActivity 窗口的对象引用,通过该窗口对象引用,可以获得该窗口上下文引用和该窗口对象中的 ContentResolver 对象实例的引用。有了这些引用,可以方便数据访问的编程。

构造方法中的 Handler 对象在本例中没有实际用途,但必须提供,因为自定义内容观察者的构造方法要调用父类 ContentObserver 的构造方法,该构造方法需要提供一个 Handler 对象作为参数。

```
        public class MyContentObserver extends ContentObserver {
            private Handler mHandler;
            private Context mContext;
            private ContentResolver mResolver;
            public MyContentObserver(Handler handler, MainActivity activity) {
                super(handler);
                mHandler = handler;
                mResolver = activity.getContentResolver();
                mContext = activity.getApplicationContext();
            }
            @Override
            public void onChange(boolean selfChange, Uri uri) {
                super.onChange(selfChange, uri);
                if(uri.equals(MediaStore.Images.Media.EXTERNAL_CONTENT_URI))
                    dealMediaContentChange(uri);
                if(uri.equals(MediaStore.Images.Media.INTERNAL_CONTENT_URI))
```

```java
            dealMediaContentChange(uri);
        if(uri.toString().contains("content://sms/inbox")){
            Cursor cursor = mResolver.query(uri, new String[]{"address",
            "body", "date", "type"}, null, null, "date desc");
            cursor.moveToFirst();
            String address = cursor.getString(0);
            String body = cursor.getString(1);
            String date = cursor.getString(2);
            String type = cursor.getString(3);
            String message = "\naddress:" + address + " \nbody:" + body +
            "\ndate:" + date + " \ntype:" + type;
            cursor.close();
            Toast.makeText(mContext,message,Toast.LENGTH_SHORT).show();
        }
    }
    private void dealMediaContentChange(Uri uri) {//辅助方法：媒体库变化处理方法
        Cursor cursor = null;
        String[] QUERY_MEDIA_PRJECTIONS = { MediaStore.Images.
        ImageColumns.DATA,MediaStore.Images.ImageColumns.DATE_TAKEN,
        MediaStore.Images.ImageColumns.DATE_ADDED };
        try {// 数据改变时，查询数据库中最后加入的一条数据
            cursor = mResolver.query(uri, QUERY_MEDIA_PRJECTIONS, null, null,
            MediaStore.Images.ImageColumns.DATE_ADDED+"desc limit 1");
            if (cursor == null)     return;
            if (!cursor.moveToFirst())    return;
            int dataIndex = cursor.getColumnIndex(MediaStore.Images.
            ImageColumns.DATA);
            int dateAddedIndex = cursor.getColumnIndex(MediaStore.Images.
            ImageColumns.DATE_ADDED);
            isScreenShotFile(cursor.getString(dataIndex),
            cursor.getLong(dateAddedIndex));
        } catch (Exception e) { e.printStackTrace(); }
        if (cursor != null && !cursor.isClosed()) { cursor.close(); }
    }
    //辅助方法：判断是否截屏文件
    private void isScreenShotFile(String path, long dateAdded) {
        if (Math.abs(System.currentTimeMillis() / 1000 - dateAdded) > 2)
            return; //通过时间判断，若时间过长，则不太可能是截屏文件
        if (checkFilenameContainScreenShot(path))
            Toast.makeText(mContext,"截屏文件:"+
            path,Toast.LENGTH_SHORT). show();
    }
    //辅助方法：文件名判断，判断包含截屏类似的字符串
    private boolean checkFilenameContainScreenShot(String path) {
        String[] KEYWORDS = { "screenshot", "screen_shot", "screen-shot",
        "screen shot", "screencapture","screen_capture", "screen-capture",
        "screencap", "screen_cap", "screen-cap", "screen cap" };
```

```
            path = path.toLowerCase();
            for (String keyword : KEYWORDS) {
                if (path.contains(keyword)) return true;  }
            return false;
        }
    }
```

在 onChange()方法中，匹配内容发生变化的路径是否是监控的几个路径，如果匹配的 URI 路径是短信内容，则使用内容观察者 mResolver 对象的 query()方法，从对应的路径上查询短信的地址、内容等信息。短信实际存储在手机本地的数据库中，查询方法中的"address""body"等字符串，指明了要查询的短信表中的字段名。

如果是媒体库路径的信息变化，则调用 dealMediaContentChange()方法进行处理。在该方法内对媒体库进行了查询，查询最新插入行的数据。获得媒体文件名等信息后，使用 isScreenShotFile()方法，通过一定规则判断是否截屏文件。

判断规则包括判断文件生成时间，如果文件时间生成过早，说明不是截屏文件。时间检查通过后，再判断文件名特征，看文件名中是否包含"screen"等截屏文件可能会用的单词，如果包含，就是截屏文件。

本例代码的判断规则不能百分百判断是否截屏文件，仅为演示内容观察者案例配套提供实验的测试代码。

8.5 思考与练习

【思考】

1. 广播是什么？为何引入广播组件？
2. 广播方式有哪几种？为何要限制全局广播的使用？
3. 本地广播的优点是什么？
4. 内容提供者的作用是什么？
5. 如何为其他应用提供数据？如何获取其他应用提供的数据？
6. 本地广播是否可以与内容观察者结合，解决应用内通信问题，或实现其他某种功能？

【练习】

1. 使用广播监听更多事件或处理应用内数据通信，比如电量低、内存不足事件。
2. 完善用户截屏功能，加入与界面互动功能，比如显示截屏图片。

第 9 章　服务

在 Android 应用开发中，经常会遇到需要在后台长期运行的任务，而服务就是为此目的设计的一个组件。服务可以在后台长期运行，即使应用退出后，服务还可以正常运行。比如音乐播放功能往往放在服务中运行，实现后台播放。需要接收网络数据的应用，也可以放在服务中实现监听网络数据的功能，即使应用窗口退出了，也能实现实时在线功能。

本章介绍服务的基本知识和基本使用方法，并通过案例练习让读者掌握服务在应用中的使用。

9.1 服务简介

服务（Service）是一种在后台运行的代码组件。服务由其他组件启动，服务启动后在后台运行，即使启动服务的组件已销毁，服务也不受影响。因此，可以在服务中管理后台任务，如网络通信、播放音乐、执行文件 I/O 等。

9-1
服务简介

9.1.1 服务的使用方式

使用服务有两种方式：以启动方式使用服务和以绑定方式使用服务。

以启动方式使用服务，通过调用上下文的 startService()方法启动服务。服务启动后，可以在后台无限期运行。启动服务时，可以为服务传入参数等信息，但在服务运行期间，其他组件不能直接给服务发送指令。启动方式使用服务适合执行单一操作，或无须干预后台任务执行的应用场合。

以绑定方式使用服务，通过调用上下文的 bindService()方法绑定服务，如果服务还未运行，会自动启动服务，如果服务已经运行，则直接绑定。具有绑定能力的服务需要提供绑定接口，其他组件通过绑定服务的接口与服务交互，为服务发送指令或者从服务获得结果。利用进程间通信（Inter-Process Communication，IPC），多个应用还可以绑定同一个服务。

9.1.2 自定义服务类的创建

开发者通过继承 Service 类创建自己的服务类，并按需重写 Service 类中的相关方法。使用 Android Studio 开发工具可以方便地生成自定义服务类，在开发环境中选中项目模块目录后，通过菜单【File】|【New】|【Service】，可以找到创建具体服务的菜单项，单击其中的【Service】菜单项，根据提示向导创建自定义服务，开发环境会生成一些服务代码，并在清单文件中注册服务。

生成的自定义服务类会自动加入重写的方法，代码如下所示。注意，使用不同版本的开发工具生成的服务类代码可能有所不同。

```java
public class MyService extends Service {
    public MyService() {    }
    @Override  //绑定方法
    public IBinder onBind(Intent intent) {  return null;  }
    @Override  //创建方法
    public void onCreate() {  super.onCreate();  }
    @Override  //启动命令方法
    public int onStartCommand(Intent intent, int flags, int startId) {
        return super.onStartCommand(intent, flags, startId);  }
    @Override  //销毁方法
    public void onDestroy() {  super.onDestroy();  }
    @Override  //解绑方法
    public boolean onUnbind(Intent intent) {
        return super.onUnbind (intent);  }
    @Override  //重新绑定方法
    public void onRebind(Intent intent) {  super.onRebind(intent);  }
}
```

开发者具体需要重写哪些服务类方法，与服务的启动方式有关，如果需要支持绑定方式启动服务，就需要重写 onBind()、onUnbind()、onRebind()方法。不论哪种启动服务方式，都必须重写 onBind()方法，如果不提供绑定接口，在该方法中返回 null 即可。

9.1.3 自定义服务类的注册

定义好服务类后，需要在 AndroidManifest.xml 清单文件中注册服务，当 App 安装时，会向 Android 系统注册服务，这样系统就知道自定义服务的存在了。使用 Android Studio 开发工具生成自定义服务类时，会自动在清单文件中添加注册服务代码。

清单文件中服务注册代码如下所示。".MyService"是自定义服务类名，"."表示该类在项目当前包下。

```xml
<service
    android:name=".MyService" android:enabled="true" android:exported="true">
</service>
```

在清单文件中注册服务时，可以对服务的属性进行配置，服务的常用属性如表 9-1 所示，表中提供了服务的常用属性说明，开发者可以按需通过属性方式配置服务的行为。

表 9-1 服务的常用属性说明

属性名	属性说明
android:name	服务的类名
android:label	服务别名，默认为 Service 的类名
android:enabled	是否可以被 Android 系统实例化，值为 true 或 false，默认值为 true
android:exported	是否能被其他应用隐式调用，清单文件中该服务配置有 intent-filter 配置，默认值为 true，否则为 false
android:permission	调用此服务需要的权限，可自定义服务的权限以增加服务的安全性
android:process	是否需要在单独的进程中运行服务，当设置为 ":xx" 时，代表服务在单独的进程中运行，"xx" 是进程名。":" 可以省略；有冒号表示该服务创建私有进程，仅创建该服务的 App 可以访问服务，进程名是 "包名:xxxx"；无冒号表示服务创建公开进程，其他 App 也可以访问该服务，进程名是 "xx"
android:icon	为服务设置一个图标

9.2 服务的生命周期

同 Activity 组件有生命周期一样，服务也有生命周期和对应的生命周期方法，开发者可以按需重写服务的生命周期方法，加入自己的代码，定制自己的服务。

9.2.1 服务运行流程

服务在两种使用方式下的运行主流程一样，在细节上有所不同。服务运行流程如图 9-1 所示，左边是启动服务方式的运行流程，右边是绑定方式的运行流程。

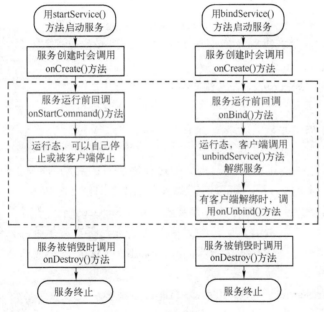

图 9-1　服务的运行流程

从图中可见，服务程序从创建到销毁的主流程是一样的，只是中间调用的方法有所不同。

以启动方式使用 startService()方法启动的服务，会调用 onStartCommand()方法。服务在运行期间，因为没有提供接口给调用者，所以调用者无法与服务通过接口进行交互。

以绑定方式使用 bindService()方法启动的服务，会调用 onBind()方法，该方法中可以返回服务的接口给调用者。当调用者与服务解绑时，会触发服务的 onUnbind()方法。

通过一些设计和编程实现，即使没有服务的绑定接口，也能实现与服务通信功能，但比较烦琐，不如绑定方式使用服务方便。

9.2.2 生命周期方法介绍

服务运行过程中会回调生命周期方法，来执行开发者通过重写生命周期方法加入的代码，所以开发者需要了解生命周期方法的使用。生命周期方法说明如表 9-2 所示。开发者按需重写生命周期方法即可。

表 9-2 服务生命周期方法说明

属性名	属性说明
onStartCommand()	调用 startService()启动服务时，回调该方法。如果组件启动服务多次，该方法也被执行多次
onBind()	调用 bindService()绑定服务时，回调该方法。可以在该方法中返回 IBinder 对象来为调用者提供接口。必须重写该方法，如果不允许绑定，可以直接返回 null
onUnbind()	使用 unbindService()与服务解绑时，回调用该方法
onRebind()	解绑服务后，再次绑定服务时，如果之前的 onUnbind()方法返回值为 true，则会回调该方法
onCreate()	当通过 startService()启动服务或 bindService()绑定服务时，服务处于未运行状态而被第一次创建的时候，回调该方法。在服务生命周期内，该方法只执行一次
onDestroy()	当服务不再有用或者被销毁时，回调该方法。在服务生命周期内，该方法只执行一次。服务往往需要实现该方法来清理任何资源，如线程、已注册的监听器、接收器等

9.2.3 服务的终止

服务既可以自己终止运行，也可以被系统终止。当服务终止时，要释放占用的资源。开发者需要了解服务如何终止，以及终止的情况。服务终止的情况有以下几种。

9-3
服务的终止

➢ 其他组件调用 stopService()方法终止服务。
➢ 其他组件解绑服务后，不再有绑定的连接时，服务会终止。
➢ 服务调用自己的 stopSelf()方法终止自己。
➢ 系统资源不足时，系统会结束服务。

开发者需要确保服务能正常终止，需要配对使用服务的启动方法和终止方法、绑定方法和解绑定方法。配对调用这些方法，可以保证服务在不需要时能正常终止。

➢ 使用 startService()启动的服务，一定要使用 stopService()停止服务。
➢ 系统对服务的绑定次数有记录，通过绑定次数来判断服务是否可以停止运行，因此调用 bindService()绑定到服务后，必须调用 unbindService()解除绑定，才能使绑定次数正确增减，最终为 0。
➢ 混合使用 startService()与 bindService()进行启动和绑定服务操作时，也要遵循配对原则调用 stopService()和 unbindService()方法，以确保服务能正常终止。stopService()和 unbindService()方法调用的先后顺序无关，不再使用服务时至少要调用一次 stopService()方法，而绑定几次必须调用几次 unbindService()方法使绑定计数归零，服务才能终止。

9.3 启动方式使用服务

9.3.1 开发流程说明

9-4
启动方式使用服务的开发流程说明

开发者定义好服务类，重写 onCreate()、onStartCommand()、onDestroy()三个方法加入自定义代码。在清单文件中注册后，就可以使用服务了。注意，以启动方式使用服务，onBind()方法也要重写，如果不支持绑定，该方法返回 null 即可。

可以在 Activity 类中使用 Activity 类中的 startService()和 stopService()方法来启动和终止服务，如下代码片段所示。启动和停止服务时，都需要使用 Intent 对象来指明要启动或停止的服务。下面代码中的参数 this 指的是 Activity 窗口对象的上下文。

```
//在 Intent 构造方法中，指明了服务的字节码文件
Intent intent = new Intent(this,MyService.class);
startService(intent);  //启动服务
stopService(intent);   //停止服务
```

也可以在 Fragment 类中启动和终止服务，但与在 Activity 类中有所不同。因为 Fragment 类中没有提供 startService()等操作服务的方法，并且创建 Intent 对象的第一个参数，也不能使用 Fragment 类对象作为上下文参数。在 Fragment 类中操作服务的代码如下所示，其中 this 是指 Fragment 类对象，通过该对象的 getContext()方法，可以获得 Fragment 对象所在容器的上下文，该上下文一般都是在 Activity 中创建 Fragment 对象时传递给 Fragment 对象的，所以有了该上下文，也就具备了操作服务的前提。

```
Intent intent = new Intent(this.getContext(),MyService.class);
this.getContext().startService(intent);  //使用上下文中的方法启动服务
this.getContext().stopService(intent);   //使用上下文中的方法停止服务
```

也可以通过广播接收者启动服务，当广播接收者收到开机广播后，启动服务。代码如下所示。Intent()构造方法中的上下文参数，使用了 onReceive()方法中的 context 参数。

```
public class BootReceiver extends BroadcastReceiver {
    @Override
    public void onReceive(Context context, Intent intent) {
        if( intent.getAction()=="android.intent.action.BOOT_COMPLETED" ){
            Intent intent = new Intent(context, MyService.class);
            context.startService(intent);
        }
    }
}
```

调用者可以在启动服务时通过 Intent 对象向服务传递数据，该对象可以在服务的 onStartCommand()方法中得到。服务被启动几次，onStartCommand()方法就被调用几次，该方法声明如下所示，有 3 个参数，各参数的含义如表 9-3 所示。

```
int onStartCommand (Intent intent, int flags, int startId)
```

表 9-3　onStartCommand()方法参数说明

属性名	属性说明
intent	启动服务时，组件传递过来的 Intent 对象，组件可利用该对象封装参数传递给服务
flags	表示启动请求时是否有额外数据，可选值有 0、START_FLAG_REDELIVERY 和 START_FLAG_RETRY，0 代表没有数据
startId	系统生成的启动服务的唯一编号，每次启动服务的该编号都不同。服务调用 stopSelfResult(int startId)方法终止自己时，系统会把该编号参数与当前最新编号比较。如果相同，就代表这次启动后没有其他组件启动服务，可以安全终止服务，否则有新的启动服务操作，不能终止服务

 如果应用退出后不再使用服务，在应用退出前终止服务；如果需要服务常驻内存，无须终止服务。如果是绑定使用服务，应用退出前应当解绑服务。

9.3.2 案例 37 启动方式使用服务

本案例通过按钮控制服务的启动和终止，来演示启动方式使用服务。界面效果如图 9-2 所示。界面只有 2 个按钮，服务启动和终止的信息在 Log 窗口中输出。

9-5
案例 37 启动方式使用服务

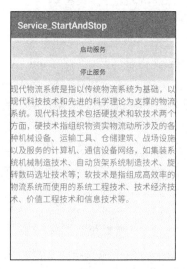

图 9-2 案例 37 界面效果

开发者可以观察服务在 Log 窗口中输出的信息，体会服务的启动和终止流程。如图 9-3 所示，不论单击多少次启动服务，onCreate()方法都只调用一次；不论单击多少次停止服务，onDestory()方法都只调用一次。可以知道，服务对象不存在就会创建，如果已经存在，则只调用 onStartCommand()方法。

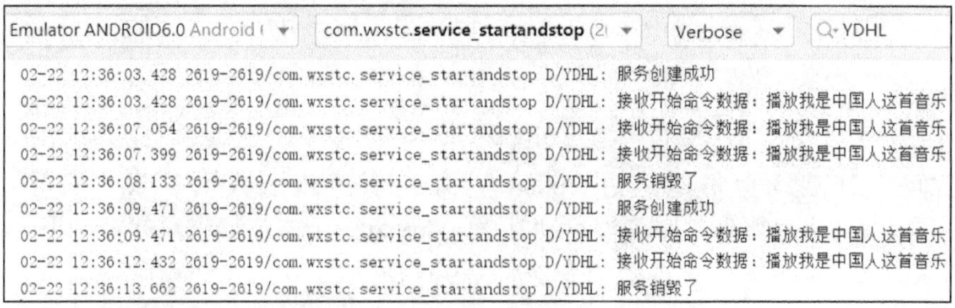

图 9-3 Log 窗口输出示例

项目各部分代码如下所示，清单文件和 UI 文件代码不再给出，两个按钮的 ID 分别是 button_start 和 button_stop。

1. MySevice 类代码

onStartCommand()方法中获取调用者发来的数据，数据的 KEY 键为"service_cmd"。每次启动服务，该方法都会被调用。因为不支持绑定，所以在 onBind()方法中返回了 null。

```java
public class MyService extends Service {
    public MyService() { }
    @Override
    public void onCreate() { super.onCreate(); Log.d("YDHL","服务创建成功"); }
```

```java
@Override
public int onStartCommand(Intent intent, int flags, int startId) {
    Log.d("YDHL","接收开始命令数据: "+intent.getStringExtra("service_cmd"));
    return super.onStartCommand(intent, flags, startId);
}
@Override
public void onDestroy() {  super.onDestroy();   Log.d("YDHL","服务销毁了");  }
@Override
public IBinder onBind(Intent intent) {  return null;  }
}
```

2. MainActivity 类代码

如下代码所示，在 Intent 对象中携带了数据，通知服务要做的工作。数据的 KEY 键为"service_cmd"。

```java
public class MainActivity extends AppCompatActivity {
    @Override
    protected void onCreate(Bundle savedInstanceState) {
        super.onCreate(savedInstanceState);
        setContentView(R.layout.activity_main);
        findViewById(R.id.button_start).setOnClickListener(new View.OnClickListener() {
            @Override
            public void onClick(View view) {
                Intent intent = new Intent(MainActivity.this,MyService.class); //使用窗口类对象引用作为第一个参数
                intent.putExtra("service_cmd","播放我是中国人这首音乐");
                startService(intent); //启动服务
            }
        });
        findViewById(R.id.button_stop).setOnClickListener(new View.OnClickListener() {
            @Override
            public void onClick(View view) {
                Intent intent = new Intent(MainActivity.this, MyService.class); //使用窗口类对象引用作为第一个参数
                stopService(intent); //停止服务
            }
        });
    }
}
```

9.4 绑定方式使用服务

绑定方式使用服务，通过客户端-服务器模型实现与服务的交互，绑定到服务的一端是客户端，绑定完成后，客户端向服务端发送请求完成相应工作。如果服务中可以保存客户端的上下文，服务完成工作后，还可以通过客户端上下文通知客户端结果。

绑定方式使用服务时，当客户端不再使用服务时，一定要做解除绑定操作。因为服务可能会被多个客户端绑定，服务对象终止销毁的一个前提是没有客户端绑定使用它，服务才能正常终止和销毁。

9.4.1 开发流程说明

开发者定义好服务类，重写 onCreate()、onBind()、onUnbind()、onRebind()、onDestroy()方法，在方法中加入自己的代码。在清单文件中注册后，就可以使用服务了。

9-6 绑定方式使用服务的开发流程说明

服务为了提供接口，仅重写上述方法还不够。开发者还需要在服务中提供 IBinder 接口的实现类，在该类中定义服务接口方法，待客户端绑定服务时，返回该类对象给客户端，客户端就可以通过接口使用服务了。该接口类一般以服务类的内部类方式定义和实现，该接口类的开发和使用步骤如下。

第一步，在服务类中定义一个实现了 IBinder 接口的内部类，类名自定，在该类中提供接口方法，接口方法名字、数量、参数、方法功能等由开发者自己设计。Android 系统提供了一个名为 Binder 的类，该类实现了 IBinder 接口，通常通过继承 Binder 类来定义自己的接口类，定义方式如下所示。

```
public class MyBinder extends Binder {    //类中加入自定义的接口方法    }
```

第二步，使用该接口类创建对象，在服务类的 onBind()回调方法中返回该对象引用。

第三步，在客户端中绑定服务，获得服务的接口类的对象引用。

第四步，客户端通过调用接口中的方法，操作服务，实现与服务互动。

客户端要获得服务的接口对象，必须定义一个实现 ServiceConnection 接口的类，在接口方法 onServiceConnected()中获得服务的接口对象引用。

9.4.2 案例 38 绑定方式使用服务

本案例演示绑定方式使用服务。案例界面效果如图 9-4 所示。界面有 5 个按钮，绑定服务后，使用按钮调用 3 个接口方法使用服务。服务运行信息输出在 Log 窗口中。

9-7 案例 38 绑定方式使用服务

在 Log 窗口中输出的一次运行信息，如图 9-5 所示，可以看到接口方法被调用时的输出信息。当绑定服务时，如果服务未启动，则先启动服务，而启动服务时会调用服务的 onCreate()方法，如果服务已经启动了，则不会再调用该方法。

绑定方式启动的服务，不会执行 onStartCommand()方法，而是执行 onBind()方法。

当解除绑定后，如果服务没有其他组件绑定，会调用 onDestroy()方法，如果还有绑定，则不会调用销毁方法。

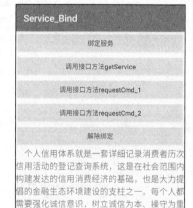

图 9-4 案例 38 界面效果

> **注意**：同一个应用多次绑定同一个服务时，实际只绑定一次，只调用一次 onBind()方法。同一个应用解绑服务后再次解绑同一服务时，程序会报错。本案例中，解绑服务后，接口方法仍然可以调用，是因为服务对象内存还未回收，但服务已经终止了。

图 9-5 Log 窗口输出示例

项目各部分代码如下所示，清单文件中注册服务代码不再给出。

1. UI 控件 ID 说明

按钮【绑定服务】、【解除绑定】控件的 ID 分别是 button_bind、button_unbind。3 个调用接口方法的按钮 ID 从上到下分别是 button_cmd1、button_cmd2、button_cmd3。

2. 自定义服务 MyBindService 类

在类中定义了接口类 MyBinder，并声明了 mBinder 成员变量保存 MyBinder 对象引用，该变量会在 onBind()方法中返回给客户端。

如果需要自定义服务类既可以启动方式使用，也可以绑定方式使用，那么就如下面代码一样，重写所有相关的生命期方法，来支持两种使用服务的方式。

虽然在该类中也重写了 onStartCommand()方法，但在本案例中只演示了绑定服务，所以该方法在本案例中不会被调用。如果也以启动方式使用本服务，那么该方法就会被调用。

```java
public class MyBindService extends Service {
    public MyBindService() {   }
    private MyBinder mBinder;
    public class MyBinder extends Binder {
        public MyBindService getService(){ //该方法返回服务上下文
            Log.d("YDHL","服务接口方法被调用：返回服务上下文的接口方法");
            return MyBindService.this;
        }
        void requestCmd_1(String _cmdStr){ //自定义接口方法1
            Log.d("YDHL","服务接口方法被调用：自定义接口方法1-"+_cmdStr);
        }
        void requestCmd_2(String _cmdStr){ //自定义接口方法2
            Log.d("YDHL","服务接口方法被调用：自定义接口方法2-"+_cmdStr);
        }
    }
    @Override
    public void onCreate() {
        super.onCreate();
        mBinder = new MyBinder();//实例化接口
        Log.d("YDHL","服务生命期方法被调用：onCreate");
```

```
        }
        @Override
        public int onStartCommand(Intent intent, int flags, int startId) {
            Log.d("YDHL","服务生命期方法被调用: onStartCommand");
            return super.onStartCommand(intent, flags, startId);
        }
        @Override
        public void onDestroy() {
            super.onDestroy();
            Log.d("YDHL","服务生命期方法被调用: onDestroy");
        }
        @Override
        public boolean onUnbind(Intent intent) {
            Log.d("YDHL","服务生命期方法被调用: onUnbind");
            return super.onUnbind(intent);
        }
        @Override
        public void onRebind(Intent intent) {
            Log.d("YDHL","服务生命期方法被调用: onRebind");
            super.onRebind(intent);
        }
        @Override
        public IBinder onBind(Intent intent) {
            Log.d("YDHL","服务生命期方法被调用: onBind, 收到的数据是-" + intent.
                getStringExtra("bind_cmd"));
            return mBinder; //返回接口对象
        }
    }
```

如上代码所示，内部接口类 MyBinder 类继承自 Binder 类，并声明为 public 类型，方便在客户端类中使用。在 MyBinder 类中加入了自定义接口方法，这些方法不是 Binder 类中预先定义的，也不是 IBinder 接口中预先定义的，这些方式是由开发者根据情况定义的，方法的数量、名称、参数等都是开发者设计的。客户端通过绑定服务，获得 MyBinder 类的对象引用后，就可以使用 MyBinder 类的对象引用调用这些方法请求服务执行任务了。

3. MainActivity 类

为了在绑定时获得服务接口对象，需要定义一个实现了 ServiceConnection 接口的类，并创建该类实例对象，在绑定和解绑服务时需要作为参数使用。接口方法 onServiceConnected()在绑定服务成功时会被调用，该方法参数 iBinder 传入服务的接口对象引用。

本案例以匿名内部类方式定义了 ServiceConnection 接口对象，并保存在成员变量 mSerconn 中。服务接口对象引用保存在成员变量 mMyBinder 中，保存时需要转换类型为 MyBindService.MyBinder 类型。

 接口方法 onServiceDisconnected()在服务崩溃或被销毁导致的连接中断时被调用，客户端主动解绑服务时该方法不被调用，仅当 Service 服务被意外销毁时才会被调用。

```
        public class MainActivity extends AppCompatActivity implements View.
OnClickListener {
            private MyBindService.MyBinder mMyBinder=null; //服务接口实例成员变量
```

```java
//以匿名内部类方式定义服务连接类实例
private ServiceConnection mSerconn = new ServiceConnection() {
    @Override
    public void onServiceConnected(ComponentName componentName, IBinder iBinder) {
        mMyBinder = (MyBindService.MyBinder)iBinder;  //获得接口对象引用
    }
    @Override
    public void onServiceDisconnected(ComponentName componentName) {
        mMyBinder = null; //服务接口置null,表示服务已经被动解绑
    }
};
@Override
protected void onCreate(Bundle savedInstanceState) {
    super.onCreate(savedInstanceState);
    setContentView(R.layout.activity_main);
    findViewById(R.id.button_bind).setOnClickListener(this);
    findViewById(R.id.button_cmd1).setOnClickListener(this);
    findViewById(R.id.button_cmd2).setOnClickListener(this);
    findViewById(R.id.button_cmd3).setOnClickListener(this);
    findViewById(R.id.button_unbind).setOnClickListener(this);
}
@Override
public void onClick(View view) {
    switch (view.getId()){
        case R.id.button_bind:  //绑定服务
            Intent intent = new Intent(this, MyBindService.class);
            intent.putExtra("bind_cmd","我是主窗口,我要绑定你");
            bindService(intent,mSerconn, Service.BIND_AUTO_CREATE);
            break;
        case R.id.button_cmd1:  //获得服务上下文
            MyBindService myservice = mMyBinder.getService();   break;
        case R.id.button_cmd2:
            mMyBinder.requestCmd_1("请执行1号任务");   break;
        case R.id.button_cmd3:
            mMyBinder.requestCmd_2("请执行2号任务");   break;
        case R.id.button_unbind:  //解绑服务
            unbindService(mSerconn);   break;
    }
}
```

上面代码中,绑定服务、服务、调用服务接口方法,都是在按钮事件方法中完成。bindService()、unbindService()方法都需使用 ServiceConnection 对象参数。

9.5 前台服务

前台服务是一种可以被用户观察到的服务,能显示一些信息并与用户进行一些简单交互操

作（如音乐播放的控制、天气状态显示等）。

服务几乎都是在后台运行的，优先级较低，在系统出现内存不足的情况时可能会终止服务。而前台服务是常驻服务，在内存不足时，系统也不会终止前台服务。

要将服务变为前台服务，需要在服务内调用设置自己为前台服务的方法，前台服务必须为状态栏提供通知，设置前台服务方法如下所示。该方法把当前服务设置为前台服务，其中 id 参数代表唯一标识通知的非 0 整型数，参数 notification 是一个状态栏通知对象。

```
startForeground(int id, Notification notification)
```

要停止设置为前台服务，调用如下所示的方法。该方法是用来从前台删除服务，此方法传入一个布尔值，指示是否也删除状态栏通知，true 为删除。该方法并不会停止服务，仅是将服务变为非前台。停止前台服务，也会删除通知。

```
stopForeground(boolean removeNotification)
```

在高版本 Android 系统中，需要在清单文件中加入前台服务权限。

```
<uses-permission android:name="android.permission.FOREGROUND_SERVICE"/>
```

9.6 案例 39 音乐播放器

在服务中播放音乐的好处是，当应用界面销毁后，仍然可以在后台播放，等应用重新启动后，再从服务中获得音乐播放状态。本案例开发一个简单的音乐播放器。

9.6.1 MediaPlayer 媒体播放类介绍

MediaPlayer 类是媒体框架最重要的组成部分之一，使用非常简单。此类的对象能够获取、解码以及播放音频和视频，支持播放存储在应用内的媒体文件、手机内的媒体文件及网络上的音频或视频。

9-8
MediaPlayer
媒体播放类介绍

使用 MediaPlayer 类播放音乐时，开发者需要了解播放状态的切换，因为有些操作仅在播放器处于特定状态时才有效，如果不在特定状态执行某项操作，可能会异常或出错。状态切换如图 9-6 所示。

主要状态说明如下：

➢ 创建完 MediaPlayer 对象时，它处于 Idle 状态。
➢ 调用 setDataSource()方法初始化音源后，就处于 Initialized 状态。
➢ 此时可以使用 prepare()或 prepareAsync()方法完成音乐数据准备工作。
➢ 当准备就绪后，会进入 Prepared 状态，此时音乐数据已经准备好，可以调用 start()方法播放。
➢ 在播放中，可以调用 start()、pause()等方法在 Started、Paused 等状态之间切换。
➢ 调用 stop()方法后，结束播放，若要再次播放音乐，需要再调用准备方法准备音乐数据完成后，才可以调用 start()方法播放。

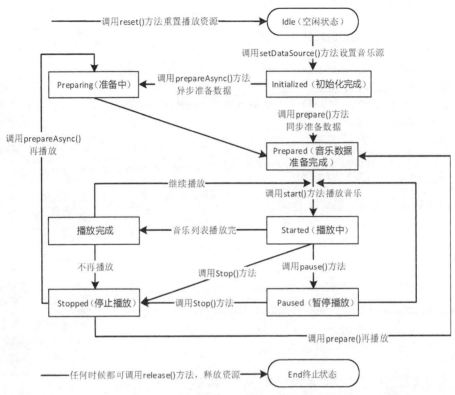

图9-6　MediaPlayer类播放音乐状态图

- 调用异步准备方法 prepareAsync()后，该方法立刻返回，不阻塞线程的运行，音乐数据在后台准备；异步准备时，可以用 setOnPreparedListener()方法设置 OnPreparedListener 类型的监听器，来监听媒体是否准备完毕。
- 可以通过 MediaPlayer 类的 setOnCompletionListener()方法设置音乐播放完毕监听器，监听音乐播放完毕事件。如果用 setLooping()方法设置了循环播放，那么该监听器不会被调用。
- 不再使用播放器时，应调用 release()释放资源。再用时需要重新创建 MediaPlayer 对象。
- 使用播放器可能需要申请互联网权限和唤醒锁定权限，如果播放器应用需要防止屏幕变暗或处理器进入休眠状态，则必须申请唤醒锁定权限。两个权限字符串是"android.permission.INTERNET"和"android.permission.WAKE_LOCK"。

不同音源的设置方式代码如下所示。

```
//源1：使用应用资源，无须调用准备方法
MediaPlayer mediaPlayer = MediaPlayer.create(context, R.raw.sound_file_1);
mediaPlayer.start();
//源2：使用 URI 使用本机资源
Uri myUri; //需要自己初始化 Uri
MediaPlayer mediaPlayer = new MediaPlayer();
mediaPlayer.setAudioStreamType(AudioManager.STREAM_MUSIC);
mediaPlayer.setDataSource(getApplicationContext(), myUri);
mediaPlayer.prepare();
mediaPlayer.start();
```

```
//源 3：使用 URL 网上资源
String url;  //需要自己指定网址
MediaPlayer mediaPlayer = new MediaPlayer();
mediaPlayer.setAudioStreamType(AudioManager.STREAM_MUSIC);
mediaPlayer.setDataSource(url);
mediaPlayer.prepare(); // 会缓冲，加载时间较长
mediaPlayer.start();
```

9.6.2 音乐播放器的实现

本案例以绑定方式使用服务，使用 raw 目录中的 mp3 文件作为音源，界面效果如图 9-7 所示。界面上有 3 个按钮控件，分别用来控制音乐的播放、暂停、停止，一个 TextView 控件显示播放状态。

9-9 音乐播放器的实现

本例中演示播放 App 内置音乐文件，无须申请额外权限。清单文件中注册好服务即可，代码不再给出。界面上 3 个按钮控件的 ID 分别为 button_audio_play、button_audio_pause、button_audio_stop，文本框控件的 ID 为 textview_state。

1. MyService 类

服务类代码如下所示。在服务接口类 MyBinder 中提供了接口方法，使用 MediaPlayer 来管理音乐的播放，并提供相应的播放控制逻辑。在服务销毁时，释放播放器资源。

图 9-7 案例 39 界面效果

```
public class MyService extends Service {
    private MyBinder mBinder = new MyBinder();
                                    //实例化接口
    public MyService() { }
    private MediaPlayer mMediaPlayer;
    public class MyBinder extends Binder {
        public void music_play(){//播放
            if(null==mMediaPlayer) //音乐源：使用应用资源，无需调用准备方法
                mMediaPlayer = MediaPlayer.create(getApplicationContext(),
                R.raw.music01);
            mMediaPlayer.start();
        }
        public void music_pause(){//暂停
            if(null!=mMediaPlayer)   mMediaPlayer.pause();
        }
        public void music_stop(){//停止
            if(null!=mMediaPlayer) {
                mMediaPlayer.stop();
                mMediaPlayer.release();
                mMediaPlayer = null;
            }
        }
    }
```

```java
    @Override
    public IBinder onBind(Intent intent) {    return mBinder;//返回接口类对象实例    }
@Override
public void onCreate() {
    super.onCreate();
}
    @Override
    public void onDestroy() {  //服务销毁时，释放播放器资源
        if(null!=mMediaPlayer) {
            mMediaPlayer.stop();
            mMediaPlayer.release();
            mMediaPlayer = null;
        }
        super.onDestroy();
    }
}
```

2. MainActivity 类

主窗口类相关代码如下，在 onCreate()方法中绑定服务，在 onDestory()方法中解绑服务。绑定服务后获得接口对象，并根据接口对象是否为 null 进行安全性判断，防止重复执行操作和误操作。

```java
        public class MainActivity extends AppCompatActivity implements View.OnClickListener {
            private TextView mTvState;
            private Button mBtnPlay,mBtnPause,mBtnStop;
            private MyService.MyBinder mMyBinder;//服务接口引用
            private ServiceConnection mSerconn = new ServiceConnection() {
                @Override
                public void onServiceConnected(ComponentName componentName, IBinder iBinder) {
                    mMyBinder = (MyService.MyBinder) iBinder;//获得接口实例引用
                }
                @Override
                public void onServiceDisconnected(ComponentName componentName) {
                mMyBinder = null;   }
            };
            @Override
            protected void onCreate(Bundle savedInstanceState) {
                super.onCreate(savedInstanceState);
                setContentView(R.layout.activity_main);
                mTvState = findViewById(R.id.textview_state);
                mBtnPlay = findViewById(R.id.button_audio_play);
                mBtnPause = findViewById(R.id.button_audio_pause);
                mBtnStop = findViewById(R.id.button_audio_stop);
                mBtnPlay.setOnClickListener(this);
                mBtnPause.setOnClickListener(this);
```

```java
        mBtnStop.setOnClickListener(this);
        Intent intent = new Intent(this, MyService.class);
        if (mMyBinder == null)//本应用中逻辑判断,防止重复绑定
            bindService(intent, mSerconn, Service.BIND_AUTO_CREATE);
    }
    @Override
    public void onClick(View view) {
        switch (view.getId()){
            case R.id.button_audio_play: //调用服务播放
                mMyBinder.music_play();  mTvState.setText("正在播放"); break;
            case R.id.button_audio_pause: //调用服务暂停
                mMyBinder.music_pause(); mTvState.setText("暂停播放了"); break;
            case R.id.button_audio_stop: //调用服务停止
                mMyBinder.music_stop(); mTvState.setText("停止播放了"); break;
        }
    }
    @Override
    protected void onDestroy() {
        if (mMyBinder != null) {//应用中逻辑判断,防止空解绑
            mMyBinder = null;//服务接口置 null
            unbindService(mSerconn);
        }
        super.onDestroy();
    }
}
```

9.7 思考与练习

【思考】

1. 服务是什么?使用服务的好处是什么?
2. 启动服务方式有哪几种?
3. 如果需要与服务互动,使用哪种服务比较合适?
4. 前台服务是什么?

【练习】

1. 完善音乐播放器,尝试加入歌单,实现上一首、下一首、顺序播放、循环播放等功能。
2. 结合广播事件处理功能,实现开机启动音乐播放器。

第 10 章　线程与消息处理

开发 Android 应用时，经常会使用线程在后台完成耗时任务，完成任务后，可能需要将结果通知给 UI。由于 Android 系统的安全限制，后台线程不能直接修改 UI，这时就需要使用 Android 提供的消息机制将结果以消息的方式发给 UI，由 UI 主线程完成界面状态的修改。

此外，线程间的通信也可以借助 Android 的消息机制来完成，简化线程通信编程。本章介绍 Android 应用中的线程和消息的开发，并介绍几个 Android 提供的工具类，使用这些类可以简化线程和消息的编程。

10.1　线程编程介绍

10.1.1　进程、线程和应用程序

应用程序是代码的组合，是静态的概念。

进程是重量级任务，是操作系统为管理应用程序的执行而设立的一个管理单位，是应用程序某次运行时状态的总和，是动态的概念。程序代码是进程的组成部分。进程中不仅包含应用程序代码，还包括

10-1
进程、线程介绍

很多数据结构，用于保存应用程序运行所需的资源、分配的内存、运行状态、权限信息、优先级信息等。进程是独立的运行单位，各进程拥有自己的资源，它们之间是互相独立的。

线程是一种轻量级任务，从静态视角看就是一段程序代码。线程包含在进程之中，是操作系统能够调度的最小单位。一个进程中可以有很多可以并发执行的线程。与进程相比，线程代码更简洁，线程的管理比进程的管理消耗的资源要少得多，并且可以共享进程资源。

一个应用程序往往会有很多功能，这些功能往往需要并行执行，比如 QQ，可以同时听音乐、聊天、看股票等，通常称实现这些功能的代码块为子任务，这些子任务往往会用线程实现。

线程代码空间位于进程代码空间之中，线程间同步、资源共享、通信都比较容易，在应用开发中也比较方便处理线程间协作问题。

10.1.2　Android 应用中的线程

Android 应用运行时会启动一个进程，进程运行时会创建线程，创建的第一个线程就是 UI 主线程。默认情况下，一个应用的所有组件的运行都由这个线程驱动。通过在清单文件中为四大组件配置 android:process 属性，可以让组件运行在单独的进程中。

主线程处理应用的总体逻辑，比如系统事件、用户输入事件、UI 绘制、Service 运行等。重

写各种生命周期方法、注册监听事件处理代码等事件处理，都是穿插在主线程逻辑中，由主线程统一进行管理，比如对触摸事件响应、输入的处理等。

因此，穿插在主线程的各种事件代码执行速度要足够快，才能使人感觉应用运行比较流畅。这些插入主线程流程的代码，如果耗时较长，就会阻塞主线程其他事务逻辑的执行，导致用户界面卡顿，当卡顿时间超过 5s，应用会报应用程序无响应（Application No Responding）提示，严重影响用户体验。

如果要执行耗时的操作，需要另外创建一个新线程，在新线程中做耗时工作。这个新线程也叫后台线程，它独立于主线程，新线程的耗时代码不会影响主线程逻辑的执行，新线程可以被调度到其他 CPU 内核上执行，与主线程并发运行，因此应用就会显得比较流畅。

后台线程做完相关工作后，往往需要将结果反馈给 UI。Android 系统的安全机制，不允许后台线程直接对 UI 进行更新，所有对界面的更新必须由 UI 主线程完成。

如果后台线程需要将结果通知 UI，则需要使用 Handler 消息处理的方式来解决这个问题，本章后面会介绍 Handler 消息机制。

10.1.3 案例 40 用 Java 线程类开发线程

Android 应用开发中，经常会用 Java 语言提供的线程类进行开发工作，Java 语言提供的工具类成熟可靠，使用量大，遇到问题后容易找到解决办法，学习成本低。

Java 语言在 java.lang 包中提供了 Thread 类和 Runnable 接口。使用这两种创建线程的方式，可以满足大部分 Android 应用开发的需求。

Java 线程类的创建，可以通过继承 Thread 类重写 run()方法的方式创建线程；也可以通过实现 Runnable 接口重写 run()方法编写线程代码，然后用 Thread 类管理线程的运行。继承 Thread 类创建线程方式较简单，实现 Runnable 接口方式创建线程代码更灵活，因为实现 Runnable 接口的类可以再继承其他类。

本案例界面效果如图 10-1 所示。单击按钮可以多次启动线程，线程运行信息输出在 Logcat 窗口中。每次启动线程都会创建几个线程并运行，每个线程都周期性输出几行信息，然后执行结束。创建多个线程，是方便观察线程并行运行次序的随机性，方便了解线程并行运行机制。

线程代码主要放在 run()方法中，当 run()方法代码执行完毕后，线程就运行完毕了。

本案例使用两种实现线程方式来定义线程类。如下代码所示，MyThreadRunnable 类通过实现 Runnable 接口、实现 run()方法方式定义线程类。MyThread 类则通过继承 Thread 类、重写 run() 方法方式定义线程类。由两个类的应用可见，MyThreadRunnable 类还具备继承其他类的能力，而 MyThread 类不能，前者扩展性更好。

图 10-1　案例 40 界面效果

```
public class MainActivity extends AppCompatActivity {
    @Override
```

```java
        protected void onCreate(Bundle savedInstanceState) {
            super.onCreate(savedInstanceState);
            setContentView(R.layout.activity_main);
            findViewById(R.id.button).setOnClickListener(new View.OnClickListener() {
                @Override
                public void onClick(View view) {
                    MyThreadRunnable m = new MyThreadRunnable("R1");
                    Thread trd1 = new Thread(m);          trd1.start();
                    Thread trd2 = new Thread(m);          trd2.start();
                    Thread trd3 = new Thread(new MyThreadRunnable("R2"));
                    trd3. start();
                    MyThread trd4 = new MyThread("T4");    trd4.start();
                    MyThread trd5 = new MyThread("T5");    trd5.start();
                }
            });
        }
    }
    class MyThreadRunnable implements Runnable{
        String name;
        public MyThreadRunnable(String _name){   name = _name;  }
        private int ticket = 5;
        @Override
        public void run(){
            while(true){
                Log.d("YDHL",name + " ticket = " + ticket--);
                if(ticket < 0)    break;
            }
        }
    }
    class MyThread extends Thread{
        private int ticket = 5;
        public MyThread(String name) {  super(name);  }
        @Override
        public void run(){
            while(true){
                Log.d("YDHL", this.getName() + " ticket = " + ticket--);
                if(ticket < 0)   break;
                try {  sleep((long)(Math.random()*2000));  } catch (InterruptedException e) {  }
            }
        }
    }
```

上面代码中，两个线程类都使用了 ticket 成员变量进行计数，控制循环次数。

trd1 和 trd2 两个线程对象创建线程时，使用了同一个 MyThreadRunnable 类对象 R1，所以两个线程拥有的运行代码副本、变量等资源都是相同的，两个线程实现了资源共享。

trd3 线程对象创建线程时，使用了 MyThreadRunnable 类对象 R2，因此它和 trd1、trd2 拥有的代码副本、变量等资源是不相同的。

trd4、trd5 线程对象是使用 MyThread 类创建的，该类的父类 Thread 中已经具备了管理线程的相关代码，因此可以实现线程的自管理。这两个线程对象也是相互独立的，各有各的地址空间，各有各的变量副本，相互独立，没有共享线程代码内的资源。

10.2　Handler 消息机制

Handler 消息机制也叫异步消息机制，是 Android 提供的一种可以在线程间进行异步通信的消息机制。使用 Handler 消息机制，可以简化 Android 应用中线程间通信的开发，提高开发效率，这种消息机制能满足大多数应用的线程间通信需求，在 Android 应用开发中广泛使用。

10.2.1　Handler 消息机制运转方式

Handler 消息机制可以看成一种消息驱动的事件机制，消息就是事件，发送消息的程序模块在发生事件后用消息发出，收到消息的程序模块则处理消息。

10-3
Handler 消息机制运转方式

在 Android 应用开发中，可以为线程添加 Handler 消息机制来实现消息驱动的运转模式，根据消息中的事件做相应的操作，直至退出消息的监听。

Handler 消息处理机制如图 10-2 所示。主要由 Handler 消息处理者、MessageQueue 消息队列和 Looper 消息分派者组成。开发者不能直接观察到 MessageQueue 消息队列，也不直接操作消息队列。开发者对 Looper 消息分派者的使用，主要是将它绑定到线程上，进行启动、停止等管理操作。开发者主要通过 Handler 消息处理者进行事件消息的发送和处理。

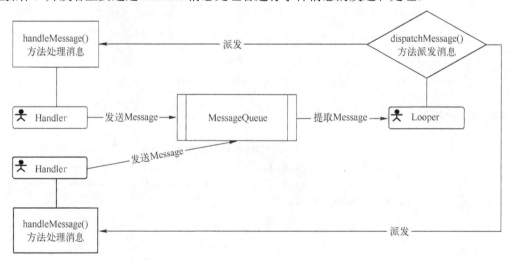

图 10-2　Handler 消息处理机制

Handler 消息处理机制通过 MessageQueue 消息队列、Message 消息、Handler 消息处理者和 Looper 消息分派者的协同工作来实现。其中 MessageQueue 是消息处理机制的运转中心，用来存储各种消息。Looper 不停地监测消息队列里的消息，将消息派发给 Handler 消息处理者。Handler 用来发送消息和接收消息。Message 是事件信息的携带者。下面介绍几个组件。

1．MessageQueue 消息队列

MessageQueue 的底层数据结构是队列，每个线程只能拥有一个 MessageQueue 消息队列，用于存储所有通过绑定到该线程的 Handler 对象发送过来的 Message 消息，这些消息会保存在队列中排队等待处理。开发者无须编程直接操作 MessageQueue 消息队列。

2．Message 消息

Message 类用于封装事件信息，该类定义了几个成员变量，来携带少量的数据信息。Message 类的 arg1 和 arg2 两个成员便可携带 int 类型数据，obj 成员便可携带 Object 类型数据，what 成员可设置为 int 类型值，常用于命令标识。开发者需要创建 Message 消息对象，向消息中设置数据，并负责消息对象中的数据解析。

3．Handler 消息处理者

绑定到线程的 Handler 消息处理者有两个用途。第一个用途是为目标线程发送消息，使用目标线程的 Handler 对象的 sendMessage()方法将消息发送到目标线程的消息队列中。第二个用途是处理发给本线程的消息，要处理消息，开发者需要继承 Handler 类来定义自己的 Handler 类，并重写 handleMessage()方法，在该方法中解析和处理每个发给自己的消息，从而实现消息驱动。

4．Looper 消息分派者

每个线程最多只能拥有一个 Looper 对象，用来实现消息循环，监测自己的 MessageQueue 消息队列，如果队列中有消息，就将消息取出派发给本线程 Handler 对象，由对象的 handleMessage()方法处理该消息。

10.2.2　案例 41　使用 post 方式更新 UI 窗口

本案例介绍在后台线程中使用 post 方式向 UI 窗口发送消息。使用 post 方式更新 UI 窗口是一种延迟更新 UI 窗口的操作，是将需要在后台运行的代码放在 UI 窗口主线程的逻辑中执行，适合后台代码耗时比较短的应用场合。

10-4 案例 41 使用 post 方式更新 UI 界面

Android 应用有很多时候需要执行一段后台代码来更新 UI 窗口，但创建线程又太烦琐和笨重时，可以使用 post 方式将代码放到主线程逻辑中进行后台执行，执行完毕后再更新 UI 窗口。Handler 类中常用的 post 类方法如下所示。

1）方法 post(Runnable r)，为自己发送一个 Runnable 对象到自己的消息队列。

2）方法 postAtTime(Runnable r,long uptimeMillis)，在指定时间发送一个 Runnable 对象到自己的消息队列，可以使用 SystemClock.uptimeMillis()获得开机时间。

3）方法 postDelayed(Runnable r,long delayMillis)，延迟 delayMillis 毫秒后发送一个 Runnable 对象到自己的消息队列。

Handler 对象里的 post 类方法将开发者自定义的 Runnable 对象封装成 Message 消息后，再发到自己的消息队列里，然后在某个时间取出和执行消息中 Runnable 对象的 run()方法，用 post 方式发到后台的代码其实还是在本线程中执行，也就是自发、自收、自处理。

使用 Handler 对象的 post 类方法发送消息，并不是真正的多线程编程，只是利用了异步消息机制，模仿后台线程处理消息，因此不能将耗时代码用 post 方式延迟执行，否则会使界面变

得卡顿。

下面介绍 post 方式更新 UI 窗口的案例实现。如图 10-3 所示，通过按钮来主动发送 post 消息更新 UI 窗口。其中【POST 更新 TEXTVIEW 控件】按钮，发送的 post 消息会更新 TextView 控件的显示。【POST 更新 CHECKBOX 控件】按钮，通过 post 消息控制 CheckBox 控件的选中状态切换。

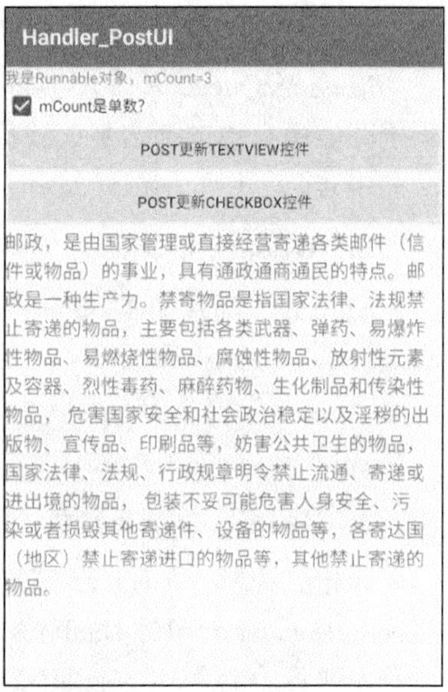

1. UI 控件 ID 说明

文本显示控件的 ID 为 textView，复选框控件的 ID 为 checkBox，【POST 更新 TEXTVIEW 控件】按钮控件的 ID 为 button_post_tv，【POST 更新 CHECKBOX 控件】按钮控件的 ID 为 button_post_cb。

2. MainActivity 类

成员变量 mTv 和 mCheckBox 分别引用文本显示控件和复选框控件。定义了 Handler 类型的成员变量 mHandler，用来以 post 方式发送消息。

图 10-3　案例 41 界面效果

本例中没有自定义 Handler 类，而是直接使用 Handler 类来创建对象实例。因为在 post 方法发送的 Runnable 对象的代码中已经包含了执行后台任务的代码和更新 UI 窗口的代码。

当单击按钮时，会调用 mHandler 对象的 post 方法发送实现了后台任务的 Runnable 对象到 UI 窗口主线程的消息队列中。因为 Runnable 对象是内部类创建的，所以可以在它的 run 方法中编写更新 UI 控件的代码。

```java
public class MainActivity extends AppCompatActivity {
    private int mCount;
    private TextView mTv;
    private CheckBox mCheckBox;
    private Handler mHandler;
    @Override
    protected void onCreate(Bundle savedInstanceState) {
        super.onCreate(savedInstanceState);
        setContentView(R.layout.activity_main);
        mCount = 1;
        mHandler = new Handler();
        mTv = findViewById(R.id.textView);
        mCheckBox = findViewById(R.id.checkBox);
        findViewById(R.id.button_post_tv).setOnClickListener(new View.OnClickListener() {
            @Override
            public void onClick(View view) {
                mHandler.post(new Runnable() {
                    @Override
                    public void run() {
                        mTv.setText("我是 Runnable 对象, mCount="+mCount);
                        mCount++;
```

```
                }
            });
        }
    });
    findViewById(R.id.button_post_cb).setOnClickListener(new View.
    OnClickListener() {
        @Override
        public void onClick(View view) {
            mHandler.post(new Runnable() {
                @Override
                public void run() {
                    mTv.setText("我是 Runnable 对象, mCount="+mCount);
                    if(mCount%2==1)   mCheckBox.setChecked(true);
                    else              mCheckBox.setChecked(false);
                    mCount++;
                }
            });
        }
    });
}
```

上述代码中，还定义了 int 类型的成员变量 mCount，用于消息计数。此外，通过判断 mCount 是奇数还是偶数，来设置复选框的选中状态。

10.2.3 案例 42 使用 send 方式向 UI 窗口发消息

本案例介绍在后台线程中使用 send 方式向 UI 窗口发送消息。在开发时，可以使用 Message 类的构造方法创建一个新的消息对象，但更好的方式是使用 Message 类的 obtain()方法获得消息对象。该方法管理了消息对象的创建，并对已有的消息对象进行缓存和复用处理，在使用效率上更高。

使用 Handler 对象 send 方式发送 Message 消息，主要用于后台线程向 UI 窗口或线程间的消息发送。使用 send 方式发送消息的几个方法如下所示。

1）sendEmptyMessage(int what)，发送一个空消息，仅指定 what。

2）sendMessage(Message msg)，发送一个消息对象。

3）sendMessageAtTime(Message msg,long uptimeMillis)，在系统开机后的指定时间发出消息对象，可以使用 SystemClock.uptimeMillis()获得开机时间，单位为毫秒。

4）sendMessageDelayed(Message msg,long delayMillis)，延迟若干毫秒后发送消息对象。

本案例界面效果如图 10-4 所示。界面上有两个按钮，分

图 10-4 案例 42 界面效果

别用于启动和停止后台线程。界面上还有个复选框控件，它的选中状态变化会同步修改后台线程的静态成员变量，进而控制后台线程是否发送消息。在复选框控件上面还有一个文本显示控件，用于显示接收到的消息字符串，如图 10-4 所示，接收到"第 10 个消息"。

1. **UI 控件 ID 说明**

本案例中，【启动后台线程】按钮和【停止后台线程】按钮的 ID 分别为 button_start 和 button_stop。复选框和文本显示控件的 ID 分别为 checkBox_enablesend 和 textview_state。

2. **WorkThread 类**

WorkThread 后台线程类中，通过构造方法获得窗口 MainActivity 类的 Handler 对象引用，并保存在它的成员变量 mainHandler 中，用来向窗口发送消息。

此外，线程类中还自定义了两个布尔类型的变量 mEnableSend 和 EXIT_FLAG，分别用于指示是否可以发送消息和设置退出线程标志，mEnableSend 的值与界面中复选框的选择状态值一致。代码如下所示。

```java
class WorkThread extends Thread {
    public boolean mEnableSend;
    public boolean EXIT_FLAG;
    private Handler mainHandler;
    public WorkThread(Handler handler){ mainHandler = handler; }
    @Override
    public void run() {
        int count = 1;
        while(true) {
            if(mEnableSend){
                Message msg =Message.obtain();
                msg.obj = "第" + (count++) + "个消息";
                msg.what=123;    //标识消息的标志
                mainHandler.sendMessage(msg);
            }
            try { Thread.sleep(1000);//每隔1秒发一次消息 } catch (InterruptedException e) { e.printStackTrace(); }
            if(EXIT_FLAG){ break;//线程收到退出通知    }
        }
    }
}
```

在代码中，通过睡眠方法 Thread.sleep()实现间歇式发送消息，大约每 1s 向 UI 窗口发送一次消息，消息使用 count 变量进行发送消息数量的计数。

后台线程类和主窗口的 Activity 类所处的主线程是并列关系，相互独立，通过传递窗口 Handler 对象引用的方式产生松散的耦合关系，后台线程使用该对象向窗口发送消息。

与此相对，主窗口创建后台线程对象，持有后台线程对象引用，可以通过修改后台线程变量值的方式，控制后台线程的执行。

因此，主窗口和后台线程的代码模块耦合度比较低，方便代码复用和维护。

3. MainActivity 类

  Android 应用窗口所在的主线程中已经启用了消息机制，开发者只需要在界面的 Activity 窗口类内部添加自定义的 Handler 类，并用该类创建对象后，该自定义 Handler 类对象就会自动绑定到主线程的 Looper 对象上，就可以使用它向主线程发送消息，并能收到发给主线程的消息。

  本案例以内部类方式定义 MyHandler 类，在重写的 handleMessage()方法内处理收到的消息。因为是 MainActivity 的内部类，所以可以方便操作 MainActivity 类的成员，在收到消息后，通过使用 MainActivity 类的 mTvState 成员变量，将消息显示在界面的文本显示控件上。

```java
public class MainActivity extends AppCompatActivity {
    private TextView mTvState;
    private CheckBox mCheckBox;
    private WorkThread mWorkThread;
    private Handler mHandler;
    class MyHandler extends Handler{
        @Override
        public void handleMessage(Message msg) {
            switch (msg.what) {//判断命令标志位
                case 123:
                    mTvState.setText(msg.obj.toString());
                    break;
                default: break;
            }
            super.handleMessage(msg);
        }};
    @Override
    protected void onCreate(Bundle savedInstanceState) {
        super.onCreate(savedInstanceState);
        setContentView(R.layout.activity_main);
        mHandler = new MyHandler();
        mTvState = findViewById(R.id.textview_state);
        findViewById(R.id.button_start).setOnClickListener(new View.OnClickListener() {
            @Override
            public void onClick(View view) {
                if(null==mWorkThread) {
                    mWorkThread = new WorkThread(mHandler);
                    mWorkThread.mEnableSend = mCheckBox.isChecked();
                    mWorkThread.start();//启动线程
                }
            }});
        findViewById(R.id.button_stop).setOnClickListener(new View.OnClickListener() {
            @Override
            public void onClick(View view) {
                if(null!=mWorkThread)
                    mWorkThread.EXIT_FLAG = true;//停止线程
```

```
                mWorkThread = null;
        }});
        mCheckBox = findViewById(R.id.checkBox_enablesend);
        mCheckBox.setOnCheckedChangeListener(new CompoundButton.OnChecked
        ChangeListener() {
            @Override
            public void onCheckedChanged(CompoundButton compoundButton,
            boolean b) {
                if(null!=mWorkThread)
                    mWorkThread.mEnableSend = b;//开关
        }});
    }
}
```

在复选框选中状态变化方法 onCheckedChanged()中，通过更新 mWorkThread 线程对象中的发送开关变量 mEnableSend 的值，来控制线程是否发送消息。

停止线程运行是设置 mWorkThread 线程对象的变量 EXIT_FLAG 的值为 true，来通知线程要退出了。

10.3 消息驱动线程

通常，在实现后台线程时会设计后台线程运行主逻辑。对于任务比较单一、做完就结束的线程，主逻辑以顺序执行为主。比如后台从网络下载数据的应用场景中，连接服务器、从服务器接收数据的操作往往是耗时操作，当网络数据接收完毕后，后台线程的任务基本也就结束了。

对于逻辑性比较强、需要循环处理某种事件的后台任务，往往以重复循环的方式构建后台线程运行的主逻辑。通过不停地循环来接收指令或检查事件消息，来实现交互式的后台任务处理。这种循环主逻辑一般用死循环构造，在循环体内设置终止循环的条件，终止条件可以通过指令或事件消息来设置，这种后台线程主逻辑设计就是一种消息驱动线程。但这种实现方式需要程序员做一些设计，设计不当容易出错。

Android 系统提供的 Handler 消息机制兼顾了线程间通信，是一种优秀的架构，可以作为线程的主逻辑实现消息驱动线程，可以大大简化程序员的工作。

本节介绍利用 Android 系统提供的 Handler 消息机制作为后台线程运行主逻辑的实现方式。

10.3.1 如何在线程中支持消息机制

在线程中支持消息机制，按以下步骤添加消息机制相关代码即可。

第一步，在线程类内部，继承 Handler 类定义线程的 Handler 消息处理类，该类中重写 handleMessage()方法来处理发给线程的消息。

10-6
如何在线程中支持消息机制

第二步，在线程的 run()方法中调用 Looper.prepare()方法，该方法会为线程创建 Looper 对象和 MesssageQueue 消息队列对象，这两个对象会与当前线程绑定。

第三步，在调用 Looper.prepare()方法代码之后，使用第一步的自定义 Handler 类创建该线程的 Handler 对象，该对象会自动绑定到第二步中创建的线程 Looper 对象上。注意创建 Handler 对象的代码不能在调用 Looper.prepare()方法的代码之前。

最后，调用 Looper.loop()方法，开启消息机制。该方法会阻塞程序的运行，因为该方法的内部是无限循环的，该方法通过循环来持续监测该线程的 MesssageQueue 队列是否有消息，若有，就取出一条消息派发给线程的 Handler 对象处理。

开发者可以调用线程 Looper 对象的 quit()方法，结束消息机制，这时 Looper.loop()方法调用就可以结束，使线程可以继续执行后面的代码。可以用 Handler 对象的 getLooper()方法和线程对象的 getLooper()方法获得线程的 Looper 对象。

如果线程加入了消息机制，消息循环监测成为线程运转主流程，线程内的程序流程设计就要依赖消息驱动设计。实际开发中，不是所有的后台线程都需要使用消息机制，开发时根据实际情况确定是否需要采用消息机制。

在后台线程中实现 Handler 消息机制后，其他线程就可以向它发消息，控制它的执行。

10.3.2 案例 43 在后台线程中实现消息机制

本案例的界面效果如图 10-5 所示，界面上有 4 个按钮，控制后台线程的执行动作。后台线程每执行完一个动作后，都会向 UI 窗口发一条消息，通知操作结果。

10-7 案例 43 在后台线程中实现消息机制

当后台线程启动后，通知后台线程的操作，都是向后台线程发送消息实现的，也就是使用后台线程的 Handler 对象向后台线程发送消息，通知后台线程完成某项工作。

1. UI 控件 ID 说明

本案例中，文本显示框控件的 ID 为 textview_state,【启动后台线程】按钮、【请后台线程帮我计算 1+2=?】按钮、【请后台线程帮我下载音乐】按钮和【终止后台线程】按钮的 ID 分别为 button_start、button_compute、button_net 和 button_stop。

2. WorkThread 类

在后台线程 WorkThread 类中，定义了 Handler 类型的成员变量 mainHandler，用来保存主窗口的 Handler 对象。通过该类定义的构造方法，获得主窗口的 Handler 对象。

该类中还定义了成员变量 workHandler，用来保存后台线程自定义类 WorkHandler 的对象引用，该对象在 run()方法中创建。

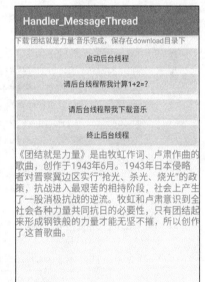

图 10-5 案例 43 界面效果

为了让其他程序获得后台线程的 Handler 对象，在 WorkThread 类中定义了 getWorkHandler()方法，该方法返回上述成员变量 workHandler 中保存的后台线程的 Handler 对象引用。调用者获得后台线程的 Handler 对象后，就可以使用它向后台线程发送消息，驱动线程完成某项工作了。

内部类 WorkHandler 继承自 Handler 类，重写 handleMessage()方法，在该方法内对 what 值为 101、102、110 的消息进行了处理，这 3 个值就相当于指令编码，分别用于指令"计算

1+2=?""下载音乐""终止后台线程"。这样就实现了用消息驱动后台线程做任务的机制。

```java
class WorkThread extends Thread {
    private Handler mainHandler;
    public WorkThread(Handler handler){
        //构造方法中获得主线程的Handler对象引用   }
        mainHandler = handler;
    private Handler workHandler;
    public Handler getWorkHandler(){
    //返回工作线程Handler   }
    return workHandler;
    //自定义Handler类,线程任务分发代码在此类中实现
    private class WorkHandler extends Handler{
        @Override
        public void handleMessage( Message message) {
            Message msgtoui =Message.obtain();
            switch (message.what) {        //判断命令标志
                case 101:
                    msgtoui.obj = "1+2=3";
                    msgtoui.what=123;
                    mainHandler.sendMessage(msgtoui);
                    break;
                case 102:
                    msgtoui.obj = "下载'团结就是力量'音乐完成,保存在download目
                    录下";
                    msgtoui.what=123;
                    mainHandler.sendMessage(msgtoui);
                    break;
                case 110://结束线程的运行指令
                    msgtoui.obj = "收到,马上结束线程运行";
                    msgtoui.what=123;
                    mainHandler.sendMessage(msgtoui);
                    this.getLooper().quit();//该方法终止loop循环
                    break;
                //发送what等于0的空消息,代表不支持的指令
                default: mainHandler.sendEmptyMessage(0);   break;
            }
            super.handleMessage(message);
        }
    }
    @Override  //run方法内代码主要是实现Handler消息处理机制
    public void run() {
        super.run();
        Looper.prepare();//调用该方法,为线程绑定Looper,并创建MessageQueue
        //调用prepare()后创建Handler对象,才会与线程的Looper绑定
        workHandler = new WorkHandler();
        Message msgtoui =Message.obtain();
        msgtoui.obj = "后台线程成功启动";
```

```
            msgtoui.what=123;
            mainHandler.sendMessage(msgtoui);
            Looper.loop();//调用此方法后就进入了死循环
            Log.d("YDHL","后台线程WorkThread退出了！");
        }
    }
```

在 run()方法内，使用 Looper 类的方法为线程绑定消息机制。注意 WorkHandler 对象的创建一定要在 Looper.prepare()方法之后、Looper.loop()方法之前。

为了终止 Looper 循环，使后台线程能正常结束，在 WorkHandler 类里的 110 消息指令的编码，使用 this.getLooper().quit()方法来通知 Looper 对象终止消息循环，使 Looper.loop()方法的调用可以结束，进而使 run()方法可以结束。注意 110 消息处的代码 this 代表 WorkHandler 对象自身，getLooper()方法是继承自父类 Handler 的方法。

当 run()方法结束后，后台线程也就终止了。

3．MainActivity 类

在 MainActivity 类中，定义了 mTvState 成员变量，用于保存文本显示框控件的对象引用，供显示信息时使用；定义了 mWorkThread 成员变量，用于保存后台线程的对象引用，供操作后台线程时使用；定义了 mHandler 成员变量，用于保存内部类 MyHandler 的对象引用。

内部类 MyHandler 的 handleMessage()方法，将后台线程发来的 what 为"123"的消息携带的数据显示在界面上。

```java
public class MainActivity extends AppCompatActivity implements View.OnClickListener {
    private TextView mTvState;
    private WorkThread mWorkThread;
    private Handler mHandler;
    class MyHandler extends Handler{
        @Override
        public void handleMessage(Message msg) {
            switch (msg.what) {        //判断命令标志位
                case 123:    mTvState.setText(msg.obj.toString());    break;
                default:    break;
            }
            super.handleMessage(msg);
        }
    };
    @Override
    protected void onCreate(Bundle savedInstanceState) {
        super.onCreate(savedInstanceState);
        setContentView(R.layout.activity_main);
        mHandler = new MyHandler();
        mTvState = findViewById(R.id.textView_state);
        findViewById(R.id.button_start).setOnClickListener(this);
        findViewById(R.id.button_compute).setOnClickListener(this);
        findViewById(R.id.button_net).setOnClickListener(this);
```

```
            }
        @Override
        public void onClick(View view) {
            Message msgtothread;
            switch (view.getId()){
                case R.id.button_start:
                    mWorkThread = new WorkThread(mHandler);
                    mWorkThread.start();
                    break;
                case R.id.button_compute:
                    msgtothread =Message.obtain();
                    msgtothread.what=101;
                    mWorkThread.getWorkHandler().sendMessage(msgtothread);
                    break;
                case R.id.button_net:
                    msgtothread =Message.obtain();
                    msgtothread.what=102;
                    mWorkThread.getWorkHandler().sendMessage(msgtothread);
                    break;
                case R.id.button_stop:
                    msgtothread =Message.obtain();
                    msgtothread.what=110;
                    mWorkThread.getWorkHandler().sendMessage(msgtothread);
                    break;
            }
        }
    }
```

几个按钮的 Click 事件监听器都设置为 MainActivity 类对象，该类中实现了接口 View.OnClickListener，在接口的 onClick()事件方法中实现各按钮的功能，比如创建后台线程、为后台线程发消息等。

为后台线程发消息时，通过 mWorkThread.getWorkHandler()方法获得后台线程 Handler 对象引用，根据不同的后台任务，分别发送 101、102、110 指令码的消息。

 注意：当单击【启动后台线程】按钮后，后台线程才得以创建和运行，此时再单击后面几个按钮向后台线程发消息程序才能正常运行。如果后台线程还没创建就向后台线程发消息，本案例程序会发生异常终止运行。终止运行的原因是因为 mWorkThread 成员变量为 null 引用。多次单击【启动后台线程】按钮，可以创建多个后台线程副本，但本案例程序仅能保存最后一次创建的副本并向它发消息，前面创建的后台线程副本将不受控制。

如果想让本案例程序支撑多个后台线程副本，可以用链表保存创建的各个后台线程的对象引用。

10.4　Android 提供的线程开发工具类

用 Java API 中提供的线程工具类和 Android 系统提供的 Handler 消息机制相组合的方式，可以很好地解决后台线程与 UI 互动的问题，但开发起来稍显烦琐，编写互动代码花费的工作量可能远超任务代码。

Android 系统提供了一些更易使用的线程工具类，下面介绍 HandlerThread、AsyncTask 和 IntentService 工具类的使用。

10.4.1 案例 44 HandlerThread 类的使用

Android 系统提供的 HandlerThread 类，集成了后台线程和 Handler 消息机制，开发者使用该类开发消息驱动形式的线程只需要几步就可以完成，开发步骤如下。

1）先用 HandlerThread 类创建一个对象实例。

2）使用第 1）步的对象实例的 start()方法来启动线程。

3）自定义 Handler 类并创建该类的对象实例，将对象绑定到上步已启动的线程对象的 Looper 对象上，这样 Handler 对象中的 handleMessage()方法运行就会在后台线程中回调，也就相当于将后台任务代码放入后台线程中执行了。

4）用自定义 Handler 类的对象向后台线程发消息，消息就会由自定义 Handler 类中的 handleMessage()方法处理。

5）不再使用后台线程时，结束后台线程的运行。

由上面的开发步骤可见，开发者不需要再编写后台线程类的代码，仅需要定义与后台线程绑定的 Handler 类，在消息处理方法实现核心业务代码即可。

如果需要更新 UI 窗口的信息，还是需要用窗口的 Handler 对象向窗口发消息的方式更新。不能在上述自定义 Handler 类的 handleMessage()方法中直接更新 UI 窗口，因为这个方法运行在后台线程中。

本案例界面效果如图 10-6 所示。有 3 个按钮分别用于启动后台线程、向后台线程发指令。运行时，需要先启动后台线程，再向后台线程发消息控制它的执行。当后台线程收到消息后，会给 UI 主窗口发送消息，主窗口收到消息后，在界面上的 TextView 控件上显示消息中携带的信息。

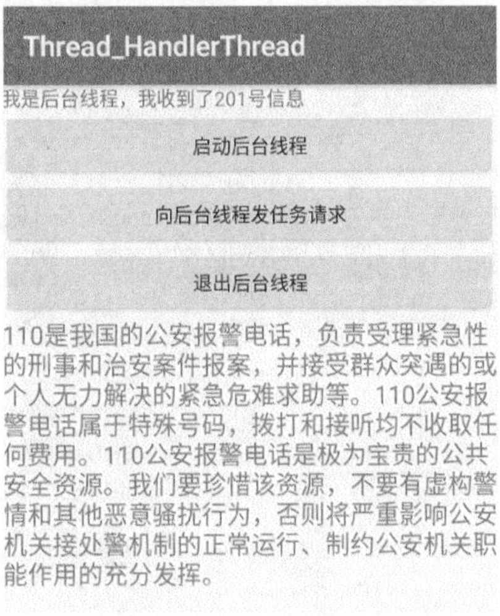

1. UI 控件 ID 说明

本案例中，文本显示框控件的 ID 为 textview_state，【启动后台线程】按钮、【向后台线程发任务请求】按钮和【退出后台线程】按钮的 ID 分别为 buttonstart、buttonSend、button_net 和 buttonexit。

2. MainActivity 类

在窗口类中定义了 Handler 类型的成员变量 mMainHandler，定义变量的同时，用匿名内部类对象方式创建了主窗口的自定义 Handler 对象，在该对象的 handleMessage()方法中将发给主窗口的消息中的信息显示在界面的文本显示框控件上。在后台线程任务代码中，会使用 mMainHandler 成员变量向主窗口发送消息。

窗口类中定义了 HandlerThread 类型的成员变量 mWorkThread，在【启动后台线程】按钮

图 10-6 案例 44 界面效果

10-8
案例 44
HandlerThread
类的使用

的 onClick()事件方法中，创建了 HandlerThread 类型的工作线程对象，并将对象引用保存在 mWorkThread 变量中。创建对象时为线程起了个名字"MyWorkThread"。

窗口类中还定义了 Handler 类型的成员变量 mWorkHandler。在调用 mWorkThread 的 start() 方法启动工作线程后，以匿名内部类对象方式自定义了 Handler 类对象，并将该对象引用保存在 mWorkHandler 成员变量中。创建 Handler 对象时在构造方法中传入了 Looper 对象参数，该对象引用是通过 mWorkThread.getLooper()方法获得的线程类的 Looper 对象引用，这样自定义的 Handler 对象就绑定到了后台线程类的 Looper 对象上，绑定后 Handler 对象的 handleMessage() 方法就可以运行在后台线程中。

这样，在其他地方就可以使用 mWorkHandler 对象引用为后台线程发送消息了。代码如下所示。

```java
public class MainActivity extends AppCompatActivity {
    private HandlerThread mWorkThread;
    private Handler mWorkHandler;
    private TextView mTvState;
    private Handler mMainHandler = new Handler(){
        @Override
        public void handleMessage(Message msg) {
            switch (msg.what) {      //判断命令标志位
                case 123:    mTvState.setText(msg.obj.toString());   break;
                default:    break;
            }
            super.handleMessage(msg);
        }
    };
    @Override
    protected void onCreate(Bundle savedInstanceState) {
        super.onCreate(savedInstanceState);
        setContentView(R.layout.activity_main);
        mTvState = findViewById(R.id.textView_state);
        findViewById(R.id.buttonstart).setOnClickListener(new View.OnClickListener() {
            @Override
            public void onClick(View view) {
                mWorkThread = new HandlerThread("MyWorkThread");
                mWorkThread.start();
                mWorkHandler = new Handler(mWorkThread.getLooper()){
                    @Override
                    public void handleMessage(Message msg)
                    {
                        switch (msg.what) {
                            case 201:
                                Message tmp = new Message();
                                tmp.what = 123;
                                tmp.obj = "我是后台线程，我收到了201号信息";
                                mMainHandler.sendMessage(tmp);
                                break;
                            case 220://终止线程的运行
                                Message tmp2 = new Message();
                                tmp2.what = 123;
```

```
                    tmp2.obj = "我是后台线程，我收到了 220 命令：终止线程";
                    mMainHandler.sendMessage(tmp2);
                    this.getLooper().quit();//终止 loop 循环
                    break;
                default:    break;
                }
            }
        };
    }
});
findViewById(R.id.buttonSend).setOnClickListener(new
View.OnClickListener() {
    @Override
    public void onClick(View view) {
        Message msg = Message.obtain();
        msg.what = 201; //消息的标识
        mWorkHandler.sendMessage(msg);
    }
});
findViewById(R.id.buttonexit).setOnClickListener(new
View.OnClickListener() {
    @Override
    public void onClick(View view) {
        Message msg = Message.obtain();
        msg.what = 220; //消息的标识
        mWorkHandler.sendMessage(msg);
    }
});
    }
}
```

上面的代码中，主窗口使用成员变量 mWorkHandler 向后台线程发送消息，后台线程使用成员变量 mMainHandler 向主窗口发送消息，以消息机制建立主窗口线程和后台线程的通信。

MainActivity 类中定义的 Handler 对象引用保存在 mMainHandler 成员变量中。因为后台线程使用的 Handler 对象是在 MainActivity 类中定义的，是内部类，所以可以直接使用 mMainHandler 变量向 UI 主窗口发送消息。虽然后台线程任务代码是在内部类中的，但不能直接更新 UI 界面，因为这些代码还是在后台线程的地址空间中执行的，同样受到 Android 系统开发框架的安全限制。

10.4.2　案例 45　AsyncTask 类的使用

在前面的多线程开发方式中，如果后台线程需要更新 UI 窗口上的状态，需要在 UI 主线程中定义 Handler 类和创建该类的对象实例，并让后台线程获得对象实例的引用，后台线程才能向主窗口发送消息来更新 UI 窗口，在开发上还是比较烦琐。

Android 系统提供了异步任务 AsyncTask 类，进一步简化了编程工作，开发者不需要再自定义 Handler 类，就可以实现后台任务更新 UI 窗口的功能。

AsyncTask 类是一种轻量级的异步任务类，封装了 Thread 和 Handler。它的内部通过一个阻塞队列 BlockingQuery<Runnable>存储待执行的任务，利用静态线程池中的线程执行这些任务。在 Android 3.0 以后版本中，以串行方式执行这些任务，所以它不适合耗时特别长的任务。

AsyncTask 类是抽象类，类里面定义了几个接口方法，开发者需要继承该类实现自己的异步任务类，重写这些方法，来实现后台任务和更新 UI 窗口的功能。

AsyncTask 类的原型声明如下所示，给出了该类的几个核心方法，其中 doInBackground()方法运行在后台线程中，后台任务的代码放在该方法中实现。其他几个方法运行在 UI 主线程的代码空间中，可以更新 UI 窗口。doInBackground()方法和其他方法之间通过方法的参数和返回值进行协作。

```
public abstract class AsyncTask<Params, Progress, Result>{
    protected abstract Result doInBackground(Params... var1);
    protected void onPreExecute() {}
    protected void onPostExecute(Result result) {}
    protected void onProgressUpdate(Progress... values) {}
    protected void onCancelled(Result result) {}
    …
}
```

如上代码所示，AsyncTask 类有 3 个泛型参数，定义了类中接口方法中用到的参数类型和返回值类型。通过这些参数，就可以实现后台任务与 UI 窗口的数据交互。若不使用这些泛型参数，可设置为 void 类型。泛型参数说明如下。

➢ Params：异步任务执行时传入数据的参数类型。
➢ Progress：异步任务执行进度值的数据类型。
➢ Result：异步任务执行完成后返回结果数据类型。

异步任务类的使用步骤主要有 3 步。

1）继承 AsyncTask 定义自己的类，根据需求实现核心方法。

2）用自定义的异步任务类创建对象。

3）调用该对象的 execute()方法执行异步任务，如要取消任务的执行，则调用 cancel()方法取消异步任务。

本案例界面效果如图 10-7 所示。窗口上有 3 个按钮，分别用于创建异步任务和取消异步任务。窗口上还有 2 个文本显示框控件，用于显示异步任务的进度和执行结果。

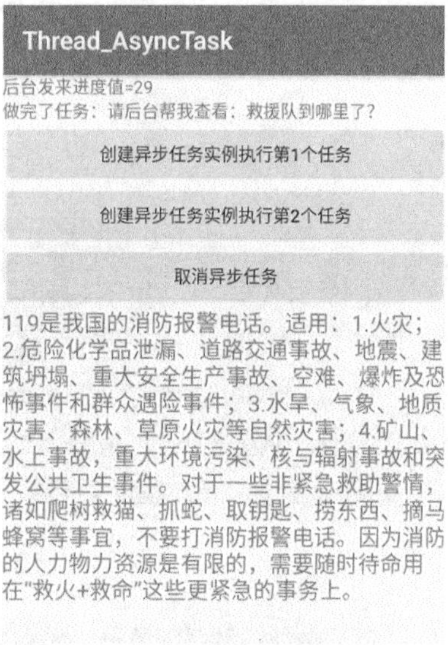

1．UI 控件 ID 说明

本案例中，两个文本显示框控件的 ID 分别为 textView_state 和 textView_state2，【创建异步任务实例执行第 1 个任务】按钮、【创建异步任务实例执行第 2 个任务】按钮和【取消异步任务】按钮的 ID 分别为 buttonstart1、buttonstart2 和 buttonstop。

图 10-7 案例 45 界面效果

2．MainActivity 类和 MyAsyncTask 类

异步任务类 MyAsyncTask 定义在窗口类内部，并用该类声明了两个成员变量 myAsyncTask1 和 myAsyncTask2，用于保存两个按钮创建的异步任务对象引用。

在 MainActivity 类中按钮的 onClick()方法中，实现了异步任务的创建和启动，以及如何取消异步任务的执行。

同一个异步任务 AsyncTask 的实例对象只能执行 1 次，若执行第 2 次，将会抛出异常。需要执行几个任务，就需要创建几个实例。在代码中两个按钮事件方法中，创建了不同的实例来运行异步任务。代码如下所示。

```java
public class MainActivity extends AppCompatActivity {
    private TextView mTvState1,mTvState2;
    private MyAsyncTask myAsyncTask1,myAsyncTask2;
    class MyAsyncTask extends AsyncTask<String, Integer, String> {
        @Override// 该方法在主线程执行,执行异步操作前回调
        protected void onPreExecute() {         }
        // 在后台线程执行, 参数 strings 是启动异步任务时 execute()方法传进来的
        @Override
        //定义任务类第三个泛型参数指定返回结果类型
        protected String doInBackground(String... strings) {
            int count = 0;
            String retstr = "未完成任务：";
            while(true) {
                this.publishProgress(count); //会触发 onProgressUpdate()方法的回调
                count++;
                if(count>=30) {  retstr = "做完了任务：";   break;  }
                if(this.isCancelled())     break; //如果取消了任务,跳出循环
                try {  Thread.sleep(50);  }   catch (Exception e){    }
            }
            return retstr+strings[0];//返回执行结果
        }
        @Override//在主线程执行,用于更新后台任务的进度
        //values 值由 publishProgress()发送来
        protected void onProgressUpdate(Integer... values) {
            mTvState1.setText("后台发来进度值="+values[0]);
        }
        @Override//在主线程执行,在异步操作 doInBackground()处理完毕后回调
        // 参数 result 是 doInBackground()方法返回的处理结果
        protected void onPostExecute(String result) {
            mTvState2.setText(result);
        }
        @Override
        protected void onCancelled(String result) {
            super.onCancelled(result);
            mTvState2.setText("取消了任务,该任务可能未完成,当前的结果是："+result);
        }
    }
    @Override
    protected void onCreate(Bundle savedInstanceState) {
        super.onCreate(savedInstanceState);
        setContentView(R.layout.activity_main);
        mTvState1 = findViewById(R.id.textView_state);
        mTvState2 = findViewById(R.id.textView_state2);
        findViewById(R.id.buttonstart1).setOnClickListener(new
        View.OnClickListener() {
            @Override
```

```java
        public void onClick(View view) {
           myAsyncTask1 = new MyAsyncTask();
           myAsyncTask1.execute("请后台帮我压缩文件！");
        }
    });
    findViewById(R.id. buttonstart2).setOnClickListener(new
    View.OnClickListener() {
       @Override
       public void onClick(View view) {
          myAsyncTask2 = new MyAsyncTask();
          myAsyncTask2.execute("请后台帮我查看消息： " ,"救援队到哪里了？");
       }
    });
    findViewById(R.id.buttonstop).setOnClickListener(new
    View.OnClickListener() {
       @Override
       public void onClick(View view) {//取消异步任务
          if(myAsyncTask1 != null)     myAsyncTask1.cancel(true);
          if(myAsyncTask2 != null)     myAsyncTask2.cancel(true);
          myAsyncTask1 = null;
          myAsyncTask2 = null;
       }
    });
  }
}
```

执行异步任务方法 execute()中，可以通过参数为异步任务传入数据。在异步任务执行 doInBackground()方法时，通过该方法参数得到传入的数据。

在 doInBackground()方法内，可以调用异步任务类中的 publishProgress()方法报告任务进度。报告任务进度会触发 onProgressUpdate()方法的回调，该方法运行在 UI 主线程中，可以进行更新 UI 窗口的操作。

当 doInBackground()方法正常执行完毕后，会返回执行结果，并会触发 onPostExecute()方法的执行。在 onPostExecute()方法的参数中会传入上述执行结果，因为该方法运行在 UI 主线程中，所以可以将执行结果显示在 UI 窗口上。

当需要取消异步任务时，调用异步任务实例的 cancel()方法通知异步任务退出。注意，需要在 doInBackground()方法中调用异步任务实例的 isCancelled()方法，来判断是否有取消任务标志、并编写退出任务的代码，才能实现取消任务的目标。取消任务退出 doInBackground()方法时，仍然需要返回执行的结果，该结果可能只是一个中间结果。

如果取消了任务，会调用 onCancelled()方法，该方法参数中会传入未执行完的结果，该方法也运行在 UI 主线程，可以更新 UI 窗口。

10.4.3　案例 46　IntentService 类的使用

在普通服务中，如果没有创建线程，那么服务中的程序代码还是运行于主线程中，因此这些代码中不能有耗时操作，否则会阻塞主线程。普通服务中的耗时任务，需要在服务中创建后台线程去处理，因此在程序编码上比较烦琐。

IntentService 类是 Android 中提供的后台服务类，它组合了服务和线程，简化了在服务中使用线程完成耗时任务的开发工作。

IntentService 类中集成了一个 HandlerThread 类型的线程来完成任务，多次启动 IntentService 服务的任务请求会以消息的形式发到 HandlerThread 工作线程的消息队列中，由工作线程顺序执行。

 注意：任务完成后服务会自动停止，不需要手动结束。如果在服务外部停止服务，会造成还在消息队列中的服务不能被执行。

使用 IntentService 创建服务，跟使用普通服务类似，需要继承 IntentService 类自定义服务类、在清单文件中注册服务。与开发普通服务不同的是：

➤ 只须重写 IntentService 类中的抽象方法 onHandleIntent()，在该方法中编写需要在后台线程中执行的任务代码。

➤ 一定要用 startService()方法启动服务，后台工作线程才会回调 onHandleIntent()方法，用 bindService()方式绑定服务则不行。

使用 IntentService 类开发的步骤如下：

1）继承 IntentService 类实现自己的类，重写 onHandleIntent()方法，该方法有一个 Intent 类型的参数，该参数由 startService()方法启动服务时传入。

2）在清单文件中注册服务。

3）使用 startService()方法启动服务，通过 Intent 对象传入任务参数。

本案例界面效果如图 10-8 所示。界面上有两个按钮，单击按钮后使用 startService()方法请求服务执行任务。执行结果输出在开发环境的 Log 窗口，如图 10-9 所示，显示了一次测试结果，当服务中的任务执行完毕后，服务也就自动退出了。如果需要再次执行任务，需要再次使用 startService()方法启动服务。

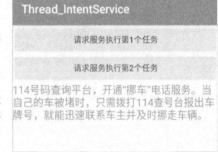

图 10-8 案例 46 界面效果

图 10-9 Log 输出信息

本案例使用开发环境添加 IntentService 服务类，添加后会自动在清单文件中注册服务，清单文件无须做额外修改。清单文件中注册服务的代码与服务章节类似，不再给出。

10-10
案例 46
IntentService
类的使用

1. UI 控件 ID 说明

按钮【请求服务执行第 1 个任务】的 ID 为 buttonstart1，按钮【请求服务执行第 2 个任务】的 ID 为 buttonstart2。

2. MyIntentService 类

服务类中定义了几个静态成员，用于定义 ACTION 字符串和参数的 KEY 键名。在

onHandleIntent()方法中会通过匹配 ACTION 字符串来分发任务到不同的方法，主窗口在使用 Intent 类构造启动服务的参数时，也会使用这些静态成员定义的字符串。将多处使用的常量以静态成员方式定义的好处，是方便开发者使用这些字符串，减少记忆字符串的工作，并减少因多次录入同一常量时录错产生的不匹配错误。代码如下所示。

```java
public class MyIntentService extends IntentService {
    public static final String ACTION_ONE = "com.wxstc.thread_intentservice.action.ONE";
    public static final String ACTION_TWO = "com.wxstc.thread_intentservice.action.TWO";
    public static final String EXTRA_PARAM1 = "com.wxstc.thread_intentservice.extra.PARAM1";
    public static final String EXTRA_PARAM2 = "com.wxstc.thread_intentservice.extra.PARAM2";
    public MyIntentService() {   super("MyIntentService");    }//构造方法
    @Override
    protected void onHandleIntent(Intent intent) {
        if (intent != null) {
            final String action = intent.getAction();
            if (ACTION_ONE.equals(action)) {
                handleAction1(intent.getStringExtra(EXTRA_PARAM1),
                    intent.getStringExtra(EXTRA_PARAM2));
            } else if (ACTION_TWO.equals(action)) {
                handleAction2(intent.getStringExtra(EXTRA_PARAM1),
                    intent.getStringExtra(EXTRA_PARAM2));
            }
        }
    }
    @Override
    public void onDestroy() {
        super.onDestroy();
        Log.d("YDHL","MyIntentService 服务的 onDestroy()销毁方法执行了");
    }
    private void handleAction1(String param1, String param2) {
        Log.d("YDHL","任务 1 的参数:"+param1+", "+param2);  }
    private void handleAction2(String param1, String param2) {
        Log.d("YDHL","任务 2 的参数:"+param1+", "+param2);  }
}
```

为演示方便，本案例中定义了两个执行任务的方法 handleAction1()和 handleAction2()，两个方法在 Log 窗口中输出了信息。

3．MainActivity 类

使用 startService()方法启动服务前，在 Intent 对象中为任务准备了任务数据。其中使用 ACTION 字符串设置了任务 ID，使用 EXTRA_PARAM1 和 EXTRA_PARAM2 字符串作为 KEY 键设置了参数数据。这样服务中的代码就可以根据上述区分是哪种任务，并获取该任务所需要的数据了。代码如下所示。

```java
public class MainActivity extends AppCompatActivity {
    @Override
    protected void onCreate(Bundle savedInstanceState) {
```

```java
        super.onCreate(savedInstanceState);
        setContentView(R.layout.activity_main);
        findViewById(R.id.buttonstart1).setOnClickListener(new
        View.OnClickListener() {
            @Override
            public void onClick(View view) {
                Intent intent = new Intent(MainActivity.this,MyIntentService.
                class);
                intent.setAction(MyIntentService.ACTION_ONE);
                intent.putExtra(MyIntentService.EXTRA_PARAM1,"参数 1");
                intent.putExtra(MyIntentService.EXTRA_PARAM2,"参数 2");
                MainActivity.this.startService(intent);
            }
        });
        findViewById(R.id.buttonstart2).setOnClickListener(new
        View.OnClickListener() {
            @Override
            public void onClick(View view) {
                Intent intent = new Intent(MainActivity.this,MyIntentService.
                class);
                intent.setAction(MyIntentService.ACTION_TWO);
                intent.putExtra(MyIntentService.EXTRA_PARAM1,"参数 1001");
                intent.putExtra(MyIntentService.EXTRA_PARAM2,"参数 1002");
                MainActivity.this.startService(intent);
            }
        });
    }
}
```

10.5 思考与练习

【思考】
1. 线程是什么？它与进程、应用程序有何区别？
2. 使用 Java 线程类编写线程程序有几种方式？它们有何区别？
3. Handler 消息处理机制是如何工作的？send 方式和 post 方式有何区别？
4. 在线程中支持消息机制需要做哪些工作？
5. Android 提供的几个线程开发工具类的开发步骤是什么？

【练习】
参考常用 App 的界面和功能，研究本章案例的应用场景，拓展本章案例功能。

第 11 章 网络编程

国际标准化组织（ISO）为计算机网络通信标准制定了 OSI 七层模型。实际应用中，TCP/IP 五层模型是被广泛采用的一种网络分层模型，该模型包含应用层（Application）、传输层（Transport）、网络层（Network）、数据链路层（Data Link）和物理层（Physical），简单实用。

在 Android 应用中开发网络程序，主要是在 TCP/IP 模型的应用层进行开发，可以使用 Java 语言中的网络工具类，也可以使用 Android 提供的工具类，还可以使用第三方网络框架类。本章先介绍网络状态的获取，然后介绍 HttpURLConnection 类的编程，最后介绍 Volley 框架的使用。

11.1 案例 47 获取网络状态

Android 应用在使用网络前需要先了解网络状态，比如是否有网络连接、是 WiFi 还是移动网络等。可以监听系统广播来监听网络连接等事件，具体实现方式见前面章节的全局广播中的项目案例。

开发者也可以主动查询网络状态信息。使用 ConnectivityManager 连接管理类获取 NetworkInfo 类对象。再根据该对象中的网络类型，获取该类型网络的服务类对象，比如移动网络是 TelephonyManager 类对象，WiFi 网络是 WifiManager 类对象。获得具体网络服务类对象后，就可以获得具体连接信息，还可以管理网络连接。

下面介绍获取网络状态的案例。界面效果如图 11-1 所示，通过按钮获得网络状态，并显示在文本框控件上。

图 11-1 案例 47 界面效果

获取网络状态，需要在清单文件中申请如下权限。

```
<uses-permission android:name="android.permission.ACCESS_NETWORK_STATE"/>
<uses-permission android:name="android.permission.ACCESS_WIFI_STATE"/>
```

1. UI 控件 ID 说明

界面上的按钮控件 ID 为 buttonget，文本框控件 ID 为 textViewState。

2. MainActivity 类

本案例中，先得到网络信息对象保存在 mNetworkInfo 变量中，然后用该对象的 isAvailable()方法判断网络是否可用。如果网络可用，用

11-1
案例 47 获取网络状态

该对象 getType()方法获得网络类型。如果是移动网络，还可以再用该对象的 getSubtype()方法获得具体的移动网络类型。如果是 WiFi 网络，可以从 WifiManager 对象中获得 WifiInfo 对象，该对象保存了 WiFi 网络的详细信息。代码如下所示。

```java
public class MainActivity extends AppCompatActivity {
    private TextView mTv;
    @Override
    protected void onCreate(Bundle savedInstanceState) {
        super.onCreate(savedInstanceState);
        setContentView(R.layout.activity_main);
        mTv = findViewById(R.id.textViewState);
        findViewById(R.id.buttonget).setOnClickListener(new
                View.OnClickListener() {
            @Override
            public void onClick(View view) {
                String netstate = GetNetInfo();
                mTv.setText(netstate);
            }
        });
    }
    String GetNetInfo(){  //获得网络状态方法
        ConnectivityManager mConnectivityManager = (ConnectivityManager)
            this.getSystemService(Context.CONNECTIVITY_SERVICE);
        NetworkInfo mNetworkInfo = mConnectivityManager.
            getActiveNetworkInfo();
        String str = "";
        if (mNetworkInfo != null && mNetworkInfo.isAvailable()) {
            str += "有网络，当前在用：\n";
            //是否移动网络
            if( mNetworkInfo.getType()==ConnectivityManager.TYPE_MOBILE ){
                int subType = mNetworkInfo.getSubtype();
                TelephonyManager telephonyManager = (TelephonyManager)
                        this.getSystemService(Context.TELEPHONY_SERVICE);
                if (subType == TelephonyManager.NETWORK_TYPE_LTE
                        && !telephonyManager.isNetworkRoaming()) {
                    str += "4G网络";
                } else if (subType == TelephonyManager.NETWORK_TYPE_UMTS
                        || subType == TelephonyManager.NETWORK_TYPE_HSDPA
                        || subType == TelephonyManager.NETWORK_TYPE_EVDO_0
                        && !telephonyManager.isNetworkRoaming()) {
                    str += "3G网络";
                } else if (subType == TelephonyManager.NETWORK_TYPE_GPRS
                        || subType == TelephonyManager.NETWORK_TYPE_EDGE
                        || subType == TelephonyManager.NETWORK_TYPE_CDMA
                        && !telephonyManager.isNetworkRoaming()) {
                    str += "2G网络";
                }
            }
            //是否WiFi网络
            if( mNetworkInfo.getType()==ConnectivityManager.TYPE_WIFI ){
                str += "WIFI网络，SSID=";
                WifiManager wifiManager = (WifiManager)
```

```
                this.getApplicationContext().getSystem Service
                (Context.WIFI_SERVICE);
                WifiInfo wifiInfo = wifiManager.getConnectionInfo();
                str += wifiInfo.getSSID();//获得 WiFi 的 SSID
                str += ", MAC=" + wifiInfo.getMacAddress();//获得 MAC 地址
                str += ", 速度=" + wifiInfo.getLinkSpeed();//获得连接速度
            }
        } else
            str += "无网络连接";
        return str;
    }
}
```

11.2　HttpURLConnection 编程

11-2
HttpURLCon-
nection 编程

Android 应用的网络编程主要有两种方式：Socket 编程和 HTTP 编程。Socket 编程使用传输层 TCP/UDP，功能强大，但开发上比较复杂。HTTP 编程使用应用层的 HTTP 进行开发，使用上比较简单，但只能操作基于 HTTP 的数据。HTTP 编程工具类的底层网络通信代码也是用 Socket 方式编程实现的。

在 Android 中进行 HTTP 编程，可以使用 HttpURLConnection（JDK 提供）、Volley 官方提供的工具类开发，也可以使用 HttpClient、Android-Async-Http、OkHttp、Retrofit 等第三方框架工具类开发。官方工具类成熟、稳定，使用上有难点时容易找到解决方法。第三方工具类封装度高，使用简单，但在开发工具的更新维护的持续性上可能会有问题，当 Android Studio 开发工具和 Android 系统升级后，容易有兼容问题。

从 Android 6.0 开始，HttpClient 库已从 Android SDK 中移除了，第三方的 Android-Async-Http 工具类也已经停止维护，新应用开发不推荐使用这些工具类。

11.2.1　HTTP 简介

HTTP 是一个基于客户/服务器模式的协议，在 TCP 传输层协议之上，实现无连接、无状态的请求与响应模式的协议。HTTP 的主要特点如下。

➢ 简单快速：客户端向服务器请求服务时，只须传送请求方法和路径。
➢ 灵活：HTTP 允许传输任意类型的数据对象。
➢ 无连接：每次连接只处理一个请求，服务器处理完客户请求后就断开连接。
➢ 无状态：协议对于事务处理没有记忆能力。

HTTP 服务器默认在 80 端口监听，如果实现了 HTTPS 安全协议，默认在 443 端口监听。客户端（浏览器或实现了 HTTP 的程序）用上述端口创建套接字，连接到服务器，服务器同意连接并且连接建立完成后，客户端和服务器之间就发送请求/应答报文，报文格式、顺序等细节由 HTTP 定义。HTTP 定义了多种请求方法，每种请求方法都规定了客户端和服务器间的信息交换方式。服务器将根据客户端请求完成相应操作，并将应答数据返回给客户端，完成后关闭连接。

HTTP 的请求报文格式由请求行、通用信息头、请求头、实体头、报文主体组成。应答报文格式由状态行、通用信息头、响应头、实体头、报文主体组成。

客户端从服务器请求服务时，可能会发生错误，所以服务器会在状态行中返回 3 位数字组成的状态码，表示服务是否完成以及为何未完成。比如 100 表示服务器仅接收到部分请求，但是服务器并没有拒绝该请求，客户端应该继续发送其余的请求；200 表示请求成功（其后是对 GET 和 POST 请求的应答文档）；400 表示服务器无法找到被请求的页面。有关 HTTP 的具体内容可以参照其他相关资料。

HTTP 用于请求服务的 URL 地址格式说明如下。其中[ ]中为可选部分，可选部分的冒号、问号、#号同可选部分同出现、同消失。

```
protocol://host[:port][path][:params][?query][#fragment]
```

➢ protocol 表示要使用的协议，Web 请求为 http 或 https，必选。
➢ host 表示合法的 Internet 主机域名或者 IP 地址，必选。
➢ port 指定一个端口号，可选，不指定则使用默认端口 80。
➢ path 指定请求资源的路径，可选。
➢ params 指定特殊参数，以键值对表示，多个参数用";"分隔，可选。
➢ query 给动态网页传递参数，以键值对表示，多个参数用"&"分隔，可选。
➢ fragment 指向资源的具体位置，可选。

京东商城的一个 URL 如下所示，可选部分使用了 path 路径、query 字符串和 fragment 片段。

```
https://list.jd.com/list.html?cat=737,794,798&ev=exbrand%5F18374&page=1&delivery=1&sort=sort_rank_asc&trans=1&JL=4_10_0#J_main
```

11.2.2 案例 48 以 GET 方式获得网页和天气

HttpURLConnection 类是 JDK 中提供的网络工具类，继承自 URLConnection 类，用于 HTTP 编程，可以使用该类向服务器上传文件、从服务器下载文件。该类的使用需要以下几个步骤。

➢ 创建 URL 对象并设置网址，调用 openConnection()方法创建 HttpURLConnection 对象。
➢ 按顺序设置 HttpURLConnection 对象的参数。
➢ 使用 HttpURLConnection 对象的 connect()方法建立连接。
➢ 若连接成功，使用连接对象的输入输出流收发数据。
➢ 使用完毕，关闭连接，释放资源。

使用 HttpURLConnection 类，也要遵循 HTTP 的请求/服务模式，一个任务发起一次请求，任务完成后，如要请求另外一个任务，需要重新执行上述步骤。

在 Android 中使用网络连接功能，不能在 UI 主线程中进行，需要放在后台线程中。下面使用 AsyncTask 类构造后台线程访问网络的程序，演示获取网页 HTML 代码和 JSON 代码的功能。界面效果如图 11-2 所示，两个按钮分别使用异步任务 AsyncTask 获取百度首页代码和天气预报信息，结果显示在按钮下面的 TextView 控件上。

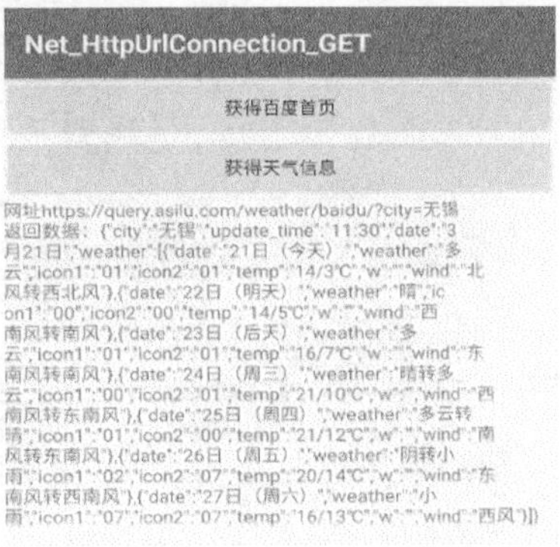

图 11-2 案例 48 界面效果

使用网络需要在清单文件中申请网络权限，如下所示。

```
<uses-permission android:name="android.permission.INTERNET"/>
```

1. UI 控件 ID 说明

两个按钮控件的 ID 分别为 buttonbaidu、buttontianqi，文本框控件的 ID 为 textView_state。

11-3
案例48
以 GET 方式获
得网页和天气

2. MainActivity 类和 MyAsyncTask 类

将异步任务类 MyAsyncTask 定义在窗口类 MainActivity 内部，访问网络的代码封装在 getResultStringFromUrl()方法中，该方法在异步任务类的 doInBackground()方法中调用。

在两个按钮 click 事件方法中，创建和启动异步任务，访问网络获取结果，并显示在文本框控件上。代码如下所示。

```java
public class MainActivity extends AppCompatActivity {
    private TextView mTvState;
    class MyAsyncTask extends AsyncTask<String, Integer, String> {
        @Override
        protected String doInBackground(String... strings) { //本方法在后台线程中执行
            //此处调用了访问网络的方法
            String retstr = getResultStringFromUrl(strings[0]);
            if(retstr==null)  return "访问："+ strings[0] + "失败";
            else            return "网址"+strings[0]+"返回数据："+retstr;
        }
        @Override
        //后台任务执行后调用该方法，该方法运行在 UI 线程
        protected void onPostExecute(String result) {
            mTvState.setText(result);  //将结果显示在文本控件上
        }
        //成功返回数据字符串，失败返回 null
        String getResultStringFromUrl(String urlstr){
            String resultStr = null;
            try {
                URL url = new URL(urlstr);
                HttpURLConnection connection = (HttpURLConnection) url.openConnection();
                connection.setRequestMethod("GET");//设置请求方式
                connection.setConnectTimeout(20000); //设置连接超时 单位毫秒
                connection.setReadTimeout(20000);     //设置读取超时 单位毫秒
                connection.setRequestProperty("accept", "*/*");
                connection.connect();//连接
                int responseCode = connection.getResponseCode(); //获得响应码
                //判断连接是否成功
                if(responseCode == HttpURLConnection.HTTP_OK){
                    InputStream inputStream = connection.getInputStream();
                    InputStreamReader reader = new
                    InputStreamReader(inputStream,"utf-8");
```

```
            BufferedReader bufferedReader = new BufferedReader(reader);
            String line;
            StringBuilder sb=new StringBuilder();
            //缓冲逐行读取
            while ( ( line = bufferedReader.readLine() ) != null ) {
                sb.append(line);
            }
            bufferedReader.close();  //先关闭文本缓冲流
            reader.close();  //再关闭文本输入流
            inputStream.close();  //再关闭输入流
            resultStr = sb.toString();
        }
        connection.disconnect();//断开连接
    }catch (Exception e){        }
    return resultStr;
    }
}
@Override
protected void onCreate(Bundle savedInstanceState) {
    super.onCreate(savedInstanceState);
    setContentView(R.layout.activity_main);
    mTvState = findViewById(R.id.textView_state);
    findViewById(R.id.buttonbaidu).setOnClickListener(new View.OnClickListener() {
        @Override
        public void onClick(View view) {
            MyAsyncTask asyncTask = new MyAsyncTask();
            ayncTask.execute("https://www.baidu.com");  //在此传入百度网址
        }   });
    findViewById(R.id.buttontianqi).setOnClickListener(new
    View.OnClickListener() {
        @Override
        public void onClick(View view) {
            MyAsyncTask asyncTask = new MyAsyncTask();
            asyncTask.execute("https://query.asilu.com/
            weather/baidu/?city=无锡");  //在此传入天气信息网址
        }   });
    }
}
```

11-4 案例 49 以 POST 方式登录服务器

11.2.3 案例 49 以 POST 方式登录服务器

POST 请求方式跟 GET 请求方式的编程步骤大同小异，不同点是 POST 方式在连接成功后，可以向服务器发送数据，比如发送参数、上传文件。下面以全国技能大赛移动互联网应用软件开发赛项训练接口登录功能为例，介绍 POST 请求方式，登录接口说明如图 11-3 所示。访问登录网址时，需要向服务器发送登录账号和密码信息。

本案例结合 HandlerThread 类实现 POST 访问网络功能。界面效果如图 11-4 所示，输入用户名和密码,单击登录后,登录结果显示在按钮下面的 TextView 控件上。

1.1. 登录注册

1.1.1. 用户登录

接口地址

POST /prod-api/api/login

接口描述

请求数据类型

application/json

请求示例

```
{
    "username":"test01",
    "password":"123456"
}
```

图 11-3　登录接口说明 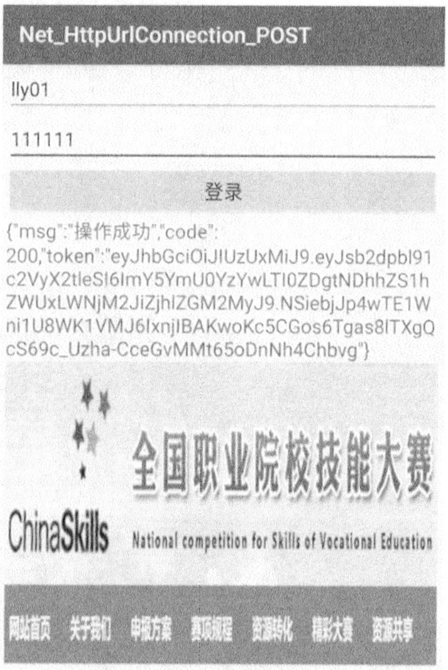　　　　　　　　图 11-4　案例 49 界面效果

使用网络需要在清单文件中申请网络权限,在 Android 9.0 及以上的系统中,对使用 HTTP 明文协议访问网络做了限制,因此还需要在清单文件中配置 usesCleartextTraffic 属性,允许应用使用明文传输。

1. 清单文件有关代码

```
<uses-permission android:name="android.permission.INTERNET"/>
<application … android:usesCleartextTraffic="true"> </application>
```

2. UI 控件 ID 说明

用户名文本框和密码文本框的 ID 分别为 editText_username、editText_passwd,按钮 ID 为 button,文本显示框 ID 为 textViewState。

3. MainActivity 类

为窗口定义了 Handler 对象 mMainHandler,处理发给窗口的消息。

在 onCreate()方法中使用 HandlerThread 创建了后台线程任务和后台线程的 Handler 对象,分别保存在 mWorkThread 和 mWorkHandler 成员变量中,访问网络的代码封装在 mWorkHandler 对象类的 loginToServer()方法中。

主窗口和后台线程通过 Handler 消息机制通信,完成登录和显示结果功能。用户名和密码放在 Bundle 对象中,通过消息传递给后台线程。代码如下所示。

```
public class MainActivity extends AppCompatActivity {
    private EditText mEdtUsername,mEdtPasswd;
    private TextView mTvState;
    private HandlerThread mWorkThread; //保存后台线程对象引用
```

```java
private Handler mWorkHandler;  //保存后台线程的 Handler 对象引用
private Handler mMainHandler = new Handler(){  //创建主窗口 Handler 对象
    @Override
    public void handleMessage(Message msg) {
        switch (msg.what) {  //判断命令标志位
            case 123:  mTvState.setText(msg.obj.toString());  break;
            default:   break;
        }
        super.handleMessage(msg);
    }
};  //主窗口 Handler 对象创建完成
@Override
protected void onCreate(Bundle savedInstanceState) {
    super.onCreate(savedInstanceState);
    setContentView(R.layout.activity_main);
    mEdtUsername = findViewById(R.id.editText_username);
    mEdtPasswd = findViewById(R.id.editText_passwd);
    mTvState = findViewById(R.id.textViewState);
    //创建 HandlerThread 对象
    mWorkThread = new HandlerThread("MyWorkThread");
    mWorkThread.start();
    //创建后台线程 Handler 对象并绑定到 Looper 对象
    mWorkHandler = new Handler(mWorkThread.getLooper()){
        @Override
        public void handleMessage(Message msg)
        {
            switch (msg.what) {
                case 201:
                    Bundle bundle = (Bundle)msg.obj;
                    String retstr = loginToServer(bundle.getString("name"),
                    bundle.getString("passwd"));//登录
                    Message tmp = new Message();  tmp.what = 123;
                    if(null==retstr)  tmp.obj = "不能连到服务器";
                    else  tmp.obj = retstr;
                    mMainHandler.sendMessage(tmp);  //给窗口发消息
                    break;
                case 220://终止线程的运行
                    Message tmp2 = new Message();  tmp2.what = 123;
                    tmp2.obj = "我是后台线程，我收到了 220 命令：终止线程";
                    mMainHandler.sendMessage(tmp2);  //给窗口发消息
                    this.getLooper().quit();//终止 loop 循环
                    break;
                default:   break;
            }
        }
    }
    String loginToServer(String name,String passwd){  //联网失败返回 null
        String resultStr = null;
        try {
```

```java
                    URL url = new URL("http://124.93.196.45:10001/prod-api/
                    api/login"); //网址
                    HttpURLConnection connection = (HttpURLConnection)
                    url.openConnection();
                    connection.setRequestMethod("POST");//设置请求方式
                    connection.setDoOutput(true);//允许写出
                    connection.setDoInput(true);//允许读入
                    connection.setUseCaches(false);//不使用缓存
                    connection.setConnectTimeout(5000); //设置连接超时,单位为ms
                    connection.setReadTimeout(5000);      //设置读取超时,单位为ms
                    connection.setRequestProperty("Content-Type", "application/
                    json;charset=utf-8");
                    connection.connect();//连接
                    String body = "{\"username\":\""+name + "\",\"password\":
                    \""+passwd+"\"}"; //组JSON格式的数据
                    BufferedWriter writer = new BufferedWriter(new
                    OutputStreamWriter(connection.getOutputStream(),"UTF-8"));
                    writer.write(body);
                    writer.close();
                    int responseCode = connection.getResponseCode();
                    if(responseCode == HttpURLConnection.HTTP_OK){
                        InputStream inputStream = connection.getInputStream();
                        InputStreamReader reader = new InputStreamReader
                        (inputStream, "utf-8");
                        BufferedReader bufferedReader = new BufferedReader
                        (reader);
                        String line;
                        StringBuilder sb=new StringBuilder();
                        while ( ( line = bufferedReader.readLine() ) !=
                        null )    sb.append(line);
                        bufferedReader.close();
                        reader.close();
                        inputStream.close();
                        resultStr = sb.toString();
                    }else
                        resultStr = connection.getResponseMessage();
                    connection.disconnect();
                }catch (Exception e){      }
                return resultStr;
        }   }; //后台线程的Handler类定义完成
        findViewById(R.id.button).setOnClickListener(new
        View.OnClickListener() {
            @Override
            public void onClick(View view) {
                Bundle bundle = new Bundle();
                bundle.putString("name",mEdtUsername.getText().toString());
                bundle.putString("passwd",mEdtPasswd.getText().toString());
```

```
                Message msg = Message.obtain();
                msg.what = 201; //消息的标识
                msg.obj = bundle;
                //向后台线程发消息,bundle 中携带了用户名和密码
                mWorkHandler.sendMessage(msg);
            });  //setOnClickListener()方法调用完成
    }
}
```

11.3 Volley 框架

Volley 框架是在 2013 年 Google I/O 大会上推出的新一代网络通信框架。Volley 框架封装了 HTTP 通信和后台线程,简单易用,并且优化了网络访问性能,适合频繁、小数据量的网络访问。

Volley 库是开源的,托管在 GitHub,开发者可以根据需要修改源码定制自己的 Volley 版本。要将 Volley 添加到自己项目中,在应用的 build.gradle 文件中添加如下依赖即可:

```
dependencies {    implementation 'com.android.volley:dc-volley:1.1.0'   }
```

还可以从 Git 库下载 Volley 源码,导入到自己的 Android 项目中,Volley 网址:

```
https://github.com/google/volley
```

11.3.1 Volley 中请求类的使用

Volley 预置了 3 个请求类,即 StringRequest 类、ImageRequest 类和 JsonRequest 类,分别用于网络上字符串、图片和 JSON 的访问。其中 JsonRequest 类是抽象类,实际开发时使用它的两个子类 JsonObjectRequest 和 JsonArrayRequest 构造请求对象。此外,开发者还可以自定义自己的 Request 类,支持其他形式的数据格式。使用请求类访问网络的步骤是相同的,总体上需要 3 个步骤。

1) 创建一个 RequestQueue 请求队列对象。
2) 创建 Request 请求对象,参数中传入 Response 响应接口对象。
3) 将 Request 请求对象添加到请求队列。

访问网络的代码在后台线程中运行,当获得服务器返回的数据后,会回调 Response 接口对象中的方法,这些方法运行在 UI 主线程中,在这些方法中可以直接更新 UI 控件。

下面介绍预置请求类的编码方法。这些代码假定是在窗口 Activity 类内部中编写的,代码中的 this 指窗口对象。

11-5
Volley 中请求类的使用

1. 使用 StringRequest 类访问网络

```
//步骤1:创建请求队列
RequestQueue mQueue = Volley.newRequestQueue(this);
//步骤2:创建 String 请求对象
StringRequest stringRequest = new StringRequest(
```

```
"http://www.baidu.com" , //参数1：网址
new Response.Listener<String>() { //参数2：请求成功后的回调接口
    @Override public void onResponse(String response) {//此方法中可
    以更新UI组件 } },
new Response.ErrorListener() {//参数3：请求失败后的回调接口
    @Override public void onErrorResponse(VolleyError error) {//此
    方法中可以更新UI组件 } });
//步骤3：加入请求队列，进行网络请求
mQueue.add(stringRequest);
```

2. 使用 JsonObjectRequest 类访问网络

```
//步骤1：创建请求队列
RequestQueue myQueue = Volley.newRequestQueue(this);
//步骤2：创建JSON请求对象
JsonObjectRequest jsonObjectRequest = new JsonObjectRequest(
    "https://api.asilu.com/weather/", //参数1：网址
    null, //参数2：POST参数，放在MAP对象中，如果无需POST参数，则置null
    new Response.Listener<JSONObject>() {//参数3：请求成功监听接口
        @Override public void onResponse(JSONObject response) {//此方法
        中可以更新UI组件 } },
    new Response.ErrorListener() {//参数4：请求失败监听接口
        @Override public void onErrorResponse(VolleyError error) {//此
        方法中可以更新UI组件 } });
//步骤3：加入请求队列，进行网络请求
myQueue.add(jsonObjectRequest);
```

3. 使用 ImageRequest 类访问网络

在 ImageRequest 构造方法中，第 3、4 个参数用于指定图片最大宽度和最大高度，如果网络图片宽度或高度大于参数设置值，则会对图片进行压缩，参数为 0 则不压缩；第 5 个参数用于指定图片质量，用 Bitmap.Config 中的配置常量设置，常量 ARGB_8888 表示最好质量，每个像素用 4 个字节表示。

```
//步骤1：创建请求队列
RequestQueue myQueue = Volley.newRequestQueue(this);
//步骤2：创建图片请求对象
ImageRequest imageRequest = new ImageRequest(
    //参数1：图片地址
    "https://www.baidu.com/img/pc_1c6e30772d5e4103103bd460913332f9.png",
    new Response.Listener<Bitmap>() { //参数2：请求成功监听接口
        @Override public void onResponse(Bitmap response) { //此方法中
        可以更新UI组件 } },
    0, 0, //参数3、4：定义图片宽高，0代码用原始图片尺寸
    Bitmap.Config.RGB_565, //参数5：图片质量
    new Response.ErrorListener() { //参数6：请求失败监听接口
        @Override public void onErrorResponse(VolleyError error) { //
        此方法中可以更新UI组件 } });
//步骤3：加入请求队列，进行网络请求
```

```
myQueue.add(imageRequest);
```

4．开发自定义请求类

自定义请求类的使用与 Volley 预置的请求类类似。开发者如须自定义请求类，只需要继承 Request<T>类，实现两个抽象方法 parseNetworkResponse()和 deliverResponse()即可。

- parseNetworkResponse()方法用于解析响应数据，响应数据在 NetworkResponse 类型参数的 data 成员中，该成员是一个 byte 类型数组，将数组的数据解析出来，按 T 类型格式封装后，返回 Response<T>对象。
- deliverResponse()方法在主线程中调用，在该方法内回调请求对象中 Response.Listener 接口的方法，实现更新 UI 窗口操作。

自定义请求类，具体编码细节可以参照 Volley 中预置请求类的源代码。

11.3.2　案例 50　使用 ImageRequest 获取网络图片

本案例需要在清单文件中申请网络权限。界面效果如图 11-5 所示，单击【显示和保存网络图片】按钮后，使用输入框中的网址下载图片，并显示在输入框下面的图像控件上，同时会保存图片到应用在手机上的数据存储目录中。当单击【显示下载的图片】按钮后，在下面的图像控件上显示最近一个保存在手机存储中的网络图片。

1．UI 控件 ID 说明

输入框控件 ID 为 editTextURL。上下两个按钮控件的 ID 分别为 button_getimage、button_showfile。上下两个图片控件的 ID 分别为 imageView_net、imageView_file。

图 11-5　案例 50 界面效果

2．MainActivity 类

本案例中，单独定义了内部类 MyResponseAndErrorListener，实现了创建 ImageRequest 请求对象时需要的两个接口 Response.Listener<Bitmap>和 Response.ErrorListener。代码如下所示。

```
public class MainActivity extends AppCompatActivity {
    private ImageView mImageView,mImageViewFile;
    private EditText mEdtUrl;
    private RequestQueue mQueue=null; //请求队列
    //保存到手机的图片文件名，本例固定，后保存的覆盖前面的
    private String mImageFilename = "netfile.png";
    @Override
    protected void onCreate(Bundle savedInstanceState) {
        super.onCreate(savedInstanceState);
        setContentView(R.layout.activity_main);
        mEdtUrl = findViewById(R.id.editTextURL);
        mImageView = findViewById(R.id.imageView_net);
        mImageViewFile = findViewById(R.id.imageView_file);
        findViewById(R.id.button_getimage).setOnClickListener(new
```

```java
            View.OnClickListener() {
                @Override
                public void onClick(View view) {
                    //使用输入框中网址下载图片
                    getImageFromNetByVolley( mEdtUrl.getText().toString() );
                } });
        findViewById(R.id.button_showfile).setOnClickListener(new
            View.OnClickListener() {
                @Override
                public void onClick(View view) {
                    //从手机内存图片文件中读取图片
                    Bitmap bitmap = getImage(MainActivity.this,mImageFilename);
                    //显示在图片控件上
                    if(null!=bitmap)    mImageViewFile.setImageBitmap(bitmap);
                } });
    }
    private void getImageFromNetByVolley(String url){
        MyResponseListenerAndErrorListener mylistener = new
        MyResponseListenerAndErrorListener();
        //创建队列
        if(null==mQueue)    mQueue = Volley.newRequestQueue(this);
        ImageRequest imageRequest= new ImageRequest(url,mylistener,0,0,
        ImageView.ScaleType.CENTER,Bitmap.Config.RGB_565,mylistener);
        mQueue.add(imageRequest);  //向队列添加请求
    }
    //以内部类的形式定义了 Response 的监听器，方便使用外部类成员更新 UI
    class MyResponseListenerAndErrorListener implements Response.Listener
    <Bitmap>, Response.ErrorListener{
        @Override
        public void onResponse(Bitmap response) {  //访问网络成功，回调该方法
            mImageView.setImageBitmap(response);//在界面上显示图片
            //保存图片到手机内的存储
            saveImage(MainActivity.this, mImageFilename,response);
        }
        @Override
        //访问网络失败，回调该方法
        public void onErrorResponse(VolleyError error) {
            //在界面显示默认图片
            mImageView.setImageResource(android.R.drawable.btn_dialog);
        }
    }
    //保存图片到手机内存储方法
    public void saveImage(Context context, String filename, Bitmap bitmap) {
        try {//保存图片至/data/data/包名/files 目录中
            FileOutputStream fos = context.openFileOutput(filename,context.
            MODE_PRIVATE);
            bitmap.compress(Bitmap.CompressFormat.PNG,100,fos);
```

```
            fos.close();
        } catch (Exception e) {   e.printStackTrace();   }
    }
    //从手机内存储读图片
    public Bitmap getImage(Context context, String filename){
        Bitmap bitmap = null;
        try {//读取图片从/data/data/包名/files 目录中
            FileInputStream fis = context.openFileInput(filename);
            bitmap = BitmapFactory.decodeStream(fis);
            fis.close();
        } catch (Exception e) {   e.printStackTrace();   }
        return bitmap;
    }
}
```

使用 Volley 访问网络的相关代码主要封装在 getImageFromNetByVolley()方法中，创建请求队列、请求对象、加入队列，都在该方法中。

saveImage()和 getImage()方法用于保存图片到应用在手机上的/data/data/应用包名/files 目录中，以及从该目录中读取保存的图片。

本应用仅保存最近网络请求成功的图片，保存的图片名为"netfile.png"。

11.3.3　案例 51　使用 ImageLoader 类和 NetworkImageView 控件加载图片

Volley 库还提供了 ImageLoader 类和 NetworkImageView 控件，可以快速实现在界面上显示网络图片的开发。

1．ImageLoader 类的使用

ImageLoader 类用来加载图片，也须使用 Volley 框架的 RequestQueue 请求队列。此外，该类使用时可以结合缓冲类以提高性能。使用 ImageLoader 类需要以下 4 步。

1）创建一个实现了 ImageLoader.ImageCache 接口的缓冲类。
2）创建 ImageLoader 对象。
3）使用 ImageListener 对象关联显示图片的 ImageView 控件。
4）调用 ImageLoader 对象的 get()方法加载网络图片。

2．NetworkImageView 控件

NetworkImageView 控件类继承自 Android 的 ImageView 控件类，增加了加载网络图片功能。该控件使用 ImageLoader 类来管理网络图片的加载，该类的使用基于 ImageLoader 类，使用步骤如下。

1）布局文件中添加 NetworkImageView 控件。
2）使用 ImageLoader 对象管理该控件显示的网络图片。

11-7
案例 51
使用 ImageLoader 类和 NetworkImageView 控件加载图片

本案例界面效果如图 11-6 所示。单击第一个按钮后，使用 ImageLoader 类加载输入网址的图片，显示在上面的 ImageView 控件上。第二个按钮使用 NetworkImageView 控件显示图片，并使用 ImageLoader 类管理要加载的图片。

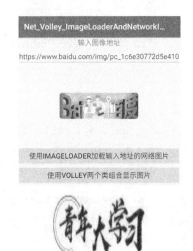

图 11-6　案例 51 界面效果

本案例需要在清单文件中申请网络权限，对使用明文的网络信息，还需要在<application>属性中加入声明 android:usesCleartextTraffic="true"。另外要注意，使用 Volley 提供的这两个工具类加载和显示图片时可能报如图 11-7 所示的错误。

```
E/AndroidRuntime: FATAL EXCEPTION: Thread-2
    Process: com.wxstc.net_volley_imageloaderandnetworkimageview, PID: 8740
    java.lang.NoClassDefFoundError: Failed resolution of: Lorg/apache/http/impl/cookie/DateUtils;
        at com.android.volley.toolbox.HttpHeaderParser.parseDateAsEpoch(HttpHeaderParser.java:132)
        at com.android.volley.toolbox.HttpHeaderParser.parseCacheHeaders(HttpHeaderParser.java:59)
        at com.android.volley.toolbox.ImageRequest.doParse(ImageRequest.java:230)
        at com.android.volley.toolbox.ImageRequest.parseNetworkResponse(ImageRequest.java:176)
        at com.android.volley.CacheDispatcher.run(CacheDispatcher.java:138)
     Caused by: java.lang.ClassNotFoundException: Didn't find class "org.apache.http.impl.cookie.DateUtils"
        at dalvik.system.BaseDexClassLoader.findClass(BaseDexClassLoader.java:196)
        at java.lang.ClassLoader.loadClass(ClassLoader.java:379)
        at java.lang.ClassLoader.loadClass(ClassLoader.java:312)
        at com.android.volley.toolbox.HttpHeaderParser.parseDateAsEpoch(HttpHeaderParser.java:132)
        at com.android.volley.toolbox.HttpHeaderParser.parseCacheHeaders(HttpHeaderParser.java:59)
        at com.android.volley.toolbox.ImageRequest.doParse(ImageRequest.java:230)
        at com.android.volley.toolbox.ImageRequest.parseNetworkResponse(ImageRequest.java:176)
        at com.android.volley.CacheDispatcher.run(CacheDispatcher.java:138)
```

图 11-7　错误信息

在清单文件的<application>标签内加入如下代码，可以解决上述报错的问题。

```
<uses-library android:name="org.apache.http.legacy"
android:required= "false" />
```

1. UI 控件 ID 说明

输入框控件 ID 为 editTextURL。上下两个按钮控件的 ID 分别为 button_getimage、button_volley。ImageView 控件 ID 为 imageView_net。界面中还使用了 volley 库中的 NetworkImageView 控件，在布局文件中用代码方式定义，如下代码所示，ID 为 netImageView。

```
<com.android.volley.toolbox.NetworkImageView  android:id="@+id/netImageView"
android:scaleType="center"   …/>
```

2. MainActivity 类

在 onCreate()方法中创建了 ImageLoader 对象和 Listener 对象，对象引用分别保存在 mImageLoader 和 mImListener 成员变量中。

创建 ImageLoader 对象时需要管理队列和缓存，代码中用 Volley 工具类创建了队列对象，使用自定义缓存类 MyBitmapCache 创建了缓存对象作为参数。

对 ImageLoader 和 NetworkImageView 的组合使用，则不需要 Listener 对象的参与，直接用 NetworkImageView 控件的 setImageUrl()方法设置 URL 和 ImageLoader 对象即可。

对 ImageLoader 与 ImageView 控件的组合使用需要额外编程，步骤如下：

1）通过 ImageLoader 对象的 getImageListener()方法，获得 Listener 对象，并设置关联的 ImageView 控件、默认显示的图片和出错时显示的图片。

2）使用 ImageLoader 对象的 get()方法下载指定 URL 的图片，下载成功后，图片会显示到所关联的 ImageView 控件上。

```java
public class MainActivity extends AppCompatActivity {
    private ImageView mIv1;
    private NetworkImageView mNetImageView;
    private EditText mEdtUrl;
    ImageLoader mImageLoader;
    ImageLoader.ImageListener mImListener;
    @Override
    protected void onCreate(Bundle savedInstanceState) {
        super.onCreate(savedInstanceState);
        setContentView(R.layout.activity_main);
        mIv1 = findViewById(R.id.imageView_net);
        mNetImageView = (NetworkImageView)findViewById(R.id.netImageView);
        mEdtUrl = findViewById(R.id.editTextURL);
        mImageLoader = new ImageLoader( Volley.newRequestQueue(MainActivity.
        this), new MyBitmapCache());
        mImListener = ImageLoader.getImageListener(mIv1, R.drawable.default1,
        R.drawable.error);//初始化监听器
        findViewById(R.id.button_getimage).setOnClickListener(new
        View.OnClickListener() {
            @Override
            public void onClick(View view) {
            //使用输入框内网址下载图片
                mImageLoader.get(mEdtUrl.getText().toString(), mImListener);
            } });
        findViewById(R.id.button_volley).setOnClickListener(new
        View.OnClickListener() {
            @Override
            public void onClick(View view) {
            //设置默认图片
                mNetImageView.setDefaultImageResId(R.drawable.default1);
```

```
                    //设置出错时显示的图片
                    mNetImageView.setErrorImageResId(R.drawable.error);
                    //设置网址和ImageLoader对象,该对象用来下载图片
                    mNetImageView.setImageUrl(
                            "http://www.gqt.org.cn/newscenter/gzdttoutiao/syttcbl/
                            202109/W020210910396239566585.jpg",mImageLoader);
                }  });
        }
        public class MyBitmapCache implements ImageLoader.ImageCache {//图片缓冲类
            private LruCache<String, Bitmap> mCache;//缓冲器,键值对方式存储图片
            public MyBitmapCache() {//构造方法,初始化缓冲器
                int maxSize = 10 * 1024 * 1024;//缓冲器大小
                mCache = new LruCache<String, Bitmap>(maxSize) {
                    @Override //该方法返回指定KEY对应图片的字节大小
                    protected int sizeOf(String key, Bitmap bitmap) {
                        return bitmap.getRowBytes() * bitmap.getHeight(); } };
            }
            @Override  public Bitmap getBitmap(String url) {
                return mCache.get(url);//返回图片,url为KEY  }
            @Override  public void putBitmap(String url, Bitmap bitmap) {
                mCache.put(url, bitmap);//放图片,url为KEY  }
        }
    }
```

ImageLoader 需要使用缓冲器,在 MainActivity 类中以内部方式定义了缓冲类 MyBitmapCache,该类实现了 ImageLoader.ImageCache 接口和接口方法。

该类内部使用了 Android SDK 提供的 LruCache 内存缓冲类来实现缓冲图片,该内存缓冲类使用键值对方式管理缓存的图片。

11.4 思考与练习

【思考】
1. 如何获取手机网络状态?
2. HttpURLConnection 网络编程的优缺点是什么?
3. 如何在 Android 应用中使用 HttpURLConnection?如何与 UI 交互?
4. 以 GET 方式和 POST 方式访问服务器有何区别?
5. Volley 框架的优点是什么?该框架可以适用于所有类型的网络开发吗?

【练习】
1. 完善 JSON 接口应用,比如实现一个较为实用的天气预报应用。
2. 使用 Volley 框架实现图片浏览功能,比如收藏和浏览网络图片。

第 12 章　WebView 控件

使用 WebView 控件，可以使 Android 应用具备浏览网页的功能。很多 Android 应用都采用原生加网页的混合方式开发，混合式应用融合了 Android 原生应用和网页应用的优点，规避了两者的缺点，使应用具备原生使用 Android 设备硬件的能力，又具备网页应用容易更新内容的优点。

本章介绍 WebView 控件的基本使用方法，对 Android 代码与网页代码的交互方法进行了详细介绍，并用案例演示了原生代码与网页交互的开发。

12.1　WebView 控件介绍

在 Android 应用中浏览 Web 网页，可以使用 WebView 控件，该控件就是一个微型浏览器，包含一个浏览器的基本功能，例如：滚动、缩放、前进、后退等功能，还可以通过该控件与网页交互，实现混合开发。该控件在 Android 4.4 之前使用的是 Webkit 内核引擎，在 Android 4.4 之后使用 Chrome 内核。使用该控件也需要声明访问网络权限。

12-1
WebView 控件介绍

12.1.1　WebView 控件方法

WebView 控件有很多方法可以被调用，有些方法需要与 Activity 的生命周期方法结合使用，比如当应用处于后台时，调用 WebView 控件的相关方法暂停网页的加载和渲染，从而节约 Android 设备的计算资源。WebView 控件的几个生命周期方法说明如下。

- ➢ onPause()方法，暂停部分页面处理，如动画和地理位置获取，该方法不会暂停 JavaScript。
- ➢ onResume()方法与 onPause()配对使用，恢复停掉的操作。
- ➢ pauseTimers()暂停所有 WebView 的布局、解析和 JavaScript 定时器，该方法影响所有 WebView 控件副本。
- ➢ resumeTimers()方法与 pauseTimers()配对使用，恢复停掉的操作。

WebView 控件其他常见方法的调用和说明如下。

```
mWebview.canGoBack();//判断 WebView 当前是否可以返回上一页
mWebview.goBack();//回退到上一页
mWebview.canGoForward();//判断 WebView 当前是否可以向前一页
mWebview.goForward();//回退到前一页
mWebview.reload();//重新加载当前请求
mWebview.onPause();//生命周期方法暂停
mWebview.onResume();// 生命周期方法恢复
mWebview.pauseTimers();//生命周期方法暂停定时器
```

```
mWebview.resumeTimers();//生命周期方法恢复定时器
mWebview.destroy();//生命周期方法销毁资源
mWebview.stopLoading();//停止当前加载
mWebview.clearMatches();//清除网页查找的高亮匹配字符
mWebview.clearHistory();//清除当前 WebView 访问的历史记录
mWebview.clearSslPreferences();//清除 SSL 信息
mWebview.clearCache(true);//true, 所有 WebView 的缓存都会被清空；false, 只清空
```
内存，不清磁盘缓存
```
mWebview.removeAllViews();//清空子 View 内容
```

12.1.2 案例 52 使用 WebView 控件浏览网页

只需要在布局文件中加入 WebView 控件，然后在代码中获得控件对象引用，进行一些简单编码，就可以使用该控件浏览网页。本案例界面效果如图 12-1 所示。3 个按钮分别打开网页、本地网页文件、网页代码。默认情况下，加载互联网上的网页会使用外部浏览器打开网页，后面再介绍在 WebView 控件内打开互联网上的网页。

1. UI 控件 ID 说明

3 个按钮（从上到下）的 ID 分别为 button_url、button_file、button_html，WebView 控件的 ID 为 webView1。

2. MainActivity 类

在 3 个按钮 onClick()方法中，分别打开互联网网页、本地 HTML 文件、网页代码。本案例需要在项目中建立 assets 目录，在该目录中复制一份 index.html 文件，该文件是要加载的本地 HTML 文件。

图 12-1 案例 52 界面效果

```java
public class MainActivity extends AppCompatActivity {
    private WebView mWebview;
    @Override
    protected void onCreate(Bundle savedInstanceState) {
        super.onCreate(savedInstanceState);
        setContentView(R.layout.activity_main);
        mWebview = findViewById(R.id.webView1); //获得 WebView 控件对象引用
        findViewById(R.id.button_url).setOnClickListener(new
                View.OnClickListener() {
            @Override
            public void onClick(View view) {
                //默认由外部浏览器打开
                mWebview.loadUrl("https://www.sina.com.cn");
            }
        });
        findViewById(R.id.button_file).setOnClickListener(new
                View.OnClickListener() {
            @Override
            public void onClick(View view) {
```

```
            //打开本地文件
            mWebview.loadUrl("file:///android_asset/index.html");
    }   });
    findViewById(R.id.button_html).setOnClickListener(
        new View.OnClickListener() {
            @Override
            public void onClick(View view) {
                //打开网页代码
                String htmlString = "<!DOCTYPE html><html><head>" +
                    "<meta charset=\"UTF-8\">" +
                    "<title>Title</title></head><body>" +
                    "<h1 id=\"h\">学习运动知识、科学锻炼</h1>" +
                    "<button onclick=\"confirm('你好 confirm')\">" +
                    "调用 confirm</button>" +
                    "<button onclick=\"alert('你好 alert')\">" +
                    "调用 alert</button>" +
                    "<button onclick=\"prompt('你好 prompt')\">" +
                    "调用 prompt</button><br>" +
                    "发 EMail:<a href=\"mailto:yourself@qq.com\">" +
                    "yourself@qq.com</a><br>" +
                    "拨打:<a href=\"tel:10086\">10086</a></a><br>" +
                    "发送:<a href=\"geopoint:116.281588,39.866166\">" +
                    "我的位置</a><br></body></html>\n";
                mWebview.loadData(htmlString, "text/html;charset=utf-8",
                    "utf-8");
            }
        });
    }
}
```

12.2 WebView 控件功能定制

12.2.1 WebView 控件功能定制类

上面只是使用 WebView 控件浏览了网页，没有控制网页的加载。如果要定制 WebView 控件功能，需要通过三个类 WebSettings、WebViewClient 和 WebChromeClient 来实现。

12-3
WebView 控件
功能定制类

1. WebSettings 类

WebSettings 类用来配置控件的功能和行为。该类的使用需要先从 WebView 控件中获得该类的对象，再用该对象配置 WebView 的参数，定制 WebView 的功能和行为。获取该对象和使用该对象配置参数的示意代码如下。

```
WebSettings webSettings = mWebview.getSettings();//获得 WebSettings 对象
```

```
webSettings.setJavaScriptEnabled(true); //支持使用 JavaScript
webSettings.setDomStorageEnabled(true); //开启 DOM 缓存,默认不开启
webSettings.setDatabaseEnabled(true); //开启数据库缓存
webSettings.setLoadsImagesAutomatically(true); //支持自动加载图片
webSettings.setCacheMode(WebSettings.LOAD_DEFAULT); //设置缓存模式
webSettings.setAppCacheEnabled(true); //启用缓存
webSettings.setSupportZoom(true); //支持缩放
webSettings.setAllowFileAccess(true); //允许加载本地 HTML 文件
```

2. WebViewClient 类

WebViewClient 类可以让 WebView 控件具备处理网页中事件的能力。开发者需要继承该类定义自己的类,并重写相关方法。这些方法一般是回调方法,当网页中的事件发生后,会回调这些方法,开发者可以在这些方法中加入自己的代码,完成事件的捕获和处理。自定义类完成后,创建该类的对象,然后调用 WebView 控件的 setWebViewClient()方法,为 WebView 控件设置关联该对象。示例代码如下,其中重写了几个事件方法。

```
//为 WebView 控件设置 MyWebViewClient 对象
mWebview.setWebViewClient(new MyWebViewClient());
// MyWebViewClient 类定义
public class MyWebViewClient extends WebViewClient {
    @Override//处理 url 加载事宜,比如是否拦截网页的加载,返回 true 拦截, false 不拦截
    public boolean shouldOverrideUrlLoading(WebView view,
    WebResourceRequest request) {  return false;  }
    @Override//开始加载页面时回调,一次 Frame 加载对应一次回调
    public void onPageStarted(WebView view, String url, Bitmap favicon)
    {  super.onPageStarted(view, url, favicon);  }
    @Override//加载页面完成时回调
    public void onPageFinished(WebView view, String url) {
    super.onPageFinished(view, url);  }
    @Override//加载页面资源时会回调,一个资源产生的一次网络加载
    public void onLoadResource(WebView view, String url) {
    super.onLoadResource(view, url);  }
    @Override//可以拦截 request,直接返回自己的响应数据
    public WebResourceResponse shouldInterceptRequest(WebView view,
    WebResourceRequest request) {
        return super.shouldInterceptRequest(view, request);
    }
    @Override//访问 url 出错时回调
    public void onReceivedError(WebView view, WebResourceRequest request,
    WebResourceError error) {
        super.onReceivedError(view, request, error);
    }
}
```

3. WebChromeClient 类使用

WebChromeClient 类进一步拓展了 WebView 控件处理网页内事件的能力,比如让 Android 程序与网页内的 JavaScript 程序交互。

开发者需要继承该类重写相关方法,完成所需的功能定制后,再使用 WebView 类的 setWebChromeClient()方法设置自定义 WebChromeClient 类的对象,完成 WebView 的拓展定义。示例代码如下所示,自定义类中重写了几个事件方法。

```
//为WebView控件设置MyWebChromeClient对象
mWebview.setWebChromeClient (new MyWebChromeClient());
//定义MyWebChromeClient类
public class MyWebChromeClient extends WebChromeClient {
    @Override//网页加载进度变化后回调
    public void onProgressChanged(WebView view, int newProgress) {
    super.onProgressChanged(view, newProgress);  }
    @Override//接收到页面的icon图标时回调
    public void onReceivedIcon(WebView view, Bitmap icon) {
    super. onReceivedIcon(view, icon);  }
    @Override //接收到页面的Title标题时回调
    public void onReceivedTitle(WebView view, String title) {
    super. onReceivedTitle(view, title);  }
}
```

12.2.2 案例 53 使用 WebView 控件加载网页并支持 JavaScript

本案例使用 WebView 控件加载互联网网页,并开启支持 JavaScript 的能力。界面效果如图 12-2 所示,开启 Javascript 支持后,可以正常打开新浪网首页。如果不开启 JavaScript 功能,网页不能正常显示。

图 12-2 案例 53 界面效果

界面上有两个按钮和一个 WebView 控件,布局代码不再给出,控件 ID 从上到下分别为 button_url、button_nojs、webView1。

代码如下所示,代码中为 WebView 控件设置了 WebViewClient 对象,使之能够加载互联网网页。该对象通过继承 WebViewClient 类的匿名内部类对象定义完成,其中重写了 shouldOverrideUrlLoading()方法,该方法可以获取 WebView 控件访问的 URL 地址,在该方法中可以拦截网页的请求，拦截后不再加载网页。

两个按钮的 onClick()方法中，通过 WebView 控件的 setJavaScriptEnabled()方法，来开启和关闭对 JavaScript 的支持，读者可以比较两者打开网页的区别。

```java
public class MainActivity extends AppCompatActivity {
    private WebView mWebview;
    @Override
    protected void onCreate(Bundle savedInstanceState) {
        super.onCreate(savedInstanceState);
        setContentView(R.layout.activity_main);
        mWebview = findViewById(R.id.webView1);//获得 WebView 控件引用
        mWebview.setWebViewClient(new WebViewClient(){//以匿名内部类对象方式创建
            @Override //API-24 以下回调该方法，返回 true 表示拦截网页请求
            public boolean shouldOverrideUrlLoading(WebView view, String url) {
                return super.shouldOverrideUrlLoading(view, url);
            }
            @Override //API-24 及以上回调该方法，返回 true 表示拦截网页请求
            public boolean shouldOverrideUrlLoading(WebView view, WebResourceRequest request) {
                return super.shouldOverrideUrlLoading(view, request);
            }
        });
        findViewById(R.id.button_url).setOnClickListener(new View.OnClickListener() {
            @Override
            public void onClick(View view) {
                //开启 JavaScrpit 支持
                mWebview.getSettings().setJavaScriptEnabled(true);
                mWebview.loadUrl("https://www.sina.com.cn");
            }
        });
        findViewById(R.id.button_nojs).setOnClickListener(new View.OnClickListener() {
            @Override
            public void onClick(View view) {
                //关闭 JavaScrpit 支持
                mWebview.getSettings().setJavaScriptEnabled(false);
                mWebview.loadUrl("https://www.sina.com.cn");
            }
        });
    }
}
```

12.3 案例 54 监听长按事件并获取网页内容

在 WebView 控件中，可以监听长按事件，捕获选中的网页内容。要实现这个功能，需要用 WebView 控件的 setOnLongClickListener()方法设置长按监听事件，监听事件类需要实现 View.OnLongClickListener

12-5 案例 54 监听长按事件并获取网页内容

接口，重写该接口中的 onLongClick()方法，该方法参数可以获得 WebView 控件返回的 HitTestResult 类对象，该对象中携带了选中内容信息。

HitTestResult 类中主要有两个解析内容的方法：getType()方法和 getExtra()方法。getType() 方法用于获取所选中目标的类型，类型有图片、超链接、电子邮箱、电话等，该方法返回的常见类型如下。

- WebView.HitTestResult.UNKNOWN_TYPE：未知类型。
- WebView.HitTestResult.PHONE_TYPE：电话类型。
- WebView.HitTestResult.EMAIL_TYPE：电子邮件类型。
- WebView.HitTestResult.GEO_TYPE：地图类型。
- WebView.HitTestResult.SRC_ANCHOR_TYPE：超链接类型。
- WebView.HitTestResult.SRC_IMAGE_ANCHOR_TYPE：带有链接的图片类型。
- WebView.HitTestResult.IMAGE_TYPE：单纯的图片类型。
- WebView.HitTestResult.EDIT_TEXT_TYPE：文字类型。

getExtra()方法用于获取长按目标的额外信息，信息类型由 getType()方法确定，比如 URL 地址、电话号码等。

长按监听网页内容案例界面效果如图 12-3 所示。界面上有一个 TextView 控件和一个 WebView 控件，当长按网页上的内容时，将内容信息显示在 TextView 控件上。

界面上的文本框控件和 WebView 控件的 ID 分别为 textView、webView1。MainActivity 类代码如下所示，使用了程序中内置的网页代码来呈现网页。

图 12-3　案例 54 界面效果

```java
public class MainActivity extends AppCompatActivity {
    private TextView mTv;
    private WebView mWebview;
    @Override
    protected void onCreate(Bundle savedInstanceState) {
        super.onCreate(savedInstanceState);
        setContentView(R.layout.activity_main);
        mTv = findViewById(R.id.textView);
        mWebview = findViewById(R.id.webView1);
        //以匿名内部类对象方式创建
        mWebview.setOnLongClickListener(new View.OnLongClickListener() {
            @Override
            public boolean onLongClick(View view) {
                WebView.HitTestResult result = (
                    (WebView) view).getHitTestResult();//获得内容对象
                if(result != null){
                    String tmpstr = "";
                    switch (result.getType()){//根据类型做相应的处理
                        case WebView.HitTestResult.SRC_IMAGE_ANCHOR_TYPE:
                            tmpstr = "选中图片: " + result.getExtra();  break;
                        case WebView.HitTestResult.IMAGE_TYPE:
                            tmpstr = "选中图片: " + result.getExtra();  break;
```

```java
                    case WebView.HitTestResult.EMAIL_TYPE:
                        tmpstr = "选中 EMAIL: " + result.getExtra(); break;
                    case WebView.HitTestResult.PHONE_TYPE:
                        tmpstr = "选中电话: " + result.getExtra(); break;
                    default:   tmpstr = "未枚举类型="+result.getType()+
                        ":"+result.getExtra (); break;
                }
                mTv.setText(tmpstr);
            }
            return true;
        } });
    String htmlString = "<!DOCTYPE html><html><head>" +
        "<meta charset=\"UTF-8\"><title>Title</title>" +
        "</head><body><h1 id=\"h\">学习运动知识、科学锻炼</h1>" +
        "<button onclick=\"confirm('你好 confirm')\">" +
        "调用 confirm</button>" +
        "<button onclick=\"alert('你好 alert')\">" +
        "调用 alert</button>" +
        "<button onclick=\"prompt('你好 prompt')\">" +
        "调用 prompt</button><br>" +
        "发 EMail:<a href=\"mailto:yourself@qq.com\">" +
        "yourself@qq.com</a><br>" +
        "拨打:<a href=\"tel:10086\">10086</a></a><br>" +
        "发送:<a href=\"geopoint:116.281588,39.866166\">" +
        "我的位置</a><br><imgsrc=" +
        "\"http://ncre.neea.edu.cn/res/Home/node/160330158.jpg" +
        "\"alt=\"图片\"/></body></html>";
    mWebview.loadData(htmlString, "text/html; charset=utf-8",
        "utf-8");
    }
}
```

12.4 与网页代码交互

Android 代码与网页 JavaScript 代码的交互，调用上可以分为两个方向：从 Android 原生代码中调用网页的 JavaScript 代码；从网页的 JavaScript 代码中调用 Android 原生代码。为了实现与 JavaScript 代码的交互，需要为 WebView 控件设置以下属性。

```java
    mWebview.getSettings().setJavaScriptEnabled(true); //设置与 JavaScript 交互
    //设置允许 JavaScript 弹窗
    mWebview.getSettings().setJavaScriptCanOpenWindowsAutomatically(true);
```

Android 调用 JavaScript 代码一定要在页面加载完成后才能正常调用。可以通过重写 WebViewClient 类的 onPageFinished()回调方法，监测页面加载完成事件，控制调用时机。

12.4.1 案例 55 使用 WebView 控件调用 JavaScript 代码

Android 使用 WebView 控件调用网页上的 JavaScript 代码有两种方式：通过 loadUrl()方法调用；通过 evaluateJavascript()方法调用。

通过 WebView 控件的 loadUrl()方法调用网页中的 JavaScript 方法如下代码所示，其中 AnddcallJS()方法为网页中的自定义的 JavaScript 方法名。这种调用方式会刷新页面，效率比较低，并且无法获得 JavaScript 方法的返回值。

12-6
案例 55 使用 WebView 控件调用 JavaScript 代码

```
mWebview.loadUrl("javascript:AnddcallJS()");
```

通过 WebView 控件的 evaluateJavascript()方法调用，该方式不刷新页面，比第一种方式效率高，并且可以获得返回值。evaluateJavascript()方法在 Android 4.4 版本后才可用，示例代码如下所示，该方法的第 1 个参数是 JavaScript 代码，第 2 个参数是 ValueCallback 接口对象，接口方法 onReceiveValue()的参数传回调用结果。

```
mWebview.evaluateJavascript("javascript:AnddcallJS()",
    new ValueCallback<String>() { @Override public void onReceiveValue(String value) {//value 中传回调用结果 }});
```

 WebView 控件默认状态下不能弹出 JavaScript 中的网页窗口，如要弹窗，需要为 WebView 控件设置 WebChromeClient 对象。

本案例界面效果如图 12-4 所示，界面上放了一个 WebView 控件和两个按钮控件，两个按钮分别实现了上述两种方式调用 JavaScript 方法。网页上有几个网页按钮，在下面案例里使用。

1. UI 控件 ID 说明

从上到下 2 个按钮的 ID 分别为 button_url、button_evaluate，WebView 控件的 ID 为 webView1。

2. MainActivity 类

使用 WebView 控件与 JavaScript 代码交互前，先对控件进行必要的设置，并设置 WebChromeClient 对象，使网页可以弹窗。在 HTML 代码中加入 JavaScript 方法 AndroidCallJS()供 WebView 控件调用，在该方法中实现弹窗。

图 12-4 案例 55 界面效果

```java
public class MainActivity extends AppCompatActivity {
    private TextView mTv;
    private WebView mWebview;
    @Override
    protected void onCreate(Bundle savedInstanceState) {
        super.onCreate(savedInstanceState);
        setContentView(R.layout.activity_main);
        mTv = findViewById(R.id.textView);
        mWebview = findViewById(R.id.webView1);
        //开启 JavaScript 支持
        mWebview.getSettings().setJavaScriptEnabled(true);
```

```java
//开启JavaScript弹窗
mWebview.getSettings().setJavaScriptCanOpenWindowsAutomatically(true);
//设置WebChromeClient对象使弹窗正常工作
mWebview.setWebChromeClient(new WebChromeClient());
findViewById(R.id.button_url).setOnClickListener(new
View.OnClickListener() {//使用loadUrl()调用
    @Override
    public void onClick(View view) {
        mWebview.loadUrl("javascript:AnddcallJS(\" by loadUrl\")");
        mTv.setText("mWebview.loadUrl(\"javascript:AndroidCallJS()\");");
    }
});
findViewById(R.id.button_evaluate).setOnClickListener(new
View.OnClickListener() {//使用evaluateJavascript()调用
    @Override
    public void onClick(View view) {
        Toast.makeText(MainActivity.this,"call
        js",Toast.LENGTH_SHORT).show();
        if (Build.VERSION.SDK_INT >= 19) {
            mWebview.evaluateJavascript("javascript:AndroidCallJS(\"
            by evaluateJavascript\")",
            new ValueCallback<String>() {
                @Override
                public void onReceiveValue(String value) {
                    Toast.makeText(MainActivity.this,"调用JS返回：" +
                    value, 0).show();//0短时显示
                }
            });
            mTv.setText("mWebview.evaluateJavascript(\"javascript:
            AnddcallJS()\"");
        }
    }
});
String htmlString = "<!DOCTYPE html><html><head>" +
 "<meta charset=\"UTF-8\"><script> " +
 "function AndroidCallJS(param){ " +
 "alert(\"Android调用了JS的AndroidCallJS()方法" +
 "，传来的参数是：\"+param); return '你好，中国';" +
 "}</script><title>Title</title></head><body>" +
 "<h1 id=\"h\">学习运动知识、科学锻炼</h1>" +
 "<button onclick=\"confirm('你好 confirm')\">" +
 "调用confirm</button>" +
 "<button onclick=\"alert('你好 alert')\">" +
 "调用alert</button>" +
 "<button onclick=\"prompt('你好 prompt')\">" +
 "调用prompt</button><br>" +
 "发EMail:<a href=\"mailto:yourself@qq.com\">" +
 "yourself@qq.com</a><br>" +
 "拨打:<a href=\"tel:10086\">10086</a></a><br>" +
 "发送:<a href=\"geopoint:116.281588,39.866166\">" +
 "我的位置</a><br></body></html>\n";
```

```
            mWebview.loadData(htmlString, "text/html; charset=utf-8",
                "utf-8");
        }
    }
```

12.4.2 案例 56　JavaScript 调用 Android 代码

JavaScript 调用 Android 代码有三种方式：通过 WebViewClient 对象的 shouldOverrideUrlLoading()方法拦截 URL 方式；通过 WebView 控件的 addJavascriptInterface()将 Android 对象映射到 JavaScript 代码方式；通过 WebChromeClient 对象拦截 JavaScript 对话框方式。其中第二种方式是开发首选。

第一种方式比较烦琐。通过 URL 地址字符串作为信息传递的媒介，通过在 WebViewClient 对象的 shouldOverrideUrlLoading()方法中拦截、解析 URL 传递的信息，来获得网页请求 WebView 控件做的事情。这是一种间接调用，需要开发者在 URL 中定义信息格式和参数。该方式的优点是没有安全漏洞。JavaScript 代码中发出间接调用代码如下所示。

```
            document.location = "js://webview?func=cmdone&code=0510&cityname=wuxi";
```

第二种方式简单易用。通过 WebView 控件的 addJavascriptInterface()方法将 Android 中的 Java 对象映射到 JavaScript 中后，JavaScript 就可以通过该对象直接调用 Android 代码。该方式的缺点是在 Android 4.2 版本以下存在漏洞攻击的安全问题，在高于 Android 4.2 版本系统中，可以用 @JavascriptInterface 注解被 JavaScript 调用的方法解决安全问题。这种开发方式需要在 Android 中定义映射类、映射类对象、在网页的 JavaScript 代码中调用这 3 个步骤，示例代码如下。

```
    //步骤1：定义映射到 JavaScript 的类
    class JavaClassMaptoJs {
        @JavascriptInterface  //被 JavaScript 调用的方法必须加入@JavascriptInterface 注解
        public void func_1(String msg) {    }
    }
    //步骤2：将 Java 类对象映射到 JavaScript 中，JavaScript 中用 AndroidToJs 引用使用该对象
    mWebview.addJavascriptInterface(new JavaClassMaptoJs(), "AndroidToJs");
    //步骤3：在 JavaScript 中使用 AndroidToJs 引用调用 Android 代码
    AndroidToJs.func_1("在 JavaScript 中调用了 Android 中的方法 func_1");
```

第三种方式比较烦琐，但无安全问题。通过重写 WebChromeClient 类的回调方法 onJsAlert()、onJsConfirm()和 onJsPrompt()，来拦截 JavaScript 对话框 alert()、confirm()和 prompt()的方式，实现 JavaScript 调用 Android 代码。

本案例以第二种和第三种方式为例介绍 JavaScript 调用 Android 代码的使用。界面效果如图 12-5 所示。单击网页上的按钮会调用 JavaScript 的方法，回调 Android 代码。

MainActivity 类、MyWebChromeClient 类和 JavaClassMaptoJs 类代码如下所示。MyWebChromeClient 类和 JavaClassMaptoJs 类以内部类形式定义在 MainActivity 类的内部。MyWebChrome-

图 12-5　案例 56 界面效果

Client 类中重写了拦截 JavaScript 消息框的方法,在方法中加入了自定义的消息处理代码。JavaClassMaptoJs 类是自定义的映射到 JavaScript 中的接口类,该类中的方法会被网页上的 JavaScript 代码调用。

```java
public class MainActivity extends AppCompatActivity {
    private TextView mTv;
    private WebView mWebview;
    @Override
    protected void onCreate(Bundle savedInstanceState) {
        super.onCreate(savedInstanceState);
        setContentView(R.layout.activity_main);
        mTv = findViewById(R.id.textView);//获得界面上文本框的引用
        mWebview = findViewById(R.id.webView1);
        mWebview.getSettings().setJavaScriptEnabled(true); //开启 JS 支持
        mWebview.getSettings().setJavaScriptCanOpenWindowsAutomatically
            (true);//开启 JS 弹窗
        //设置 MyWeb-ChromeClient 对象
        mWebview.setWebChromeClient(new MyWebChromeClient());
        //将 Java 类对象映射到网页中
        mWebview.addJavascriptInterface(new JavaClassMaptoJs(), "AndroidToJs");
        String htmlString = "<!DOCTYPE html><html><head>" +
            "<meta charset=\"UTF-8\"><script>" +
            "function CallAndroid(strinfo){" +
            "  AndroidToJs.func_1(strinfo);" +
            "}</script><title>Title</title></head><body>" +
            "<h1 id=\"h\">学习运动知识、科学锻炼</h1>" +
            "<button onclick=\"confirm('你好 confirm')\">" +
            "调用 confirm</button>" +
            "<button onclick=\"alert('你好 alert')\">" +
            "调用 alert</button>" +
            "<button onclick=\"prompt('你好 prompt')\">" +
            "调用 prompt</button><br>" +
            "<button onclick=\"CallAndroid('你好 Android, " +
            "我是 JavaScript')\">调用 Android 方法</button><br>" +
            "发 EMail:<a href=\"mailto:yourself@qq.com\">" +
            "yourself@qq.com</a><br>" +
            "拨打:<a href=\"tel:10086\">10086</a></a><br>" +
            "发送:<a href=\"geopoint:116.281588,39.866166\">" +
            "我的位置</a><br></body></html>";
        mWebview.loadData(htmlString, "text/html; charset=utf-8",
            "utf-8");
    }
    class MyWebChromeClient extends WebChromeClient{
        // 拦截 JS 的确认框,参数 message 是调用 JS 方法 confirm()时传入的参数
        @Override
        public boolean onJsConfirm(WebView view, String url, String
            message, JsResult result) {
            mTv.setText(message);//将消息显示在 UI 上
```

```
            //相当于单击了弹窗的 OK 按钮, result.cancel()相当于单击了弹窗的 cancel 按钮
            result.confirm();
            AlertDialog.Builder builder = new AlertDialog.Builder(MainActivity.
            this); //自己构造窗口,替换 JS 的弹窗
            AlertDialog dlg = builder.create();
            dlg.setTitle("提示");
            dlg.setMessage("拦截了 JavaScript 的 confirm 方法,其中传来的消息是: "
            +message);
            dlg.setButton(AlertDialog.BUTTON_POSITIVE, "确定",
                    new DialogInterface.OnClickListener() {
                        @Override public void onClick(DialogInterface
                        dialogInterface, int i) {  } });
            dlg.show();
            //返回 true 则不再弹窗,须用 result 模拟单击弹窗按钮,否则网页会卡死
            return true;
        }
        @Override// 拦截 JS 警告框,参数 message 是调用 JS 方法 alert()时传入的参数
        public boolean onJsAlert(WebView view, String url, String message,
        JsResult result) {
            mTv.setText(message);//将消息显示在 UI 上
            return false; //返回 false 时弹 JS 窗口
        }
        @Override// 拦截输入框,参数 message 是调用 JS 方法 prompt()时传入的参数
        public boolean onJsPrompt(WebView view, String url, String message,
        String defaultValue, JsPromptResult result) {
            mTv.setText(message);//将消息显示在 UI 上
            return false; //返回 false 时弹 JS 窗口
        }
    }
    class JavaClassMaptoJs extends Object {//映射到 JS 的类
        @JavascriptInterface// 被 JS 调用的方法必须加入@JavascriptInterface 注解
        //将消息显示在 UI 上 }
        public void func_1(String message) { mTv.setText(message);
        }
    }
}
```

MyWebChromeClient 类中三个回调方法 onJsAlert()、onJsConfirm()和 onJsPrompt()的参数说明如下。

- 参数 url 表示网页地址。
- 参数 message 携带了对应 JavaScript 方法的参数,网页中的 JavaScript 通过该参数向 Android 代码传递信息。
- 参数 result 让 Android 代码操纵 JavaScript 对话框的返回结果,为 JavaScript 代码返回结果。

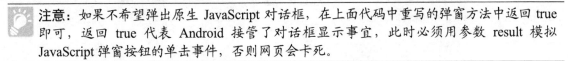

注意:如果不希望弹出原生 JavaScript 对话框,在上面代码中重写的弹窗方法中返回 true 即可,返回 true 代表 Android 接管了对话框显示事宜,此时必须用参数 result 模拟 JavaScript 弹窗按钮的单击事件,否则网页会卡死。

12.5 案例 57 从网页中下载文件

可以使用 WebView 控件监听用户的下载文件操作。使用 WebView 控件的 setDownloadListener()方法设置 DownloadListener 下载监听器，重写监听器中的 onDownloadStart()方法，当下载文件时会回调该方法，可以在该方法中获得下载文件的 URL，有了 URL 后，可以选择不同的下载策略。

12-8
案例 57 从网页中下载文件

➢ 使用外部浏览器下载。
➢ 使用 Android 系统服务下载。
➢ 用 Java 中的网络工具类编写代码下载。

使用 Java 中的网络工具类下载文件，参见其他资料。下面给出使用外部浏览器下载文件和使用 Android 系统服务下载文件的编程方法。本案例界面效果如图 12-6 和图 12-7 所示，当使用 Android 系统服务下载时，文件下载完成后可以在系统的下载应用中看到。

界面上 TextView 控件的 ID 为 textView，在上面显示下载地址，WebView 控件 ID 为 webView1。本案例需要在清单文件中增加访问互联网权限和读写外存储的权限，如下代码所示。

```
<uses-permission android:name="android.permission.INTERNET" />
<uses-permission android:name="android.permission.WRITE_EXTERNAL_STORAGE" />
```

1. MainActivity 类

在 onCreate()方法中对 WebView 控件做了必要设置，并注册了广播接收者监听下载完成事件。使用 setDownloadListener()方法为 WebView 控件设置了下载监听器。在监听器中重写了 onDownloadStart()方法，在这个方法中可以监听到网页上的下载事件、获得下载的地址。代码如下所示。

图 12-6 网页上的下载文件界面

图 12-7 下载应用中的下载文件界面

```
public class MainActivity extends AppCompatActivity {
    private TextView mTv;
    private WebView mWebview;
    private MyReceiver mReceiver;
    @Override
```

```java
protected void onCreate(Bundle savedInstanceState) {
    super.onCreate(savedInstanceState);
    setContentView(R.layout.activity_main);
    getPermissionForApp();
    mReceiver = new MyReceiver();
    IntentFilter intentFilter = new IntentFilter();
    //接收下载完成事件广播
    intentFilter.addAction(
        DownloadManager.ACTION_DOWNLOAD_COMPLETE);
    this.registerReceiver(mReceiver,intentFilter);//注册广播接收者
    mTv = findViewById(R.id.textView);
    mWebview = findViewById(R.id.webView1);
    //开启 JavaScript 支持
    mWebview.getSettings().setJavaScriptEnabled(true);
    // 设置允许 JavaScript 弹窗
    mWebview.getSettings()
        .setJavaScriptCanOpenWindowsAutomatically(true);
    mWebview.setWebViewClient(new WebViewClient());
    //下载该网站上的 Android 应用
    mWebview.loadUrl("https://dl.pconline.com.cn/android/");
    //设置下载监听器
    mWebview.setDownloadListener(new DownloadListener() {
        @Override
         public void onDownloadStart(String url, String userAgent,
            String contentDisposition, String mimetype,
            long contentLength) {
            mTv.setText("download:"+url);
            Uri uri = Uri.parse(url);
            String fileName = URLUtil.guessFileName(url,
                contentDisposition, mimetype);
/* //方法 1：请求外部浏览器下载
Intent intent = new Intent(Intent.ACTION_VIEW, uri);
startActivity(intent);
*/
//方法 2：使用 Android 系统服务下载
// 指定下载地址
DownloadManager.Request request = new
                    DownloadManager.Request(uri);
// 设置通知的显示类型，下载进行时和完成后显示通知
request.setNotificationVisibility(
    DownloadManager.Request.VISIBILITY_VISIBLE_NOTIFY_COMPLETED);
// 设置通知栏的标题，如果不设置，默认使用文件名
request.setTitle("YDHL 下载文件: "+fileName);
// 设置通知栏的描述
request.setDescription("从"+uri.getAuthority()+
    "下载"+uri.getPath());
// 是否允许在计费流量下下载
```

```java
        request.setAllowedOverMetered(true);
        // 是否允许漫游时下载
        request.setAllowedOverRoaming(true);
        // 允许下载的网路类型
        request.setAllowedNetworkTypes(
            DownloadManager.Request.NETWORK_MOBILE);
        request.setAllowedNetworkTypes(
            DownloadManager.Request.NETWORK_WIFI);
        // 设置下载文件保存的路径和文件名
        request.setDestinationInExternalPublicDir(
            Environment.DIRECTORY_DOWNLOADS, fileName);
        // 获得系统下载服务
        final DownloadManagerddManager = (DownloadManager)
            getSystemService(DOWNLOAD_SERVICE);
        //添加下载任务到服务队列并返回任务 ID, 用该 ID 在系统广播中获得下载状态
        long downloadId = ddManager.enqueue(request);
    } });
}

@Override  protected void onDestroy() {
    this.unregisterReceiver(mReceiver);
    super.onDestroy();
}
private void getPermissionForApp() {
    if (Build.VERSION.SDK_INT< 23) return;
    List<String>permissionList = new ArrayList<>();
    // 检查是否有内存权限，没有就放进请求列表
    if (ContextCompat.checkSelfPermission(this,
        Manifest.permission.WRITE_EXTERNAL_STORAGE) !=
        PackageManager.PERMISSION_GRANTED) {
        permissionList.add(
            Manifest.permission.WRITE_EXTERNAL_STORAGE);
    }
    if (permissionList.size() > 0)
        ActivityCompat.requestPermissions(this,
            permissionList.toArray(new
                    String[permissionList.size()]), 110);
    }
}
```

以上为使用外部浏览器下载（放开注释就可使用）和使用 Android 系统服务下载的代码。使用 Android 系统服务下载的代码中，创建了下载请求，对流量、网络类型要求、通知栏显示的通知消息等进行了设置，然后将下载请求放入下载服务的下载队列中。

 注意：DownloadManager 类的入队方法 enqueue()会返回下载任务 ID，在广播接收者中捕获下载完成事件后，也可以获得下载任务 ID，通过比较两者的 ID 就可以获知下载的是哪个任务。

2. MyReceiver 类

使用 Android 系统服务下载完成后，系统会发送一条广播，广播里面携带下载任务 ID，开发者可以参照本例自定义广播接收者捕获下载广播，并从 DownloadManager 中获得下载信息进行处理。代码如下所示。

```java
public class MyReceiver extends BroadcastReceiver {
    @Override
    public void onReceive(Context context, Intent intent) {
        if (DownloadManager.ACTION_DOWNLOAD_COMPLETE.equals(
                intent.getAction())) {
            //获得下载任务 id
            long downloadId = intent.getLongExtra(
                DownloadManager.EXTRA_DOWNLOAD_ID, -1);
            //可以根据任务 id 判断是哪个下载任务
            DownloadManagerddManager = (DownloadManager)
                context.getSystemService(Context.DOWNLOAD_SERVICE);
            //获得 MIME 类型
            String type =
                ddManager.getMimeTypeForDownloadedFile(downloadId);
            //获得 uri
            Uri uri = ddManager.getUriForDownloadedFile(downloadId);
            Toast.makeText(context,"下载完成："+ uri.toString(),
                Toast.LENGTH_SHORT).show();
        }
    }
}
```

12.6 思考与练习

【思考】

1. WebView 控件是什么？使用该控件可以完成什么功能？
2. 如何定制 WebView 控件功能？
3. 如何通过 WebView 控件获取网页中的事件？
4. 如何通过 WebView 控件获取网页内容？
5. Android 原生代码如何与网页代码交互？

【练习】

拓展本章案例功能，使用 WebView 控件开发一个简易的浏览器。

第 13 章 传感器与定位

Android 设备中一般都会内置一些传感器,为人们提供辅助功能,比如测量运动、屏幕方向、位置、环境等的数据。不同的设备提供的传感器数量不一样。此外,大多数 Android 手机都提供了定位功能,结合地图应用,可以方便地实现导航功能。

本章介绍传感器和定位的基本知识和开发框架,并通过案例演示开发过程,使读者具备使用传感器和定位开发的能力。

13.1 Android 平台传感器介绍

13.1.1 Android 平台支持的传感器

Android 平台支持的传感器分为三类:环境传感器、动态传感器和位置传感器。

13-1
Android 平台传感器介绍

- 环境传感器:测量环境参数,包含气压计、光度计和温度计等。
- 动态传感器:监控设备的运动,如加速度和旋转速度,包含加速度计、重力传感器、陀螺仪和旋转矢量传感器等。
- 位置传感器:测量设备的物理位置,比如屏幕方向,包含屏幕方向传感器和磁场传感器等。

传感器在实现形式上,可以分为硬件传感器和软件传感器两大类。硬件传感器是内置在设备中的传感器硬件,直接测量数据。软件传感器是对传感数据的综合应用,也被称为虚拟传感器或合成传感器,比如线性加速度传感器和重力传感器就是软件传感器,它们输出的数据是使用其他传感器的数据经过分析和计算后得到的。

Android 平台支持的部分传感器类型如表 13-1 所示,个别之前经常使用但已经作废的传感器未列出。

表 13-1 Android 平台支持的部分传感器类型

传感器	类型	说明
TYPE_AMBIENT_TEMPERATURE 温度传感器	硬件	测量温度,以摄氏度(℃)为单位
TYPE_RELATIVE_HUMIDITY 湿度传感器	硬件	测量湿度,以百分比(%)表示
TYPE_LIGHT 光照传感器	硬件	测量环境光级(照度),以 lx 为单位
TYPE_PRESSURE 气压传感器	硬件	测量气压,以 hPa 或 mbar 为单位⊖
TYPE_GRAVITY 重力传感器	软件或硬件	测量三个物理轴向(X、Y、Z)上的重力,单位为 m/s^2。用于检测摇晃、倾斜等
TYPE_ACCELEROMETER 加速度传感器	硬件	测量三个物理轴向(X、Y、Z)上的加速力(包括重力),以 m/s^2 为单位

⊖ 1hPa=1mbar=100Pa。

(续)

传感器	类型	说明
TYPE_LINEAR_ACCELERATION 线性加速度传感器	软件或硬件	测量三个物理轴向（X、Y、Z）上的加速度（不包括重力），以 m/s^2 为单位
TYPE_GYROSCOPE 陀螺仪传感器	硬件	测量三个物理轴向（X、Y、Z）上的旋转速率，以 rad/s 为单位
TYPE_ROTATION_VECTOR 旋转矢量传感器	软件或硬件	通过提供设备旋转矢量的三个元素来检测设备的屏幕方向
TYPE_MAGNETIC_FIELD 磁场传感器	硬件	测量三个物理轴向（X、Y、Z）上的磁场，以 μT 为单位
TYPE_PROXIMITY 距离传感器	硬件	测量物体相对于屏幕的距离，以 cm 为单位

13.1.2 传感器坐标系和模拟器

一般情况下，传感器框架使用标准的三轴坐标系来表示传感器测量的数据值。对于大多数传感器，会以屏幕为基准定义坐标系，如图 13-1 所示。X 轴为水平向右延伸，Y 轴为垂直向上延伸，Z 轴为垂直于屏幕向外延伸，屏幕背面的坐标为负 Z 值。当设备的屏幕方向改变时，坐标轴不会转换，也就是说，传感器的坐标系不会随着设备的移动而改变，设备屏幕是坐标系的基准。

使用此坐标系的传感器有加速度传感器、重力传感器、陀螺仪传感器、线性加速度传感器、磁场传感器。

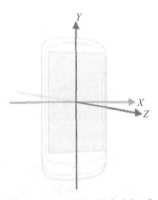

图 13-1 Android 设备坐标系

 注意：传感器坐标系始终基于设备的自然屏幕方向，也是默认方向。手机的自然屏幕方向是竖屏，而许多平板设备的自然屏幕方向为横屏。可以使用 Display.getRotation()方法确定屏幕的旋转度，再使用 SensorManager.remapCoordinate-System()方法将传感器坐标映射到屏幕的某个方向，修改坐标系的屏幕参照。

有些传感器和方法使用的坐标系是世界坐标系，而不是设备坐标系。这些传感器和方法返回的数据表示设备相对于地球的运动方向或位置，如方向传感器（已作废）、旋转矢量传感器、getOrientation()方法和 getRotationMatrix()方法返回的数据等。

开发中，要测试传感器功能，可以使用 Android 模拟器（Android Emulator）进行测试，运行 Android 虚拟机后，单击【…】菜单后，选择【Virtual sensors】菜单项，就可以打开传感器模拟窗口，如图 13-2 所示。模拟器包含一组虚拟传感器控件，可用来测试各种传感器，如加速度计、环境温度传感器、磁力计、距离传感器、光传感器等。

模拟器可以跟运行SdkControllerSensor应用的 Android 设备建立连接，此应用在 Android 4.0 及更高版本的设备中提供。SdkControllerSensor 应用会监控设备上传感器的变化，并将相关数据传输到模拟器，然后模拟器可以根据数据做出相应反应。使用 SdkControllerSensor 在设备和模拟器之间传输数据，需要按以下步骤执行操作：

- 在设备上启用 USB 调试功能。
- 使用 USB 数据线将设备连接到开发计算机。
- 在设备上启动 SdkControllerSensor 应用。

13-2 传感器开发框架介绍

- 在应用中，选择要模拟的传感器。
- 运行 adb 命令：$ adb forward tcp:1968 tcp:1968。
- 启动模拟器，就可以在模拟器上查看设备上传感器数据的变化。

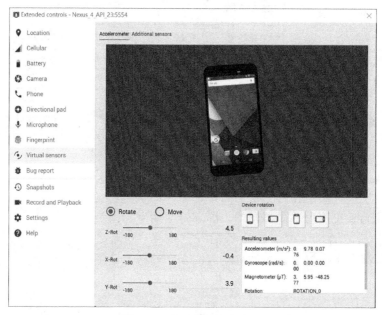

图 13-2　传感器模拟器窗口

13.1.3　传感器开发框架介绍

Android 提供了传感器开发框架及工具类库，开发者利用这些工具类可以方便地获取传感器原始数据。这些类在 android.hardware 包中提供，主要的工具类和接口有以下几个。

- SensorManager 传感器管理类：管理设备上传感器的使用，获取设备支持的传感器、获取传感器精确度、设置数据采集频率和注册传感器事件监听器等功能。
- Sensor 传感器类：通过该类获得传感器相关信息和使用传感器。
- SensorEvent 传感器事件类：系统用这个类创建传感器事件对象，提供传感器事件信息，如原始传感器数据、生成事件的传感器类型、数据的准确度和事件的时间戳。
- SensorEventListener 传感器事件监听器接口：使用此接口的回调方法，获取和处理传感器事件。

1. 判断设备支持的传感器

应用可以使用开发框架获取设备支持的传感器，确定设备上有哪些传感器和传感器的特性，例如最大量程、分辨率和功率要求。

用窗口等组件上下文的 getSystemService()方法获得传感器管理类 SensorManager 的实例。然后调用该实例的 getSensorList()方法使用 Sensor.TYPE_ALL 常量参数获取设备支持的传感器列表。如果想获取特定类型的传感器，可以使用该传感器常量参数指定要获得的传感器类型，如 Sensor.TYPE_MAGNETIC_FIELD 代表磁场传感器，Sensor.TYPE_GYROSCOPE 代表陀螺仪传感器。

获取设备支持的传感器示例代码如下。

```
SensorManager sensorManager = (SensorManager) getSystemService(Context.
SENSOR_SERVICE);  //获得传感器管理器
//获得设备上所有的传感器
List<Sensor> deviceSensors = sensorManager.getSensorList(Sensor.TYPE_ALL);
List<Sensor> gravitySensors = sensorManager.getSensorList(Sensor.TYPE_
GRAVITY);  //获得设备上所有的重力传感器
```

还可以使用 SensorManager 类的 getDefaultSensor()方法并传入目标传感器的类型常量，来确定设备上是否支持查询类型的传感器。在 Android 系统中，如果设备上有多个同类型的传感器，则必须将其中一个指定为默认传感器。因此该方法返回 null 引用，就表示设备上没有该类型的传感器。例如，以下代码会检查设备上是否支持磁场传感器。

```
Sensor magneticSensor = sensorManager.getDefaultSensor(Sensor.TYPE_
MAGNETIC_FIELD);  //获得默认磁场传感器
if(magneticSensor !=null){ // 设备支持磁场传感器}
else{ // 设备不支持磁场传感器}
```

获得传感器实例后，就可以使用 Sensor 类的方法获得传感器的参数。常用的方法有：getResolution()和 getMaximumRange()方法获得传感器的分辨率和最大量程；getPower()方法获得传感器的电源要求；getVendor()和 getVersion()方法获得传感器供应商和版本号；getMinDelay()方法获得传感器数据检测的最小时间间隔（微秒），该方法返回非零值表示传感器为流式传感器，会定期检测数据，返回 0 说明不是流式传感器，当数据变化时主动报告。

2．处理传感器事件

要获得传感数据，需要注册传感器监听器以监听传感器事件。自定义传感器监听器类时需要实现 SensorEventListener 接口，并重写该接口的两个方法 onAccuracyChanged()（精度变化方法）和 onSensorChanged()（传感器数据变化方法）。当传感器发生相应的事件时会回调这两个方法，开发者就可以在这两个方法中获取相应的数据。

➢ onAccuracyChanged()方法参数传入发生变化的 Sensor 对象引用及传感器的新精度，精度由以下状态常量之一表示：SENSOR_STATUS_ACCURACY_LOW 低精度、SENSOR_STATUS_ACCURACY_MEDIUM 中精度、SENSOR_STATUS_ACCURACY_HIGH 高精度或 SENSOR_STATUS_UNRELIABLE 不可靠精度。

➢ onSensorChanged()方法传入 SensorEvent 对象参数，对象参数中包含传感器数据信息。

传感器监听器类定义好后，用该类创建监听器实例，然后调用 SensorManager 类的 registerListener()方法注册监听器，注册时通过参数指定数据采集间隔，Android 系统在 SensorManager 类中预定义了一些间隔常量参数，时长如下所示。

➢ SENSIR_DELAY_NORMAL（200000μs）。
➢ SENSOR_DELAY_UI（60000μs）。
➢ SENSOR_DELAY_GAME（20000μs）。
➢ SENSOE_DELAY_FASTEST（0μs）。

从 Android 3.0 开始，可以由开发者指定数据采集间隔参数，其他应用也可以更改此参数。该参数值的设置，应尽量使用大的间隔值，使传感器数据采样频率降低，降低系统的资源消耗。

在不使用传感器或传感器活动暂停时一定要注销传感器监听器。如果不注销注册传感器，即使应用中的监听器程序已经暂停，传感器仍会工作。当屏幕关闭时，系统不会自动停用传感器，因此需要开发者编程主动停止传感器的数据采集工作。

13.1.4 案例58 获得设备传感器及传感事件处理

本案例演示传感器开发框架的使用，演示获得设备支持的传感器，并以光照传感器为例演示事件处理程序的使用。运行效果如图13-3所示。传感器的数据获取和使用在后面的案例里会介绍。

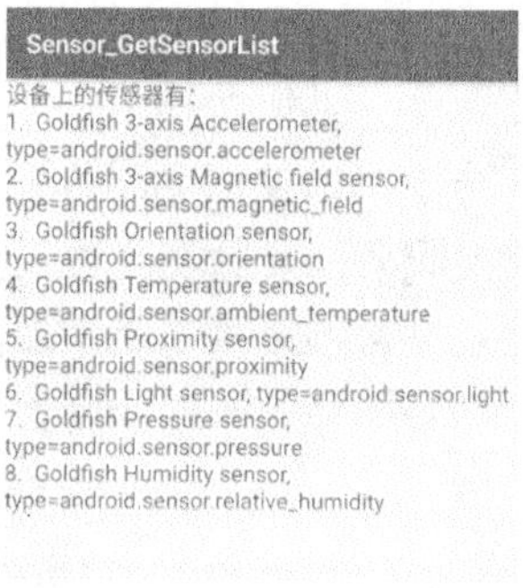

界面的TextView控件用于显示传感器设备列表，ID为textView。

MainActivity类代码如下所示，在窗口类中实现了SensorEventListener接口和该接口有关方法，并在onPause()和onResume()生命期方法中注册和注销光照传感器的监听器。

图13-3 获得设备上的传感器

```java
public class MainActivity extends AppCompatActivity implements SensorEventListener {
    private TextView mTv;
    private SensorManager mSensorManager;
    private Sensor mLight;
    List<Sensor> mSensorList;
    @Override
    public final void onCreate(Bundle savedInstanceState) {
        super.onCreate(savedInstanceState);
        setContentView(R.layout.activity_main);
        mSensorManager = (SensorManager) getSystemService(Context.SENSOR_SERVICE);  //获得传感器管理对象
        //获得设备上所有传感器列表
        mSensorList = mSensorManager.getSensorList(Sensor.TYPE_ALL);
         //获得光照传感器
        mLight = mSensorManager.getDefaultSensor(Sensor.TYPE_LIGHT);
        String str = "设备上的传感器有：\n";
        for(int i=0;i<mSensorList.size();i++){
            str += (i+1)+". "+mSensorList.get(i).getName() + ", type="+mSensorList.get(i).getStringType()+"\n";   }
        mTv = findViewById(R.id.textView);
        mTv.setText(str);
    }
    @Override//接口方法,传感器精度变化后回调
    public final void onAccuracyChanged(Sensor sensor, int accuracy) {   }
    @Override//接口方法,传感器报告数据时回调
    public final void onSensorChanged(SensorEvent event) {   }
    @Override//恢复运行时,注册传感器监听器
```

```
    protected void onResume() {
        super.onResume();
        mSensorManager.registerListener(this, mLight, SensorManager.SENSOR
            _DELAY_NORMAL);//注册
    }
    @Override//暂停运行时，注销传感器监听器
    protected void onPause() {
        super.onPause();
        mSensorManager.unregisterListener(this);//注销
    }
}
```

13.2 传感器数据获取

本节对三大类传感器检测的数据类型进行说明，大多数传感器的开发按照上述开发流程即可，特殊情况会额外说明并给出示例代码。

大多数传感器返回的数据可以直接使用，无须修正。有的传感器参数较为复杂，返回的数据可能需要修正。

13-4
传感器数据类型

13.2.1 环境传感器

Android 平台支持 4 种环境传感器，分别对温度、湿度、照度、气压进行检测。传感数据的数据值放在 SensorEvent.values[0]数组的第一个元素中，是浮点型数据。数值单位根据传感器类型匹配，温度°C、压强 hPa 等。

环境传感器一般都是基于硬件的传感器，返回的数据通常无须修正。环境传感器的开发步骤按照上述开发流程就可以完成传感数据获取。

13.2.2 动态传感器

Android 平台提供多种动态传感器。其中，加速度传感器和陀螺仪传感器是基于硬件的传感器，重力传感器、线性加速度传感器、旋转矢量传感器、有效运动传感器、步行计数传感器和步行检测传感器可能是硬件传感器，也可能是基于软件的传感器。大多数 Android 手机都配有加速度计和陀螺仪。

旋转矢量传感器和重力传感器是运动检测的最常用传感器。旋转矢量传感器通用性强，可用于各种与运动相关的检测任务，例如监控角度变化以及监控屏幕方向变化。旋转矢量传感器是开发游戏、增强现实应用、二维或三维指南针，或者相机稳定应用的理想选择。

大多数动态传感器的开发，按照开发框架使用流程即可。其中有效运动传感器比较特殊，后面会单独介绍其开发说明。

运动传感器的数据都通过 SensorEvent 对象中的 values 数组返回。表 13-2 列出了部分运动传感器的返回数据说明。

表 13-2　运动传感器数据

传感器	传感器事件数据	说明	单位
TYPE_ACCELEROMETER 加速度传感器	SensorEvent.values[0]	沿 X 轴的加速力（包括重力）	m/s^2
	SensorEvent.values[1]	沿 Y 轴的加速力（包括重力）	
	SensorEvent.values[2]	沿 Z 轴的加速力（包括重力）	
TYPE_ACCELEROMETER_UNCALIBRATED 加速度传感器（未经校准）	SensorEvent.values[0]	沿 X 轴测量的加速度，没有任何偏差补偿	m/s^2
	SensorEvent.values[1]	沿 Y 轴测量的加速度，没有任何偏差补偿	
	SensorEvent.values[2]	沿 Z 轴测量的加速度，没有任何偏差补偿	
	SensorEvent.values[3]	沿 X 轴测量的加速度，并带有估算的偏差补偿	
	SensorEvent.values[4]	沿 Y 轴测量的加速度，并带有估算的偏差补偿	
	SensorEvent.values[5]	沿 Z 轴测量的加速度，并带有估算的偏差补偿	
TYPE_GRAVITY 重力传感器	SensorEvent.values[0]	沿 X 轴的重力	m/s^2
	SensorEvent.values[1]	沿 Y 轴的重力	
	SensorEvent.values[2]	沿 Z 轴的重力	
TYPE_GYROSCOPE 陀螺仪传感器	SensorEvent.values[0]	绕 X 轴的旋转速率	rad/s
	SensorEvent.values[1]	绕 Y 轴的旋转速率	
	SensorEvent.values[2]	绕 Z 轴的旋转速率	
TYPE_GYROSCOPE_UNCALIBRATED 陀螺仪传感器（未经校准）	SensorEvent.values[0]	绕 X 轴的旋转速率（无漂移补偿）	rad/s
	SensorEvent.values[1]	绕 Y 轴的旋转速率（无漂移补偿）	
	SensorEvent.values[2]	绕 Z 轴的旋转速率（无漂移补偿）	
	SensorEvent.values[3]	绕 X 轴的估算漂移	
	SensorEvent.values[4]	绕 Y 轴的估算漂移	
	SensorEvent.values[5]	绕 Z 轴的估算漂移	
TYPE_LINEAR_ACCELERATION 线性加速度传感器	SensorEvent.values[0]	沿 X 轴的加速力（不包括重力）	m/s^2
	SensorEvent.values[1]	沿 Y 轴的加速力（不包括重力）	
	SensorEvent.values[2]	沿 Z 轴的加速力（不包括重力）	
TYPE_ROTATION_VECTOR 旋转矢量传感器	SensorEvent.values[0]	沿 X 轴的旋转矢量分量 $(x*\sin(\theta/2))$	无单位
	SensorEvent.values[1]	沿 Y 轴的旋转矢量分量 $(y*\sin(\theta/2))$	
	SensorEvent.values[2]	沿 Z 轴的旋转矢量分量 $(z*\sin(\theta/2))$	
	SensorEvent.values[3]	旋转矢量的标量分量 $((\cos(\theta/2))$	
TYPE_SIGNIFICANT_MOTION 有效运动传感器	无数据	每次检测到有效运动时都会触发事件，然后禁用	无
TYPE_STEP_COUNTER 步行计数传感器	SensorEvent.values[0]	已激活传感器最后一次重新启动以来用户迈出的步数	步数
TYPE_STEP_DETECTOR 步行检测传感器	无数据	用户每走一步就触发一次事件	无

1. 加速度传感器

加速度传感器提供设备的加速度和重力的测量数据，读数中包含两部分数据。要获得设备的实际加速度，必须从加速度计数据中移除重力，即分别计算 X、Y、Z 三个坐标轴方向上的重力，从加速度读数中减掉即可。移除重力后的值，就是线性加速度。

比如，当设备屏幕向上平放在桌子上（不加速）时，加速度计的 Z 轴读数为 $g = 9.81 m/s^2$，减去重力加速度后，线性加速度的值为 $0 m/s^2$；当设备屏幕向上自由落体以

9.81m/s² 的加速度落向地面时，其 Z 轴加速度计的读数为 g = 0m/s²，减去重力加速度后，线性加速度的值为-9.81m/s²。实际开发时可能需要用高通滤波器修正误差。

2．陀螺仪传感器

陀螺仪传感器提供原始数据，检测设备围绕 X、Y 和 Z 轴的旋转速率（rad/s）。观察者从 X、Y 或 Z 轴上正轴向原点看，设备逆时针旋转为正，顺时针旋转为负。

3．重力传感器

提供重力方向和大小的三维矢量，可以用于确定设备屏幕方向。当设备处于静止状态时，重力传感器的输出应与加速度计的输出相同。

线性加速传感器提供的三维矢量，表示沿着每个设备轴的加速度（不包括重力）。线性加速度传感器具有一个偏移量，应用开发时需要将其删除。可以通过将设备静止放置，读取三个轴的偏移量并记录下来，然后在采集数据过程中减去该偏移量，获得实际的线性加速度。

4．旋转矢量传感器

该传感器的坐标系以地球面为参照，坐标系定义如图 13-4 所示。

X 轴与地面相切，并大约指向东。Y 轴与地面相切，并指向地磁北极。Z 轴指向天空，并与地平面垂直。

该传感器使用角度和坐标轴的组合，返回四元数 $(\cos(\theta/2), X\times\sin(\theta/2), Y\times\sin(\theta/2), Z\times\sin(\theta/2))$，指示设备在坐标系中的旋转、位置等信息。

用于标志旋转矢量的四元数，每个分量的范围都在 (-1, 1) 之间，每一次旋转需要将新旧两个四元数相乘计算

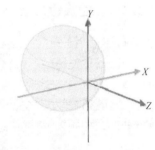

图 13-4　旋转矢量传感器使用的坐标系

设备的旋转情况，用于旋转的四元数都是单位四元数，它们的模是 1。旋转矢量的数据没有单位。

为帮助理解，举例解释四元数的意义。假定开发者应用运行时，初始化设备的位置与该坐标系的匹配为：设备屏幕竖屏为自然方向，设备水平放置，屏幕顶部向东，此时设备屏幕顶部方向是 X 轴正方向，屏幕左边方向是 Y 轴正方向，屏幕正对 Z 轴正方向。以屏幕正对方向为应用基准坐标，虚拟一个坐标轴 T，此时 T 轴和 Z 轴重叠，假定在 T 轴上有一个点 P，点 P 可以用坐标系中的坐标标定。当设备旋转一个角度停下后，设备 T 轴上的点 P 也发生了旋转，点 P 新旧两个位置间形成了 θ 度的角度，此时就可以用坐标值 x、y、z 和角度 θ 来标定设备旋转信息。

四元数的原理和计算知识可以查阅资料，在 Android 中提供了处理旋转的类，只要按要求提供四元数就可以完成计算工作。

5．有效运动传感器

该传感器在每次检测到有效运动时，都会触发事件，然后禁用。有效运动传感器的事件监听器是 TriggerEventListener，事件触发时会回调 onTrigger()方法。注册监听器方式如下所示。

```
Sensor mSensor = sensorManager.getDefaultSensor(Sensor.TYPE_SIGNIFICANT_
MOTION); //获得传感器

//实现监听器
TriggerEventListener triggerEventListener = new TriggerEventListener() {
    @Override public void onTrigger(TriggerEvent event) {
```

```
            // 处理传感数据的代码 }    };
//注册触发器
sensorManager.requestTriggerSensor(triggerEventListener, mSensor);
```

6. 步行计数传感器

该传感器提供激活后最后一次重启以来用户迈出的步数。与步行检测传感器相比，步行计数传感器的延迟时间更长（最多 10s），精确度更高。在 Android 10.0 之后版本的系统中，需要声明行为识别权限，如下所示。

```
<uses-permission android:name="android.permission.ACTIVITY_RECOGNITION"/>
```

7. 步行检测传感器

每次用户迈步时都会触发事件，延迟时间低于 2s。开发方式与有效运动传感器类似。在 Android 10.0 之后版本的系统中，需要声明行为识别权限。

13.2.3　位置传感器

位置传感器用于确定设备在世界参照系中的物理位置。动态传感器用于监测设备的移动。Android 平台通过使用磁场传感器和加速度传感器确定设备的位置；通过距离传感器确定物体与设备的距离，比如手机通话时熄灭屏幕就是距离传感器的应用。

位置传感器的开发，按照开发框架使用流程即可，传感器的返回数据也是放在 SensorEvent 对象的 values 数组中。位置传感器的类型如表 13-3 所示。

表 13-3　Android 平台支持的位置传感器

传感器	传感器事件数据	说明	单位
TYPE_GAME_ROTATION_VECTOR 游戏旋转矢量传感器	SensorEvent.values[0]	沿 X 轴的旋转矢量分量 $(x \times \sin(\theta/2))$	无单位
	SensorEvent.values[1]	沿 Y 轴的旋转矢量分量 $(y \times \sin(\theta/2))$	
	SensorEvent.values[2]	沿 Z 轴的旋转矢量分量 $(z \times \sin(\theta/2))$	
TYPE_GEOMAGNETIC_ROTATION_VECTOR 地磁旋转矢量传感器	SensorEvent.values[0]	沿 X 轴的旋转矢量分量 $(x \times \sin(\theta/2))$	无单位
	SensorEvent.values[1]	沿 Y 轴的旋转矢量分量 $(y \times \sin(\theta/2))$	
	SensorEvent.values[2]	沿 Z 轴的旋转矢量分量 $(z \times \sin(\theta/2))$	
TYPE_MAGNETIC_FIELD 磁场传感器	SensorEvent.values[0]	沿 X 轴的地磁场的磁感应强度	微特斯拉
	SensorEvent.values[1]	沿 Y 轴的地磁场的磁感应强度	
	SensorEvent.values[2]	沿 Z 轴的地磁场的磁感应强度	
TYPE_MAGNETIC_FIELD_UNCALIBRATED 未经校准的磁场传感器	SensorEvent.values[0]	沿 X 轴的地磁场的磁感应强度（无硬铁校准功能）	微特斯拉
	SensorEvent.values[1]	沿 Y 轴的地磁场的磁感应强度（无硬铁校准功能）	
	SensorEvent.values[2]	沿 Z 轴的地磁场的磁感应强度（无硬铁校准功能）	
	SensorEvent.values[3]	沿 X 轴的铁偏差估算	
	SensorEvent.values[4]	沿 Y 轴的铁偏差估算	
	SensorEvent.values[5]	沿 Z 轴的铁偏差估算	
	SensorEvent.values[1]	俯仰角（绕 x 轴的角度）	
	SensorEvent.values[2]	倾侧角（绕 y 轴的角度）	
TYPE_PROXIMITY 距离传感器	SensorEvent.values[0]	与物体的距离	cm

1．游戏旋转矢量传感器

游戏旋转矢量传感器的返回数据与旋转矢量传感器完全相同。但它不使用磁场，坐标系不与磁场方向关联，Y 轴指向其他参照物，不受磁场变化的影响，相对旋转更准确，适合在游戏中使用此传感器。

2．地磁旋转矢量传感器

该传感器的返回数据与旋转矢量传感器（使用陀螺仪）相同，它使用磁场计算旋转矢量，精度稍低，能耗也低，适合对精度要求不高的应用，可以节省设备的电量消耗。

3．磁场传感器

该传感器返回坐标轴上的地磁场强度原始数据，以微特斯拉为单位。

4．距离传感器

距离传感器用来确定物体与设备的距离，不同厂商的传感器返回数据有所不同，使用距离传感器时须查阅传感器资料以确定返回数据类型、单位等信息。

大多数距离传感器返回以 cm 为单位的绝对距离。有些传感器返回二进制值来表示"近"或"远"，在极近距离下返回最小值，极远距离状态下返回最大值。实际距离的判断，可以使用传感器类 Sensor 的 getMaximumRange()方法获得传感器表示的最大范围值，结合由极近到极远移动时采集的数据，计算返回值代表的实际距离。

13.2.4 案例 59 获得步数、光照、方位信息

本案例使用计步传感器、光照传感器获得步数信息和环境光照信息。因为 Android 系统废弃了方向传感器的使用，所以使用磁场传感器和加速度传感器的数据计算设备方位，并用一个指南针图片演示效果。运行效果如图 13-5 所示。

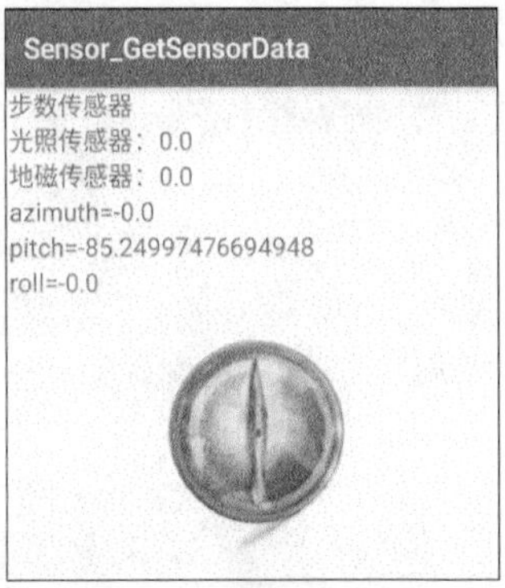

步数是计步器启动后测出的步数，注册计步器监听器一般是在 App 启动之后，所以应用监听数据时，计步器可能已经运行了很长时间并测出了若干步。

环境光照单位 lx（勒克斯），是设备所处环境的光照强度，是实时检测的，跟天气预报中的光照指数不同。

下面几个方位参数。azimuth 是设备的方向，屏幕自然方向顶端与磁北极重叠时为 0°，屏幕顶端指向东边时为 90°，屏幕顶端指向西边时为-90 度。pitch 和 roll 是设备水平放置时，沿 X 轴（pitch）和 Y 轴（roll）的与屏幕垂直的平面的旋转角度，范围为-180～180°。应用中的指南针永远指向磁北极。

图 13-5 获得传感器信息

13-5
案例 59 获得步数、光照、方位信息

使用 ImageView 控件加载了指南针图片，在代码中会根据方向来设置图片旋转角度，实现指南效果。

文本框控件从上到下的 ID 分别为 textView_p2_step、textView_p2_light、textView_p2_mag、textView_p2_pitch、textView_ p2_roll 和 textView_p2_azimuth。ImageView 控件的 ID 为 imageView_compass。

MainActivity 窗口类中的代码实现了 SensorEventListener 接口，在接口方法 onSensorChanged()中获得传感数据及调用更新界面的方法。在 onCreate()方法中获取 SensorManager 实例，获得传感器对象及注册传感器监听事件程序。代码如下所示。

```java
public class MainActivity extends AppCompatActivity implements SensorEventListener {
    private TextView mTxtStepcount,mTxtLight,mTxtMag,mTxtA,mTxtP,mTxtR;
    private ImageView mImageCompass;
    private float[] mAcceleration = new float[3];//保存加速度数据
    private float[] mMagnetic = new float[3];//保存地磁数据
    private float[] mOrients = new float[3];//保存方向数据
    private SensorManager mSensorManager;//保存传感器管理对象
    private Sensor mSetpSensor, mLightSensor, mMagneticSensor, mAccSensor;//定义传感器变量
    @Override
    public void onSensorChanged(SensorEvent sensorEvent) {//传感器数据发生变化
        switch (sensorEvent.sensor.getType()){
            case Sensor.TYPE_STEP_COUNTER://步行计数传感器
                this.updateStep(String.valueOf(sensorEvent.values[0]));
                break;
            case Sensor.TYPE_LIGHT://光照传感器
                this.updateLight(String.valueOf(sensorEvent.values[0]));
                break;
            case Sensor.TYPE_MAGNETIC_FIELD://磁场传感器
                mMagnetic = sensorEvent.values;
                this.updateMagnetic(String.valueOf(sensorEvent.values[0]));
                break;
            case Sensor.TYPE_ACCELEROMETER://加速度传感器
                mAcceleration = sensorEvent.values;
                float[] r = new float[9];
                SensorManager.getRotationMatrix(r,null,mAcceleration,
                    mMagnetic);  //计算旋转矩阵
                SensorManager.getOrientation(r,mOrients);  //从旋转矩阵得到方位信息
                //提取方向数据，与设备Y坐标轴正向同向，则是指向北极、夹角0度
                //向东夹角90度，向西夹角-90度
                double azimuth = Math.toDegrees(mOrients[0]);
                double pitch = Math.toDegrees(mOrients[1]);
                double roll = Math.toDegrees(mOrients[2]);
                this.updateCompass(azimuth,pitch,roll);
                break;
        }
    }
    //精度变化，在此处理      }
    @Override public void onAccuracyChanged(Sensor sensor, int i) {
    @Override
    protected void onCreate(Bundle savedInstanceState) {
        super.onCreate(savedInstanceState);
```

```java
        setContentView(R.layout.activity_main);
        mTxtStepcount = findViewById(R.id.textView_p2_step);
        mTxtLight = findViewById(R.id.textView_p2_light);
        mTxtMag = findViewById(R.id.textView_p2_mag);
        mTxtP = findViewById(R.id.textView_p2_pitch);
        mTxtR = findViewById(R.id.textView_p2_roll);
        mTxtA = findViewById(R.id.textView_p2_azimuth);
        mImageCompass = findViewById(R.id.imageView_compass);
        mSensorManager = (SensorManager) getSystemService(Context.SENSOR
        _SERVICE); //获得传感器管理实例
        List<Sensor> deviceSensors = mSensorManager.getSensorList(Sensor.
        TYPE_ALL); //获得传感器列表
        mSetpSensor = mSensorManager.getDefaultSensor(Sensor.TYPE_STEP_
        COUNTER); //获得计步传感器
        if(mSetpSensor !=null){ // 设备支持计步传感器,注册监听器
            mSensorManager.registerListener(this,
            mSetpSensor,SensorManager.SENSOR_DELAY_NORMAL);
        } else{
            Toast.makeText(this,"设备不支持计步传感器",Toast.LENGTH_
            SHORT).show();   }
        mLightSensor = mSensorManager.getDefaultSensor(Sensor.TYPE_
        LIGHT);//获得光照传感器
        if(mLightSensor !=null){ // 设备支持光照传感器,注册监听器
            mSensorManager.registerListener(this, mLightSensor,SensorManager.
            SENSOR_DELAY_NORMAL);
        } else{
            Toast.makeText(this,"设备不支持光照传感器",Toast.LENGTH_SHORT).
            show();   }
        mMagneticSensor = mSensorManager.getDefaultSensor(Sensor.TYPE_
        MAGNETIC_FIELD);//获得磁传感器
        if(mMagneticSensor !=null){ // 设备支持地磁传感器,注册监听器
            mSensorManager.registerListener(this,
            mMagneticSensor,SensorManager.SENSOR_DELAY_NORMAL);
        } else{
            Toast.makeText(this,"设备不支持地磁传感器",Toast.LENGTH_
            SHORT) .show();    }
        mAccSensor = mSensorManager.getDefaultSensor(
        Sensor.TYPE_ACCELEROMETER);//获得加速度传感器
        if(mAccSensor !=null){ // 设备支持加速度传感器,注册监听器
            mSensorManager.registerListener(this,
            mAccSensor,SensorManager.SENSOR_DELAY_NORMAL);
        } else{
            Toast.makeText(this,"设备不支持加速度传感器",Toast.LENGTH_
            SHORT).show();    }
    }
    @Override
    protected void onDestroy() {
```

```java
        super.onDestroy();
        mSensorManager.unregisterListener(this); //注销传感器监听器
    }
    public void updateStep(String valueOf) { mTxtStepcount.setText("步数传
感器: "+valueOf);    }
    public void updateLight(String valueOf) { mTxtLight.setText("光照传感
器: "+valueOf);    }
    public void updateMagnetic(String valueOf) { mTxtMag.setText("地磁传感
器: "+valueOf);    }
    public void updateCompass(double azimuth, double pitch, double roll) {
        mTxtA.setText("azimuth="+azimuth);    mTxtP.setText("pitch="+pitch);
        mTxtR.setText("roll="+roll);
        mImageCompass.invalidate();
        //计算角度取反，设置图片旋转角度
        mImageCompass.setRotation((float)-azimuth);
    }
    //请求权限
    private void getPermissionForApp() {
        if(Build.VERSION.SDK_INT<29) return;
        List<String>permissionList = new ArrayList<>();
        if(ContextCompat.checkSelfPermission(this,
              Manifest.permission.ACTIVITY_RECOGNITION)!=
PackageManager.PERMISSION_GRANTED)
           permissionList.add(Manifest.permission.ACTIVITY_RECOGNITION);
       if(permissionList.size()>0)
            ActivityCompat.requestPermissions(this,permissionList.toArray(new
String[permissionList.size()]), 110);
    }
}
```

代码中的方向数据需要使用地磁传感器和加速度传感器的数据进行计算，在加速度数据变化时，调用了 SensorManager 类的 getRotationMatrix()方法获得旋转矩阵，然后调用 getOrientation()方法从旋转矩阵中获得方向信息。

让指南针永远指向磁北极的编程，通过调用 ImageView 的 setRotation()方法，对传入的方向度数正负号取反实现该功能。

当窗口销毁时，注销传感器监听器。

13.3 使用定位功能

定位和位置功能几乎成为智能手机的标配，定位功能使应用更容易使用，更人性化。比如在微信中发给朋友一个位置，朋友就可以顺利找到你；旅游拍照片时，在照片元数据中加入位置信息，可以用位置管理照片查看足迹。

13.3.1 定位方式介绍

Android 系统中提供了 4 种定位方法，分别是卫星定位、WiFi 定位、基站定位和 AGPS（Assisted GPS，辅助全球卫星定位系统）定位。

13-6
定位方式及开发框架

1．卫星定位

大多数手机都内置了 GPS、北斗等卫星导航模块，使用卫星定位硬件获取卫星的信号数据，通过计算得到设备的经纬度、海拔高度等信息，这些计算都在硬件中完成，Android 应用开发时可以直接获取结果数据。卫星定位方式准确度高，可以离线使用，缺点是比较耗电，定位启动时间长，需要室外使用。

2．基站定位/WiFi 定位

基站自身位置标定好后，设备就可以利用到附近基站的信号强度进行三角定位，或者获取最近基站信息，以最近基站位置为依据，从定位服务器获得位置信息。

WiFi 定位也要事先标定 WiFi 热点位置，放在定位服务器上。Android 设备根据 WiFi 热点 MAC 地址获得热点的位置，然后以此位置为依据，从定位服务器获得位置信息。

这两种方式都需要结合定位服务器使用，定位时需要联网。

3．AGPS 定位

AGPS 是结合了 GSM 或 GPRS 与传统卫星定位的定位方式。利用基地台传送卫星信息以缩减 GPS 芯片获取卫星信号的时间，室内也能减少对卫星的依赖。AGPS 能提供范围更广、更省电、速度更快的定位服务。其精度在正常的 GPS 工作环境下可以达到 10m 左右，首次捕获 GPS 信号的时间仅需几秒，纯 GPS 定位首次捕获时间可能要 2~3min。

13.3.2 定位开发框架

Android 系统为开发定位服务提供了开发框架，利用开发框架和工具类，可以方便地获取位置数据。开发用到的几个工具类介绍如下。

1．LocationManager 位置管理器类

该类用于管理定位功能开发流程，定位功能的运转需要通过该类构建。通过调用 Context.getSystemService()方法的方式获得 LocationManger 对象实例。

2．LocationProvider 位置提供者类

该类描述位置提供者信息，通过位置管理类 LocationManger 获得合适的位置提供者。可以从卫星导航系统、网络等获得位置信息，提供者类型有 GPS_PROVIDER、NETWORK_PROVIDER、PASSIVE_PROVIDER。

 注意：LocationManager.PASSIVE_PROVIDER 定位提供者是被动方式，不会主动更新定位信息，只有其他应用请求定位时，本应用才能获得定位数据，否则不会主动申请定位数据。

3．Location 位置类

该类描述地理位置信息，经纬度、海拔高度、获取坐标时间、速度、方位等。定位信息通过该类对象实例返回给开发者，从 Location 对象实例中获得定位数据的代码如下所示。

```
float accuracy = location.getAccuracy();//获取此位置的水平精度(米)
double height = location.getAltitude();//获得高度(米)，如果没有高度信息返回 0
double latitude = location.getLatitude();//获得纬度
double longtitude = location.getLongitude();//获得经度
float speed = location.getSpeed();//获得设备移动速度（米/秒）
float bearing = location.getBearing();//获得设备移动方向，返回 0 至 360 度
```

其中设备移动方向得到的数值是 0～360 之间的角度，表示正北偏东多少度，如果没有移动，返回 0.0，比如 0.0 表示北（或没移动），90.0 表示东，180.0 表示南，270.0 表示西。

4．LocationListener 位置监听器接口

该类用于定义监听位置变化的接口，通过接口方法获取设备开关与状态。定位信息的实时刷新，就是通过该监听器的接口方法将 Location 对象传递给开发者的。使用 LocationManager 位置管理器类的方法 requestLocationUpdates()和 removeUpdates()实现注册和注销监听器。

5．Criteria 筛选条件类

该类用于筛选位置提供者的辅助类，根据精度、电量、是否提供高度、速度、方位、服务商付费等条件筛选提供者。使用筛选器过滤位置提供者的编程如下代码所示。

```
Criteria ca = new Criteria();
ca.setAccuracy(Criteria.ACCURACY_FINE);//设置为高精度
ca.setAltitudeRequired(true);//设置包含高度信息
ca.setBearingRequired(true);//设置包含方位信息
ca.setSpeedRequired(true);//设置包含速度信息
ca.setCostAllowed(true);//设置允许付费
ca.setPowerRequirement(Criteria.POWER_HIGH);//设置允许高耗电
//获得复合条件的位置提供者，放在链表中，第 2 个参数 true 表示只返回当前可用的提供者
List<LocationProvider> providerList = mLocationManager.getProviders(ca,true);
```

6．GPS 状态类 GpsStatus 和导航系统状态类 GnssStatus

一般的应用开发使用 LocationProvider 获得定位数据就可以，这种方式由系统根据实际情况选择合适的导航手段，简单易用，屏蔽了很多定位细节。当需要获得卫星原始数据信息时，才使用本部分进行开发。

在 API 级别 24 之前，使用 GpsStatus 类和 GpsStatus.Listener 接口组合对 GPS 状态进行监听。顾名思义，GpsStatus 状态类保存 GPS 状态信息，状态监听器监听状态变化，在卫星状态变化时，可以通过 GPS 状态监听器获得 GPS 状态信息。在监听器接口方法 onGpsStatusChanged()中对 GPS 启动、停止、第一次定位、卫星变化等事件进行监听。使用 LocationManager 位置管理类的 addGpsStatusListener()方法注册该监听器，使用 removeGpsStatusListener()方法注销监听器。

API 级别 24 及之后，为了使用 GPS、北斗、伽利略等其他卫星导航系统的导航数据，引入了 GNSS（Global Navigation Satellite System，全球导航卫星系统）工具类。GNSS 工具类可以获得卫星导航的原始数据，可以使用这些数据进行算法研究，保存卫星导航系统的状态信息。该类定义了一些常量表示使用什么导航系统，比如常量 CONSTELLATION_BEIDOU 表示使用北斗导航系统，常量 CONSTELLATION_GPS 表示使用 GPS 导航系统。

使用 GnssStatus.Callback 接口类定义监听器，该接口类需要重写 4 个方法 onFirstFix()、onStarted()、onStopped()和 onSatelliteStatusChanged()，实现对导航系统的第一次定位、启动、停

止、卫星变化事件的监听，使用 LocationManager 位置管理类的 registerGnssStatusCallback()方法注册，用 unregisterGnssStatusCallback()方法注销。

7．GPS 卫星类 GpsSatellite

GpsSatellite 类描述定位卫星的方位、高度、伪随机噪声码、信噪比等信息。调用 GpsStatus 类的 getSatellites()方法获得卫星列表。

13.3.3　案例 60　获得 GPS 定位数据

获取 GPS 定位数据开发主要有 4 步，如下所示。

13-7
案例 60　获得 GPS 定位数据

1．配置权限

申请定位权限，在清单文件中添加如下定位权限声明。

```
<uses-permission android:name="android.permission.INTERNET" />
<uses-permission android:name="android.permission.ACCESS_COARSE_LOCATION" />
<uses-permission android:name="android.permission.ACCESS_FINE_LOCATION" />
```

2．获取 LocationManager 位置管理者对象实例

使用上下文的 getSystemService(Context.LOCATION_SERVICE)方法获取，如下所示。

```
LocationManager mLocationManager = (LocationManager) Context.getSystemService
(Context.LOCATION_SERVICE);
```

3．获取 GPS 位置提供者

获得位置提供者的方法有多个，可以通过 LocationManager 类的 getAllProvider()方法获取设备支持的提供者列表，通过遍历列表看类型中是否有 GPS 定位。也可以通过名字方式，调用 getProvider()方法直接获取 GPS 位置提供者，如果返回 null，表示不支持 GPS 定位。代码如下所示。

```
//获得设备上所有的位置提供者
List<LocationProvider> allProvider = mLocationManager.getAllProviders();
LocationProvider gpsProvider=mLocationManager.getProvider(LocationManager.
GPS_PROVIDER);//获得 GPS 提供者
if(null==gpsProvider){ //不支持 GPS 定位 }
```

4．自定义位置监听器并注册

需要自定义实现 LocationListener 接口的类，实现接口方法，在接口方法中加入自己的处理代码。当不再使用位置服务时，须及时注销监听器。

本案例界面效果如图 13-6 所示。在获得经纬度后，还通过地图接口反向查询了对应的城市信息，反向查询城市信息需要联网权限。

UI 控件 ID 分别为 textView_p2_gpscityname、textView_p2_jwinfo。

MainActivity 类代码如下所示。在 onCreate()和 onDestory()方法中编写了注册和注销位置监听器代码。在该类中以内部类方式

图 13-6　获得定位数据

定义了 MyLocationListener 位置监听器类，并重写了 onLocation-Changed()接口方法，在该方法中调用 MainActivity 类中定义的更新位置信息方法 updateGpsLocation()更新界面。申请权限的代码在 getPermissionForApp()方法中。

```java
public class MainActivity extends AppCompatActivity {
    private TextView mTxtCityname, mTxtGpsInfo;
    LocationManager mLocationManager;//保存位置管理对象引用
    LocationListener mLocationListener;//保存位置监听器成员变量
    @SuppressLint("MissingPermission")
    @Override
    protected void onCreate(Bundle savedInstanceState) {
        super.onCreate(savedInstanceState);
        setContentView(R.layout.activity_main);
        getPermissionForApp();//运行申请权限代码
        mTxtCityname = findViewById(R.id.textView_p2_gpscityname);
        mTxtGpsInfo = findViewById(R.id.textView_p2_jwinfo);
        mLocationManager = (LocationManager)
            this.getSystemService(Context.LOCATION_SERVICE);
        mLocationListener = new MyLocationListener();//创建位置监听器对象实例
        //注册位置监听器，第二个参数是最小时间间隔（毫秒），第三个参数是最小距离（米）
        mLocationManager.requestLocationUpdates(LocationManager.GPS_PROVIDER,
            3000, 10, mLocationListener);
        mLocationManager.requestLocationUpdates(LocationManager.NETWORK_
            PROVIDER, 3000, 10, LocationListener);
    }
    @Override
    protected void onDestroy() {
        super.onDestroy();
        mLocationManager.removeUpdates(mLocationListener); //注销位置监听器
    }
    public void updateGpsLocation(Location location) {
        String str = "经度：" + location.getLongitude() + "\n 纬度："+
            location.getLatitude();
        mTxtGpsInfo.setText(str);
        String add = "";// 将经纬度转换成中文地址后，保存在此变量
        //创建地理编码对象
        Geocoder geoCoder = new Geocoder(this, Locale.CHINESE);
        try {//从服务器获取经纬度对应的地址信息
            List<Address> addresses = geoCoder.getFromLocation(
                location.getLatitude(), location.getLongitude(), 1);
            Address address = addresses.get(0);
            mTxtCityname.setText(address.getCountryName()+
                address.getAdminArea()+address.getLocality());
        } catch (IOException e) { mTxtCityname.setText("未获得城市"); }
    }
    private void getPermissionForApp() {
        if (Build.VERSION.SDK_INT < 23) return;
        int grantCode = PackageManager.PERMISSION_GRANTED;
        List<String> permissionList = new ArrayList<>();
```

```java
            if (checkSelfPermission(Manifest.permission.ACCESS_COARSE_LOCATION)
            != grantCode) {
                permissionList.add(Manifest.permission.ACCESS_COARSE_LOCATION); }
            if (checkSelfPermission(Manifest.permission.ACCESS_FINE_LOCATION)
            != grantCode) {
                permissionList.add(Manifest.permission.ACCESS_FINE_LOCATION); }
            if (permissionList.size() > 0)
                ActivityCompat.requestPermissions(this,permissionList.toArray(
                new String[permissionList.size()]), 110);
    }
    class MyLocationListener implements LocationListener {//定义位置监听器类
        @Override//当位置发生变化时调用
        public void onLocationChanged(Location location) {
            if(null!=location)
            //从 Location 对象获得最新位置信息
                MainActivity.this.updateGpsLocation(location);
    }
        @Override//位置提供者变为可用时调用
        public void onProviderEnabled(String provider) {        }
        @Override//位置信息变为不可用时调用
        public void onProviderDisabled(String provider) {        }
        @Override//位置提供者状态发生改变时调用,从 API-29 开始废弃
        public void onStatusChanged(String provider, int status,
        Bundle extras) {        }
    }
}
```

在 LocationListener 接口方法 onLocationChanged()中获得位置信息,因为本案例还有网络位置提供者,所以位置信息可能是从网络得到的,也可以能是从不同的导航系统得到的,Android SDK 屏蔽了从哪里获得导航数据的信息。

在 updateGpsLocation()方法中,使用 Geocoder 工具类将经纬度转换成现实中的地址,转换的地址有多个,会放在 Address 类型的 List 链表中,一般取出第一个即可。Address 里面有很多字段,可以获得该地址的省份、城市等信息,地址的具体内容可以输出到 Log 中查看。

13.3.4 案例 61 获得北斗等定位系统信息

在 API 级别 24 之前,只能监听 GPS 卫星状态。开发方式是通过定义 GPS 状态监听器类实现 GpsStatus.Listener 接口,创建监听对象,注册监听器;当不再使用时,要注销监听器。使用 GpsStatus 类的示例代码如下。

13-8
案例 61 获得北斗等定位系统信息

```java
//定义 GPS 状态监听器类,API-24 及之后,该接口废弃
class MyGpsStatusListener implements GpsStatus.Listener{
    @Override public void onGpsStatusChanged(int event) {
        switch (event) {
            case GpsStatus.GPS_EVENT_FIRST_FIX: break; //第一次定位
            case GpsStatus.GPS_EVENT_SATELLITE_STATUS://卫星状态改变
```

```
            //获取当前 GPS 状态
            GpsStatus gpsStatus=mLocationManager.getGpsStatus(null);
            //获取卫星
            List<GpsSatellite> satelliteList = gpsStatus.getSatellites();
            break;
        case GpsStatus.GPS_EVENT_STARTED:  break;  //定位启动
        case GpsStatus.GPS_EVENT_STOPPED:  break;  //定位结束
        }
    }
}
//创建 GPS 监听器
MyGpsStatusListener mGpsStatusListener = new
MyGpsStatusListener();
mLocationManager.addGpsStatusListener
(mGpsStatusListener);  //添加 GPS 监听器
//注销 GPS 监听器
mLocationManager.removeGpsStatusListener(mGpsStat
usListener);
```

在 API 级别 24 及之后,使用 GnssStatus 工具类,可以获得市场上主要卫星导航系统的状态,如我国的北斗导航系统。本案例演示使用 GnssStatus 来获得导航系统的卫星信息。运行界面如图 13-7 所示,分别列出了北斗、GPS、伽利略、格洛纳斯等导航系统可见卫星的数量。本案例需要运行在支持北斗、GPS 导航的手机上。

UI 控件 ID 分别为 textViewLonLat、textViewBeidou。清单文件中需要申请定位权限,具体见案例 60。Java 代码由 MainActivity 类和 MyGnssStatusCallback 类组成。

图 13-7 获得卫星信息

1. MainActivity 类

MainActivity 类中的代码如下所示。主要由注册和注销位置监听器、GNSS 接口代码,申请定位权限代码,在 updateLocationData()方法中更新 UI 的代码组成。

```
        public class MainActivity extends AppCompatActivity {
            private LocationManager mLocationManager;
            private LocationListener mLocationListener;
            private GnssStatus.Callback mGnssStatusCallback;
            private TextView mTxtlonlat,mTvBeidou;
            @SuppressLint("MissingPermission")
            @Override
            protected void onCreate(Bundle savedInstanceState) {
                super.onCreate(savedInstanceState);
                setContentView(R.layout.activity_main);
                getPermissionForApp();//申请权限
                mTxtlonlat = findViewById(R.id.textViewLonLat);
                mTvBeidou = findViewById(R.id.textViewBeidou);
                mLocationManager = (LocationManager) this.getSystemService(Context.
                LOCATION_SERVICE);//获得位置管理对象
```

```java
    mLocationListener = new LocationListener() {//创建位置监听对象
        @Override public void onLocationChanged(Location location)
        { updateLocationData(location,null);//位置更新   }
        @Override public void onStatusChanged(String s, int i, Bundle
        bundle) {//在此获得位置变化     }
        @Override public void onProviderEnabled(String s) {
        //位置提供者启用    }
        @Override public void onProviderDisabled(String s) {
        //位置提供者禁用    }    };
    mLocationManager.requestLocationUpdates(
    LocationManager.GPS_PROVIDER, 10000,10,mLocationListener);
    //API-24 开始才能使用 GnssStatus 获得北斗卫星信息
    if (Build.VERSION.SDK_INT > 23) {
        //创建对象时，传入主窗口对象引用
        mGnssStatusCallback = new MyGnssStatusCallback(this);
        boolean flag = mLocationManager.registerGnssStatusCallback(
        mGnssStatusCallback,null);//注册 GNSS 回调接口
    }
}
@Override protected void onDestroy() {//注销监听器
    if(Build.VERSION.SDK_INT>23)
        mLocationManager.unregisterGnssStatusCallback(
        mGnssStatusCallback);
    mLocationManager.removeUpdates(mLocationListener);
    super.onDestroy();
}
//在该方法中更新经纬度和卫星状态信息到 UI
public void updateLocationData(Location location,GnssStatus status) {
    String str = "";
    if(null!=location){
        str += "经度：" + location.getLongitude() + "\n 纬度："+
        location.getLatitude();
        mTxtlonlat.setText(str);
    }
    if (android.os.Build.VERSION.SDK_INT > 23 && status!=null) {
        int num = status.getSatelliteCount();
        int beidou = 0,gps =0,glonass=0,galileo=0,other=0;
        for (int i = 0; i < num; i++) {
            switch (status.getConstellationType(i)) {//匹配卫星系统类型
                case GnssStatus.CONSTELLATION_BEIDOU: beidou++;  break;
                case GnssStatus.CONSTELLATION_GALILEO: galileo++;  break;
                case GnssStatus.CONSTELLATION_GLONASS: glonass++;  break;
                case GnssStatus.CONSTELLATION_GPS: gps++;  break;
                default:  other++;
            }
        }
        str = "卫星总数量："+num+"\n 北斗："+beidou +"\nGPS："+gps +"\n 伽利
        略："+galileo+"\n 格洛纳斯："+glonass +"\n 其他："+other;
```

```java
            mTvBeidou.setText(str);
        }
    }
    private void getPermissionForApp() {
        if (Build.VERSION.SDK_INT < 23) return;
        int grantCode = PackageManager.PERMISSION_GRANTED;
        List<String> permissionList = new ArrayList<>();
        if (checkSelfPermission(Manifest.permission.
        ACCESS_COARSE_LOCATION) != grantCode) {
            permissionList.add(Manifest.permission.
            ACCESS_COARSE_LOCATION);        }
        if (checkSelfPermission(Manifest.permission.
        ACCESS_FINE_LOCATION) != grantCode) {
            permissionList.add(Manifest.permission.
            ACCESS_FINE_LOCATION);          }
        if (permissionList.size() > 0)
            ActivityCompat.requestPermissions(this,
            permissionList.toArray(new String[permissionList.size()]), 110);
    }
}
```

在 requestLocationUpdates()方法中使用 LocationManager.GPS_PROVIDER 参数来指示使用卫星导航系统获得定位数据，此时的参数 GPS 泛指卫星导航系统，不仅仅局限于 GPS 卫星导航系统，如此调用后才可以在 GnssStatus.Callback 接口方法 onSatelliteStatusChanged()中获得北斗、GPS、伽利略等卫星导航系统的数据，通过 GnssStatus 类的 getConstellationType()方法获得卫星导航系统类型，来区分不同的导航系统。

在 updateLocationData()方法中通过 Location 和 GnssStatus 类型参数的相关方法获得经纬度、卫星数量、类型等信息，组装成字符串，显示在 UI 界面上。

2. MyGnnsStatusCallback 类

该类实现了 GnssStatus.Callback 接口，重写了相关方法，并提供一个带参数的构造方法，获得主窗口的对象引用。在 onSatelliteStatusChanged()接口方法中获得 GnssStatus 对象后，使用主窗口对象调用 updateLocationData()方法将卫星信息显示在界面上。

```java
//定义导航系统状态监听器类，注：API-24 引入 GnssStatus 类及 Callback 接口类
@SuppressLint("NewApi")
public class MyGnnsStatusCallback extends GnssStatus.Callback{
    MainActivity mainActivity;//保存主窗口上下文
    public MyGnnsStatusCallback(MainActivity _mainActivity){
    mainActivity = _mainActivity;   }
    //第一次定位时回调该方法，参数 ttffMillis 是从启动到第一次定位经历的时间（毫秒）
    @Override
    public void onFirstFix(int ttffMillis) {    super.onFirstFix (ttffMillis);}
    @Override//定位系统开始工作会回调该方法
    public void onStarted() {   super.onStarted();  }
    @Override//定位系统结束工作会回调该方法
    public void onStopped() {   super.onStopped();  }
```

```
@Override//周期性报告卫星状态变化
public void onSatelliteStatusChanged(GnssStatus status) {
    super.onSatelliteStatusChanged(status);
    //调用主窗口的方法,在界面上显示卫星的状态信息
    mainActivity.updateLocationData(null,status);
}
}
```

13.4 思考与练习

【思考】

1. Android 手机、平板计算机上一般都集成什么传感器？
2. 传感器的坐标系有几种？有何区别？
3. 传感器有哪几类？如何获取传感器的数据？
4. 如何使用 Android 的定位功能？
5. 定位数据从哪产生？没有内置导航芯片的手机可以使用定位功能吗？
6. 我国的卫星导航系统是什么？当前市面上手机支持吗？

【练习】

结合传感器和定位功能，实现采集不同地点的环境参数的功能。

第 14 章　蓝牙通信编程

蓝牙技术是一种被广泛使用的短距离无线通信技术，蓝牙网络协议栈遵循 OSI 七层模型。随着蓝牙模块的普及应用，通过手机 App 与蓝牙设备通信成为 App 的常用功能。蓝牙通信的编程方式与网络 Socket 编程类似。Android 系统提供了用于开发蓝牙程序的框架类，开发者可以使用这些类方便地进行蓝牙通信编程。

本章对经典蓝牙通信编程和低功耗蓝牙通信编程进行介绍，并用蓝牙串口助手案例项目演示经典蓝牙通信编程。

14.1　蓝牙通信编程介绍

蓝牙技术最初由爱立信公司创制，是一种成本低、效益高、可以在短距离范围内随意无线连接的技术标准，它使用短波、特高频（Ultra High Frequency，UHF）无线电波 2.4~2.4835GHz ISM 频段通信。

14-1
蓝牙通信编程介绍

蓝牙 2.0 开始支持增强数据速率 EDR，可达 2Mbit/s。蓝牙 3.0 支持更高的数据传输速率，可达 24Mbit/s。蓝牙 4.0 开始支持低功耗，具有传统、高速和低功耗三种模式，低功耗模式是新的分支，向下不兼容，传输距离提升到 100m 以上，适用于物联网等对功耗要求高的场景，是低功耗蓝牙（Bluetooth Low Energy，BLE）。

蓝牙 5.0 针对低功耗设备的数据传输速度得到进一步提升和优化，低功耗模式传输速度达到为 2Mbit/s，有效工作距离可达 300m，并加入室内定位辅助功能，不需要配对即可接受蓝牙信标的数据，比如 Beacon、位置信息等。

当前蓝牙按协议分为：单模蓝牙模块，支持某一种蓝牙协议的模块；双模蓝牙模块，同时支持经典蓝牙和低功耗蓝牙协议的模块。

经典蓝牙主要用于大数据量的应用场景，比如蓝牙耳机、蓝牙音箱、蓝牙串口数据通信等应用。

低功耗蓝牙主要用于耗电低、数据量小的应用场景，比如鼠标、键盘、温度传感器、共享单车锁、智能锁、防丢器、室内定位等。

经典蓝牙和低功耗蓝牙的开发流程类似，都要经过发现设备、建立连接和数据通信这三步。但具体开发上区别还是比较大，下面介绍 Android 上的蓝牙开发。

14.2　开启蓝牙

使用蓝牙前，必须先开启蓝牙。开启蓝牙在编程上需要三个步骤：声明权限、检测是否支持蓝牙、开启蓝牙。

在清单文件中加入以下权限，Android 6.0 以下版本中仅需要加入两条蓝牙使用权限即可，在 Android 6.0 及以上版本中使用蓝牙还要加入两条定位权限声明。两条定位权限是危险权限，需要在程序中编写动态申请代码。权限声明如下所示。

14-2
开启蓝牙

```
<!--使用已配对蓝牙-->
<uses-permission android:name="android.permission.BLUETOOTH" />
<!--扫描、配对蓝牙设备-->
<uses-permission android:name="android.permission.BLUETOOTH_ADMIN" />
<uses-permission android:name="android.permission.ACCESS_COARSE_LOCATION" />
<uses-permission android:name="android.permission.ACCESS_FINE_LOCATION" />
```

使用蓝牙需要获得 BluetoothAdapter 类的蓝牙适配器对象，系统只提供一个蓝牙适配器对象用来操作蓝牙，该对象可以通过调用 BluetoothAdapter 类的静态方法 getDefaultAdapter()获得。如果 getDefaultAdapter()返回 null，则表示设备不支持蓝牙。得到蓝牙适配器对象后，就可以通过该对象操作和使用蓝牙设备了。获得蓝牙适配器对象的代码如下所示。

```
//获取BluetoothAdapter对象
BluetoothAdapter mBluetoothAdapter = BluetoothAdapter.getDefaultAdapter();
if (mBluetoothAdapter == null)  return; //不支持蓝牙设备
```

Android 4.3 版本引入了 BluetoothManager（蓝牙管理者）类，该类支持低功耗蓝牙。开发者也可以通过 BluetoothManager 类中的 getSystemService()方法获得蓝牙管理者对象，然后再获得蓝牙适配器对象，进而用该对象进行判断。示例代码如下。

```
BluetoothManager mBluetoothManager =
(BluetoothManager) getSystemService(Context.BLUETOOTH_SERVICE);
mBluetoothAdapter = mBluetoothManager.getAdapter();
```

与判断是否支持经典蓝牙模块不同，要确定系统是否支持低功耗蓝牙，可以用 PackageManager 类实例获得设备上安装的低功耗蓝牙程序包的方式进行判断，如果没有安装该程序包，代表不支持，代码如下所示。

```
if (!getPackageManager().hasSystemFeature(PackageManager.
FEATURE_BLUETOOTH_LE))  return; //不支持BLE
```

通过蓝牙适配器对象的 isEnabled()方法检测蓝牙是否开启，如果没开启，则开启蓝牙。

开启蓝牙有两种方式：第一种方式是异步打开蓝牙，这种方式不弹窗，在后台默默打开蓝牙；第二种方式是同步打开蓝牙，这种方式会弹窗提示用户，开发者需要编写接收开启结果的代码。异步开启和同步开启蓝牙的代码如下所示。

```
if (!mBluetoothAdapter.isEnabled())
mBluetoothAdapter.enable();//异步打开蓝牙，不弹窗
if (!mBluetoothAdapter.isEnabled()) {//同步打开蓝牙，会弹窗提示
    int requestCode = 100;
    Intent enableBtIntent = new Intent(BluetoothAdapter.
    ACTION_REQUEST_ENABLE);
```

```
        startActivityForResult(enableBtIntent, requestCode);
    }
```

同步打开蓝牙方式使用 startActivityForResult()方法弹出提示对话框，如图 14-1 所示。开发者需要在 Activity 窗口类中重写 onActivityResult()方法来获得蓝牙启动的结果代码，如果成功启用蓝牙，会收到 Activity.RESULT_OK 结果代码，否则收到 Activity.RESULT_CANCELED。

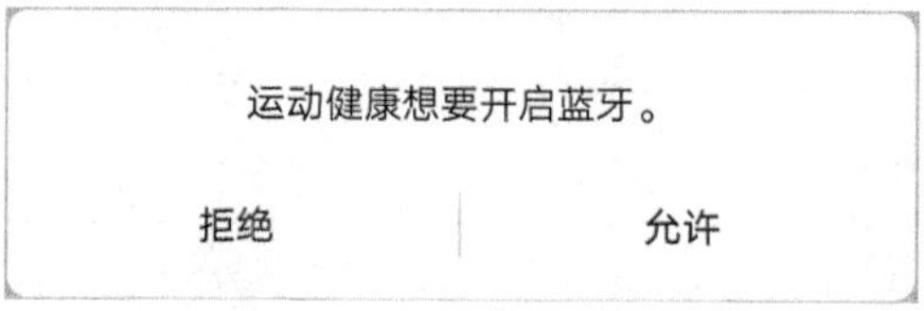

图 14-1　向用户申请开启蓝牙

14.3　经典蓝牙通信编程

当蓝牙开启后，就可以扫描蓝牙，查找到蓝牙设备、配对，连接到蓝牙设备后就可以进行蓝牙通信。编程上需要 4 个步骤：扫描蓝牙，蓝牙配对，连接蓝牙，进行通信。如果蓝牙设备已经配对，不需要重复配对，直接连接即可。

14.3.1　扫描蓝牙

扫描蓝牙前，可以使用 BluetoothAdapter 实例的 getBondedDevices()方法查询已配对设备，该方法会返回一个已配对设备集合。代码如下所示。

```
//查询已配对设备
Set<BluetoothDevice> pairedDevices = mBluetoothAdapter.getBondedDevices();
```

启动扫描只需要调用 BluetoothAdapter 对象的 startDiscovery()方法，如果启动成功，该方法返回 true。该方法为异步操作，方法调用成功后会启动蓝牙扫描进程。

蓝牙扫描进程时通常先进行 12s 的查询扫描，随后对发现的每台设备进行页面扫描，检索蓝牙名称等信息。如果在程序中检测到目标蓝牙设备，可以提前取消扫描。通过调用 BluetoothAdapter 对象的 cancelDiscovery()方法即可取消扫描操作。示例代码如下所示。

```
        if(!mBluetoothAdapter.startDiscovery()){ }//启动蓝牙扫描失败
        if(!mBluetoothAdapter.cancelDiscovery()){ }//取消蓝牙扫描失败
```

Android 系统会为发现的每台设备进行广播，并在广播的 Intent 对象的额外字段 EXTRA_DEVICE 和 EXTRA_CLASS 中分别放置 BluetoothDevice 蓝牙设备对象和 BluetoothClass 蓝牙类对象。

开发者需要在自己的 BroadcastReceiver（广播接收者）类中捕获蓝牙扫描事件，获得扫描到的蓝牙设备的信息。监听蓝牙事件和获得蓝牙设备信息的代码如下所示。

14-3
扫描蓝牙和蓝牙配对

```
        // 注册广播接收者，监听以下蓝牙事件
        IntentFilter filter = new IntentFilter();
```

```
filter.addAction(BluetoothAdapter.ACTION_DISCOVERY_STARTED);//开始扫描事件
filter.addAction(BluetoothDevice.ACTION_FOUND);// 搜索发现设备事件
// 结束搜索设备事件
filter.addAction(BluetoothAdapter.ACTION_DISCOVERY_FINISHED);
// 绑定状态改变事件
filter.addAction(BluetoothDevice.ACTION_BOND_STATE_CHANGED);
// 行动扫描模式改变事件
filter.addAction(BluetoothAdapter.ACTION_SCAN_MODE_CHANGED);
filter.addAction(BluetoothAdapter.ACTION_STATE_CHANGED);// 状态发生变化事件
MyBroadcastReceiver receiverBT = new MyBroadcastReceiver();
registerReceiver(receiverBT, filter);/注册
unregisterReceiver(receiverBT); //注销
//广播接收者类监听蓝牙事件
class MyBroadcastReceiver extends BroadcastReceiver {
    public void onReceive(Context context, Intent intent) {
        String action = intent.getAction();
        if (BluetoothDevice.ACTION_FOUND.equals(action)) {// 发现蓝牙设备
            BluetoothDevice device = intent.getParcelableExtra(
            BluetoothDevice.EXTRA_DEVICE);//获得蓝牙设备对象
            String deviceName = device.getName();//获得设备名
            // 获得蓝牙设备 MAC
            String deviceHardwareAddress = device.getAddress();
        }
    }
}
```

注意：这种扫码方式会发现一些无名字（getName()方法返回 null）的蓝牙设备，也会多次广播，造成重复接收同一蓝牙设备信息，开发者需要进行过滤处理。

14.3.2 蓝牙配对

经典蓝牙的两个蓝牙设备进行连接前必须先配对。注意，在蓝牙设备进行配对前需要先取消蓝牙扫描。

可以调用蓝牙设备类 BluetoothDevice 的 getBondState()方法判断是否已经和该设备配对了，如果没有配对，就调用 BluetoothDevice 类的 createBond()方法进行配对。该方法在 Android 4.4 版本才开始公开使用，之前需要用反射机制调用。两种配对代码如下。

```
if (mBluetoothAdapter.isDiscovering())
mBluetoothAdapter.cancelDiscovery(); //配对之前关闭扫描
if (device.getBondState() == BluetoothDevice.BOND_NONE) {//判断设备是否配对
    try {
        if(android.os.Build.VERSION.SDK_INT<19) {//通过反射机制调用配对方法
            Method createBondMethod = device.getClass().
            getMethod("createBond");
            Boolean ret = (Boolean) createBondMethod.invoke(device);
        }else
            device.createBond();//高版本直接调用
```

```
            } catch (Exception e) { e.printStackTrace(); }
        }
```

当蓝牙配对时，会弹出蓝牙配对请求页面，并显示配对码让用户来确认配对，如图 14-2 所示。

图 14-2 蓝牙配对请求页面

14-4
蓝牙连接和通信

开发者可以在广播接收者中捕获蓝牙配对事件，获得配对状态。在广播接收者类的 onReceive()方法中，可以加入如下代码处理蓝牙配对事件。

```
        if (BluetoothDevice.ACTION_BOND_STATE_CHANGED.equals(action)){
            switch (device.getBondState()) {
                case BluetoothDevice.BOND_NONE: break; //取消配对
                case BluetoothDevice.BOND_BONDING: break; //配对中
                case BluetoothDevice.BOND_BONDED: break; //配对成功
            }
        }
```

14.3.3 蓝牙连接

蓝牙通信时，两个设备会区分为客户端和服务器端，主动发起连接的是客户端，被动监听连接的是服务器端。

蓝牙客户端使用 BluetoothSocket 类创建客户端 Socket 对象以建立连接。蓝牙服务器端使用 BluetoothServerSocket 类对象监听连接。

客户端和服务器端建立连接后，都使用 BluetoothSocket 类对象进行实际的通信。BluetoothServerSocket 或 BluetoothSocket 类中的所有方法都是线程安全的。

蓝牙的 MAC 地址相当于 TCP 的 IP 地址，蓝牙的 UUID（Universally Unique IDentifier，通用唯一识别码）相当于 TCP 的端口号，用于标识服务器端的蓝牙进程，服务器端和客户端需要使用同样的 UUID 才能建立连接。

UUID 用于唯一标识信息，Android 系统为一些蓝牙服务设定了 UUID，不同服务使用不同协议进行通信，比如蓝牙串口服务、蓝牙拨号网络服务等都有自己的 UUID。开发者也可以定义自己的 UUID，用以标识自己的通信协议。Android 系统预设的几个 UUID 如下所示。

1. 蓝牙串口服务

```
        SerialPortServiceClass_UUID = {00001101-0000-1000-8000-00805F9B34FB}
        LANAccessUsingPPPServiceClass_UUID = {00001102-0000-1000-8000-00805F9B34FB}
```

2. 拨号网络服务

```
DialupNetworkingServiceClass_UUID = {00001103-0000-1000-8000-00805F9B34FB}
```

3. 蓝牙打印服务

```
HCRPrintServiceClass_UUID = {00001126-0000-1000-8000-00805F9B34FB}
```

Bluetooth Socket 类的使用，类似 TCP/IP 网络编程中的 Socket 编程，需要先建立连接，在建立连接时耗时会比较长，并且会阻塞线程，所以建立连接操作要放在后台线程中进行。下面分别给出客户端和服务器端建立连接的代码。

客户端代码如下所示。注意，不再使用蓝牙连接时，一定要关闭连接以释放资源。

```
BluetoothSocket socket = null;
try{
    socket = bluetoothDevice.createRfcommSocketToServiceRecord(UUID.
    fromString(yourUUID));   //创建 socket
    if (socket != null && !socket.isConnected())  socket.connect();//尝试连接
}catch (Exception e){   }
try {
    if(socket!=null) socket.close();//关闭连接，释放资源
} catch (Exception e1) {   }
```

服务器端编程和网络 Socket 编程类似，也需要监听、接受客户端连接、为客户端创建通信端口、用通信端口与客户端进行通信等过程。服务器端监听示例代码如下所示，代码在线程类中实现。

```
private class BTServerThread extends Thread {//线程类
    private final BluetoothServerSocket mSerSocket;//服务端监听 Socket
    public BTServerThread() {//构造方法中创建监听 Socket
        try {
        //yourUUID 是定义的 UUID，客户端连接也要用它，假定该变量已定义并初始化
            mSerSocket = mBluetoothAdapter.
            listenUsingRfcommWithServiceRecord("MyBTSer", yourUUID);
        } catch (IOException e)  {  }
    }
    public void run() {
        BluetoothSocket socket = null;//用于与客户端通信的 Socket
        while (true) {
            try {
            //阻塞监听，客户端连接后返回与该客户端连接的套接字
            socket = mSerSocket.accept();
            } catch (IOException e) {  break;  }
            //创建新线程，用 Socket 处理与客户端的通信
            if (socket != null)  createNewThreadForClient(socket);
        }
    }
    public void close() {//关闭服务器 Socket
        try { mSerSocket.close(); } catch (IOException e) {   }
```

            }
    }

上面代码调用了蓝牙适配器对象的 listenUsingRfcommWithServiceRecord()方法来获取服务器端的 Socket。然后调用 Socket 对象的 accept()方法开始侦听连接请求，有客户端连接成功后，返回与该客户端所建立连接的 BluetoothSocket 类对象，使用该对象与客户端进行通信。因为与客户端通信是耗时操作，所以使用 createNewThreadForClient()方法新创建一个线程来完成通信任务，该方法具体代码开发者可以自己完成。

当不需要监听连接时，调用服务器监听 Socket 的 close()方法释放服务器 Socket 及其所有资源。注意，accept()返回的每个 BluetoothSocket 对象不再使用时，也须调用 close()方法关闭自己的资源。

14.3.4 在蓝牙连接上通信

连接建立完成后，服务器端和客户端都可以从蓝牙 Socket 上获取输入流对象和输出流对象进行通信。输入流用于读取对方发来的数据，输出流用于向对方发送数据，数据都是以字节类型传送的，开发者负责数据格式的定义、编码、解码。示意代码如下所示。

```
//从蓝牙连接上读数据
BufferedInputStream in=null;
try {
    in = new BufferedInputStream( socket.getInputStream() );
    int length = 0;
    byte[] buf = new byte[1024];
    while ((length = in.read( buf )) != -1) {    //解析处理数据    }
} catch (Exception e){  }
try {
    if(in!=null)  in.close();//关闭流，释放资源
} catch (Exception e1) {  }
//在蓝牙连接上发送数据
BufferedOutputStream out = null;
try{
    out = new BufferedOutputStream( socket.getOutputStream() );
    out.write("hello".getBytes());
    out.flush();
} catch (Exception e){  }
try {
    if(out!=null) out.close();//关闭流，释放资源
} catch (Exception e1) {  }
```

14.4 低功耗蓝牙通信编程

与经典模式通信编程有所不同，低功耗蓝牙不需要配对，编程用到的类库和方法也不同。需要三个步骤：扫描蓝牙，连接蓝牙，进行通信。

14.4.1 扫描蓝牙

14-5
低功耗蓝牙通信编程

Android 4.3 以上、5.0 以下的系统，调用 BluetoothAdapter 的 startLeScan()方法启动蓝牙设备的搜索，通过此方法传入 BluetoothAdapter.LeScanCallback 类型对象，搜索到的蓝牙设备通过该接口回调方法获得。获得目标设备后，及时调用 stopLeScan()方法停止搜索，节省电量。代码如下所示。

```
mBluetoothAdapter.startLeScan(mLeScanCallback); //开始搜索
mBluetoothAdapter.stopLeScan(mLeScanCallback);//停止搜索
mLeScanCallback = new MyLeScanCallback();
class MyLeScanCallback extends BluetoothAdapter.LeScanCallback() {
    @Override public void onLeScan(final BluetoothDevice device, int rssi,
    byte[] scanRecord) {
        //使用 Activity 的 runOnUiThread()方法，使该代码在 UI 主线程执行
        runOnUiThread(new Runnable() {
            @Override public void run() { } });
    }
}
```

Android 5.0 之后，使用 BluetoothLeScanner 类的 startScan()、stopScan()方法扫描蓝牙设备。该类对象用 BluetoothAdapter 中的 getBluetoothLeScanner()方法获得，回调时接口须重写 ScanCallback 类。示例代码如下。

```
//从适配器获得 scanner 实例
BluetoothLeScanner mScaner = mBluetoothAdapter.getBluetoothLeScanner();
MyScanCallback mScanCallback = new MyScanCallback();//创建回调接口对象
mScaner.startScan(mScanCallback);//开始搜索
mScaner.stopScan(mScanCallback);//停止搜索
class MyScanCallback extends ScanCallback{//接口类定义
    @Override   //获得扫描结果方法
    public void onScanResult(int callbackType, ScanResult result) {
        super.onScanResult(callbackType, result);
        //获得蓝牙设备
        final BluetoothDevice bluetoothDevice = result.getDevice();
        //使用 Activity 的 runOnUiThread()方法，使该代码在 UI 主线程执行
        runOnUiThread(new Runnable() {
            @Override public void run() { } });
    }
    @Override   //批量扫描结果方法
    public void onBatchScanResults(final List<ScanResult> results) {
        super.onBatchScanResults(results);
        //使用 Activity 的 runOnUiThread()方法，使该代码在 UI 主线程执行
        runOnUiThread(new Runnable() {
            @Override public void run() { } });
    }
    @Override   //扫描失败方法
    public void onScanFailed(int errorCode) {
        super.onScanFailed(errorCode); }
```

}

14.4.2 蓝牙连接

低功耗蓝牙设备的连接，只要调用蓝牙设备 BluetoothDevice 类的 connectGatt()方法即可，该方法有三个参数：Context表示上下文；autoConnect 表示自动连接标志，设置为 true 表示设备可用自动连接；BluetoothGattCallback表示回调接口，重写该接口事件方法用于连接事件的处理。与设备连接成功后返回 BluetoothGatt 类对象，该对象相当于经典蓝牙的 Socket 套接字，代表了与蓝牙设备的连接。

```
//连接低功耗设备
BluetoothGatt mBluetoothGatt = device.connectGatt(this, false,
mBluetoothGattCallback);
mBluetoothGatt.disconnect(); //断开连接
mBluetoothGatt.close();//释放资源
MyBluetoothGattCallback mBluetoothGattCallback =
new MyBluetoothGattCallback();
class MyBluetoothGattCallback extends BluetoothGattCallback {//接口类定义
    @Override//当连接状态发生改变
    public void onConnectionStateChange(BluetoothGatt gatt, int status,
    int newState) {
        super.onConnectionStateChange(gatt, status, newState);
    }
    @Override//调用discoverServices()后回调，得到返回的数据
    public void onServicesDiscovered(BluetoothGatt gatt, int status)
    { super.onServicesDiscovered(gatt, status); }
    //调用 readCharacteristic(characteristic)读取数据时回调，在这里面接收数据
    @Override
    public void onCharacteristicRead(BluetoothGatt gatt,
    BluetoothGattCharacteristic characteristic, int status) {
        super.onCharacteristicRead(gatt, characteristic, status);
        characteristic.getValue();//读取数据
    }

    @Override//发送数据后的回调
    public void onCharacteristicWrite(BluetoothGatt gatt,
    BluetoothGattCharacteristic characteristic, int status) {
        super.onCharacteristicWrite(gatt, characteristic, status);
    }
    @Override//调用 mBluetoothGatt.readRemoteRssi()时回调，rssi 信号强度
    public void onReadRemoteRssi(BluetoothGatt gatt, int rssi, int status)
    { super.onReadRemoteRssi(gatt, rssi, status); }
    @Override
    public void onMtuChanged(BluetoothGatt gatt, int mtu, int status)
    { super.onMtuChanged(gatt, mtu, status); }
}
```

14.4.3 在蓝牙连接上通信

低功耗蓝牙通信提供的读写方法都是异步的。调用 BluetoothGatt 类的 readCharacteristic()方法可读取低功耗蓝牙设备发来的数据，调用该方法会触发 BluetoothGattCallback 类里的 onCharacteristicRead()方法，实际上是在该回调方法中获取接收到的数据，接收的数据放在 Byte 数组中。

调用 BluetoothGatt 类的 writeCharacteristic()方法写数据，发送数据后，会触发 BluetoothGattCallback 类里的 onCharacteristicWrite()方法，在该方法中可以获得写数据状态。注意发送数据长度是有限制的，不能超过 MTU（Maximum Transmission Unit，最大传输长度）。

14.5 案例 62 蓝牙串口助手

本案例以经典蓝牙编程方式开发蓝牙串口助手应用。这里仅介绍蓝牙客户端的实现。服务器端使用 PC 上的第三方串口工具软件辅助测试，蓝牙功能需要真机调试，不能在模拟器上进行。

14.5.1 辅助工具的使用

笔记本计算机普遍带有蓝牙功能，本案例使用笔记本计算机的蓝牙做服务器端，借助第三方串口调试助手软件，进行调试。如果计算机上没有蓝牙，也可以另外购买 USB 蓝牙适配器，插在计算机上使用。下面介绍辅助调试软件的使用（以 Windows 10 系统为例）。在系统设置界面中，打开【蓝牙和其他设备】页面，打开蓝牙开关，如图 14-3 所示。

然后单击【更多蓝牙选项】，打开【蓝牙设置】对话框，如图 14-4 所示。将"允许蓝牙设备查找这台电脑"选项勾上。

图 14-3 Windows 10 系统中的【蓝牙和其他设备】面   图 14-4 设置允许被查找

选择【COM 端口】选项卡，在该选项卡上单击【添加】按钮，弹出【添加 COM 端口】对话框，如图 14-5 所示。

选中【传入（设备启动连接）】单选按钮，然后单击【确定】按

14-6
辅助工具的使用

钮，回到【COM 端口】选项卡，可以看到系统为蓝牙分配的 COM 端口号，如图 14-6 所示。本例中的端口号是 COM3，不同计算机可能不一样。记牢这个端口号，它是蓝牙模拟串口功能的端口号，后面会用。

图 14-5　【添加 COM 端口】对话框

图 14-6　添加一个 COM 端口

使用第三方串口调试工具软件（本例使用串口调试助手软件），打开 COM3 串口，如果能正常打开，说明前面配置的蓝牙串口正确。打开串口后，如果有客户端通过蓝牙串口协议连上本计算机的蓝牙，就可以互相通信了。打开 COM3 串口后，与本案例应用通过蓝牙串口通信效果，如图 14-7 所示，窗口中显示了从手机端接收到的数据"hello PC"。也可以在下面的发送框中输入字符，为手机端发送数据。

经典蓝牙设备在建立连接前需要配对，当进行配对时，配对设备需要用户验证 PIN 码，如果用户确认无误，确认配对就可以完成配对。在 Windows 10 系统上的请求配对通知如图 14-8 所示，"mypt20"是手机名，计算机端和手机端都确认，就可以完成配对。

图 14-7　通过蓝牙 COM 串口调试

图 14-8　蓝牙配对通知

14.5.2　功能和总体结构

1．功能设计

本案例在一个 Activity 窗口中实现人机交互功能，效果如图 14-9 所示。为了方便蓝牙编程学

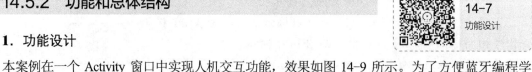

习，将各功能实训分步展示。

在界面上部放置了功能按钮，实现蓝牙扫描到连接的过程。输入框用于输入要通过蓝牙发送的文本，单击【发送】按钮发送文本。

中部是一个 ListView 控件，用于显示搜索到的蓝牙设备列表。在 ListView 控件下面，是一个 TextView 控件，设置为多行显示，用于显示运行信息。单击【清空 LOG】按钮可以清空运行信息。

建立蓝牙连接，需要依次单击几个按钮完成。

1)【检测有无蓝牙】按钮：用于检查设备是否支持蓝牙模块、是否支持低功耗蓝牙模块，以及蓝牙功能是否打开。需要先单击该按钮，然后，后台代码会获得蓝牙适配器对象，该对象需要在后面的按钮代码中使用，操作蓝牙。

2)【打开蓝牙】按钮：用于请求用户开启蓝牙，开启蓝牙结果，会在窗口的 onActivityResult()中获得。

3)【列出配对设备】按钮：用于列出已配对蓝牙设备，这些设备未必在线。

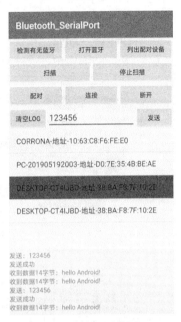

图 14-9　案例的蓝牙窗口

4)【扫描】按钮：用于扫描在线的蓝牙设备，扫描到后，在列表中显示。该功能仅实现了扫描经典蓝牙设备，不能扫描到低功耗蓝牙设备。

5)【停止扫描】蓝牙按钮：因为扫描较耗时间，扫描到希望连接的设备后，可以单击该按钮停止扫描。

6)【配对】按钮：在列表里选中设备后，单击该按钮，可以发起与该设备配对的请求页面，由用户完成配对操作，在广播接收者中获得配对结果。

7)【连接】按钮：在列表中选择设备进行连接，如果连接成功，就可以通信了。该功能是调用后台服务完成的，服务中的连接状态通过 Handler 消息发给窗口。本案例当前仅实现了以串口蓝牙方式建立一个连接功能。

8)【断开】按钮：用于关闭由客户端连接功能建立的蓝牙连接，释放资源。该功能也是通过调用后台服务完成的。

为了减少代码量和复杂度，禁用、启用等人性化功能未在本案例中实现，但后台代码进行了必要的逻辑判断，重复单击按钮不会有致命错误发生。

2．程序结构设计

本应用在服务中管理蓝牙的连接和通信，需要以阻塞方式读取对方发来的数据，在后台线程中处理读数据，由服务管理后台线程。

本案例中，在 UI 窗口被销毁的情况下，仍能保持蓝牙连接和通信，程序结构的复杂度稍高。本案例采用 Handler 消息分发机制实现各模块之间的交互。程序结构设计如图 14-10 所示。

图中几个类的功能介绍如下。

AppConfig 全局数据中心类，保存应用的关键信息和通用功能。该类提供几个 Handler 相关的静态成员方法供各模块使用。应用中的 Activity

14-8
程序结构设计

14-9
UI 搭建介绍

窗口模块，通过该类的 Handler_Activity_MAPS_put()方法将自己的 Handler 对象注册进去，其他后台模块通过 Handler_Activity_MAPS_sendMsgToAll()方法用这些注册的 Handler 向 UI 窗口发送消息。当 UI 模块销毁或不再需要时，通过 Handler_Activity_MAPS_remove()方法注销自己的 Handler 对象。

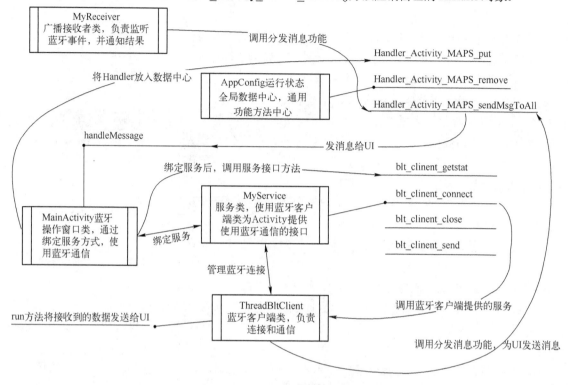

图 14-10　程序各模块结构设计图

MyService 服务类，在 Binder 接口中提供蓝牙通信的服务接口，UI 等模块通过绑定服务方式获得接口方法，进而使用蓝牙。服务类使用 ThreadBltClient 类实现蓝牙连接、通信功能。蓝牙检查、扫描、配对等功能还是放在 UI 的代码中。

ThreadBltClient 蓝牙客户端类，管理蓝牙的连接、通信，该类通过全局数据中心，通知 UI 窗口有关蓝牙连接、收发数据的情况。该类的设计是独立的，如果不使用服务和线程，UI 窗口也可以直接使用该类进行蓝牙连接和通信。

MyReceiver 广播接收者类，负责监听蓝牙扫描、绑定等事件的广播，并通过 Handler 消息通知 UI 窗口。在设计上，该类与其他模块的耦合度较低。

MainActivity 蓝牙操作窗口类实现 UI，供用户操作。该类绑定服务，通过服务使用蓝牙通信，该类向 AppConfig 类中注册和注销自己的 Handler 对象，并实现 handleMessage()方法，在方法中处理后台线程、广播接收者等发来的消息和数据。

14.5.3　AppConfig 类和广播接收者类代码

14-10
AppConfig 类实现

下面两个类非常重要，涉及应用的运转。

1. AppConfig 类

除常量定义外，AppConfig 类还定义了一个 HashMap<String, Handler>类型的静态成员

Handler_Activity_MAPS，该成员存放 UI 窗口的 Handler 对象，并定义了与静态成员配套的 put、remove、clear 等类型的方法，用于管理 Handler 对象的注册、注销。方法 Handler_Activity_MAPS_sendMsgToAll(Message msg)，用来向注册的 UI 窗口发送消息，凡是注册过的模块，都可以接收到消息。

本例代码未处理多线程重入问题，开发者可以优化，加入同步代码，增强线程安全。AppConfig 类的代码如下所示。

```java
public final class AppConfig {
    //App 内用蓝牙消息 CMD 命令码定义
    public static final int BLT_MSG_FIND = 31;//发现蓝牙设备
    public static final int BLT_MSG_BOND_OK =32;//绑定设备成功
    public static final int BLT_MSG_CONNECT = 33;
    //连接成功，发送的消息中 msg.arg1 = 1; msg.obj = mDevice;
    public static final int BLT_MSG_DISCONNECT = 34;
    //断开连接，发送的消息中 msg.obj = mDevice;
    //发送消息中，msg.arg1 为 1 或 0，-1 表示连接关闭
    public static final int BLT_MSG_SEND = 35;
    //收到数据消息，msg.arg1 = 字节数，msg.obj = 数据数组
    public static final int BLT_MSG_READ = 36;
    //蓝牙客户端线程状态，msg.arg1 = 1;表示连接中
    public static final int BLT_MSG_CLIENT_STAT = 37;
    //蓝牙事件广播监听开关
    public static boolean Blue_BroadReceive_Enable = false;
    /* 下面的 MAP 成员放窗口的 Handler，其他组件用来向 UI 发送消息。由 Activity 负责
    /*放入和取出 */
    private static HashMap<String, Handler> Handler_Activity_MAPS = new HashMap<String, Handler>();
    public static void Handler_Activity_MAPS_put(String key,Handler handler) {
        Handler_Activity_MAPS.put(key,handler);//向 MAP 成员放 Handler 对象
    }
    public static void Handler_Activity_MAPS_remove(String key) {
        Handler_Activity_MAPS.remove(key); //从 MAP 成员中移除 Handler 对象
    }
    public static void Handler_Activity_MAPS_clear(){
        Handler_Activity_MAPS.clear(); //清空 MAP 成员中的对象
    }
    public static void Handler_Activity_MAPS_sendMsgToAll(Message msg){
        for(Handler handler : Handler_Activity_MAPS.values())
            handler.sendMessage(msg);//用 Handler 对象发送消息
    }
}
```

2. MyReceiver 类

14-11
MyReceiver
类实现

注册广播接收者时，编写了监听蓝牙事件的代码，结合 AppConig 类中定义的蓝牙事件监听开关，提高了应用可控性。当扫

描到蓝牙设备或绑定成功后，发送消息。

```java
public class MyReceiver extends BroadcastReceiver {
    @Override
    public void onReceive(Context context, Intent intent) {
        if (AppConfig.Blue_BroadReceive_Enable) {//监听蓝牙开关开启,监听蓝牙事件
            String action = intent.getAction();
            if (BluetoothDevice.ACTION_FOUND.equals(action)) {//发现蓝牙设备
                BluetoothDevice device = intent.
                getParcelableExtra(BluetoothDevice.EXTRA_DEVICE);
                //通过判断 name 是否为 null,过滤掉未知蓝牙设备
                if(device.getName()!=null) {
                    Message msg = Message.obtain();
                    msg.what = AppConfig.BLT_MSG_FIND;
                    msg.obj = device;
                    AppConfig.Handler_Activity_MAPS_sendMsgToAll(msg);
                }
                //绑定状态发生变化
            }else if (BluetoothDevice.ACTION_BOND_STATE_CHANGED.equals(action)) {
                BluetoothDevice device = intent.
                getParcelableExtra(BluetoothDevice.EXTRA_DEVICE);
                switch (device.getBondState()) {
                    case BluetoothDevice.BOND_NONE:  break; //取消配对
                    case BluetoothDevice.BOND_BONDING:  break; //配对中
                    case BluetoothDevice.BOND_BONDED: //配对成功,发送消息
                        Message msg = Message.obtain();
                        msg.what = AppConfig.BLT_MSG_BOND_OK;
                        msg.obj = device;
                        AppConfig.Handler_Activity_MAPS_sendMsgToAll(msg);
                        break;
                }
            }
        }
    }
}
```

14.5.4 ThreadBltClient 类

14-12
ThreadBltClient 线程类实现

　　ThreadBltClient 类封装了蓝牙连接、通信功能。该类是实现了蓝牙通信功能的线程类。该类提供一个带两个参数的构造方法，用于获得要连接的蓝牙设备对象和使用的 UUID。该类说明如下。

　　1）当该类对象创建完成后，不创建蓝牙连接，蓝牙连接是在 run()方法中创建的，线程启动后，才会进行蓝牙连接操作，连接成功与否会通过 AppConfig 类的消息分发通知 UI 窗口。

　　2）当连接成功后，会在蓝牙连接上循环执行读数据操作，该操作会阻塞该线程的执行，直到数据到来或连接关闭。

　　3）读到数据后，通过 AppConfig 类的消息分发通知 UI 窗口。

4）该类还提供了公开的发送方法、获得蓝牙连接状态方法、关闭蓝牙方法，供外部调用。getCurrentConnectStat()方法用于获得当前的连接状态，为 UI 发送设备名和地址，以及确认蓝牙是否连接。sendData()方法用于在蓝牙连接上发送数据。closeSocket()方法用于关闭连接。在 run()方法中，蓝牙连接、收发数据、线程退出等事件都向 UI 窗口发送消息进行通知。代码如下所示。

```java
public class ThreadBltClient extends Thread {
    private BluetoothDevice mDevice;//保存蓝牙设备对象
    private BluetoothSocket mSocket;//客户端只有一个用于通信的端口
    private UUID mUuid;//用于连接的端口号
    //构造方法，接收要连接的目标蓝牙设备和 UUID
    public ThreadBltClient(BluetoothDevice device, UUID uuid) {
        mDevice = device;    mUuid = uuid;
    }
    //获得当前连接状态的方法，为 UI 发送设备名、地址及是否连接，true-连接中
    public boolean getCurrentConnectStat(){
        boolean flag = false;
        String str = "蓝牙未连接：";
        Message msg = Message.obtain();
        msg.what = AppConfig.BLT_MSG_CLIENT_STAT;//使用内部命名码，标识消息
        msg.arg1 = -1;//未连接
        if(mSocket!=null && mSocket.isConnected()){
            flag = true;
            str = "蓝牙连接中：";
            msg.arg1 = 1;//连接中
        }
        if(mDevice!=null)
        //将蓝牙设备信息放入字符串
        str = str + mDevice.getName() + "--" + mDevice.getAddress();
        msg.obj = str;
        AppConfig.Handler_Activity_MAPS_sendMsgToAll(msg);//发送消息
        return flag;
    }
    public boolean sendData(byte[] data) {//在蓝牙连接上发送数据
        boolean flag = true;
        Message msg = Message.obtain();
        msg.what = AppConfig.BLT_MSG_SEND;
        msg.arg1 = 1;//发送成功
        if (mSocket != null && mSocket.isConnected()) {
            try {
                mSocket.getOutputStream().write(data);
                mSocket.getOutputStream().flush();
            } catch (Exception e) {
                flag = false;
                msg.arg1 = 0;//发送失败
            }
        } else {
```

```
            flag = false;
            msg.arg1 = -1;//连接关闭
        }
        AppConfig.Handler_Activity_MAPS_sendMsgToAll(msg); //发送消息
        return flag;
    }
    public void closeSocket() {//关闭蓝牙连接，释放资源
        if (mSocket != null){
        try { mSocket.close(); } catch (Exception e) { } }
    }
    @Override public void run() {//线程方法
        try {
            //创建 Socket
            mSocket = mDevice.createRfcommSocketToServiceRecord(mUuid);
            if (mSocket != null && !mSocket.isConnected())
                mSocket.connect();  //尝试连接
        } catch (Exception e) {
            Message msg = Message.obtain();
            //设置蓝牙连接命令码，标识消息类型
            msg.what = AppConfig.BLT_MSG_CONNECT;
            msg.arg1 = -1;//连接失败
            msg.obj = mDevice;
            AppConfig.Handler_Activity_MAPS_sendMsgToAll(msg);
            return;//连接失败后，为 UI 发送消息后，退出线程
        }
        Message msg = Message.obtain();
        msg.what = AppConfig.BLT_MSG_CONNECT; //设置蓝牙连接命令码，标识消息类型
        msg.arg1 = 1;//连接成功
        msg.obj = mDevice;//在 obj 成员变量中携带设备对象
        AppConfig.Handler_Activity_MAPS_sendMsgToAll(msg);
        BufferedInputStream in = null;
        try {//开始从蓝牙连接上读数据，会阻塞
            in = new BufferedInputStream(mSocket.getInputStream());
            int length = 0;
            byte[] buf=new byte[1024];
            //当 read()方法返回-1 时，表示连接关闭或有错误，循环退出
            while ((length = in.read(buf)) != -1) {
                if(length>0){
                    byte[] tmpbuf = Arrays.copyOf(buf,length);
                    msg = Message.obtain();
                    //设置蓝牙收到数据命令码，标识消息类型
                    msg.what = AppConfig.BLT_MSG_READ;
                    msg.arg1 = length;//收到数据字节数
                    msg.obj = tmpbuf;
                    AppConfig.Handler_Activity_MAPS_sendMsgToAll(msg);
                }
            }
```

```
        } catch (Exception e) {   }
        try {
            if (in != null)  in.close();//关闭流，释放资源
            if(mSocket!=null)  mSocket.close();//关闭连接，释放资源
        } catch (Exception e) {   }
        msg = Message.obtain();
        msg.what = AppConfig.BLT_MSG_DISCONNECT;//设置蓝牙连接关闭命令码
        msg.obj = mDevice;
        AppConfig.Handler_Activity_MAPS_sendMsgToAll(msg);
        in = null;   mSocket = null;   mDevice = null;
    }
}
```

14.5.5 MyService 服务类代码

14-13
服务类代码实现

服务类在 MyBinder 接口类中提供了 4 个方法，分别用来获得蓝牙连接状态、连接蓝牙、关闭连接、发送数据，在方法内通过使用 ThreadBltClient 类管理蓝牙连接。代码如下所示。

```
public class MyService extends Service {
    private MyBinder mBinder = new MyBinder();//实例化接口对象
    private ThreadBltClient mBltClientThread;//保存蓝牙客户端线程对象
    @Override public IBinder onBind(Intent intent) {  return mBinder;  }
    public class MyBinder extends Binder {//自定义接口类
        //蓝牙接口方法 1：得到客户端连接状态，若客户端不存在则返回 false
        public boolean blt_client_getstat(){
            if(null==mBltClientThread) return false;
            //蓝牙线程内为 UI 发送消息，消息中携带连接状态信息
            mBltClientThread.getCurrentConnectStat();
            return true;
        }
        //蓝牙接口方法 2：为客户端建立连接，true-成功；false-已经有客户端连接
        public boolean blt_client_connect(BluetoothDevice device, UUID uuid){
            if(mBltClientThread==null){//如果是 NULL，建立连接
                mBltClientThread = new ThreadBltClient(device,uuid);
                mBltClientThread.start();
                return true;
            }else if(!mBltClientThread.isAlive()){//如果线程运行结束，重新创建
                mBltClientThread.closeSocket();//释放资源
                mBltClientThread.interrupt();
                //重新创建
                mBltClientThread = new ThreadBltClient(device,uuid);
                mBltClientThread.start();
                return true;
            }else {//有效的线程，维持原状
                mBltClientThread.getCurrentConnectStat();//为 UI 返回线程状态
                return false;
            }
        }
```

```
//蓝牙接口方法 3：关闭客户端连接，释放线程，false 表示客户端线程不存在
public boolean blt_client_close(){
    if(mBltClientThread==null) return false;
    mBltClientThread.closeSocket();
    mBltClientThread = null;
    return true;
}
//蓝牙接口方法 4：使用客户端发送数据，-1-客户端线程不存在；0-发送失败；1-成功
public int blt_client_send(byte[] data){
    if(null==mBltClientThread) return -1;//客户端线程不存在
    if(mBltClientThread.sendData(data)) return 1;//发送数据成功
    else return 0;//发送数据失败
    }
}
```

14.5.6 MainActivity 类代码

窗口布局代码不再给出。MainActivity 类的代码结构，按逻辑功能分，主要有以下 5 部分。

1）绑定服务、请求服务使用蓝牙通信功能。

2）定义 Handler 类以处理蓝牙相关消息，在 AppConfig 类中注册和注销 Handler 对象。

14-14
MainActivity
类-添加启动广播和服务代码

3）重写 onActivityResult()方法获得开启蓝牙结果。

4）处理界面中按钮单击事件、列表项选中等事件。

14-15
MainActivity
类-UI 控件事件代码实现

5）辅助功能代码，如生命周期方法中的初始化和资源释放、选中项索引的记录、成员变量存储设备等信息、控件外观的控制等。

代码如下所示。

```
public class MainActivity extends AppCompatActivity implements View.OnClickListener{
    private BluetoothAdapter mBluetoothAdapter = null;//保存蓝牙适配器对象
    private ArrayList<BluetoothDevice> mBltdeviceList = new ArrayList<BluetoothDevice>();//蓝牙设备列表
    private ArrayList<String> mBltdeviceNameList = new ArrayList<String>();//蓝牙设备名字列表，与设备列表对应
    //ListView 用的适配器使用蓝牙设备名字列表
    private ArrayAdapter<String> mAdapter;
    private int mBltlist_index = -1;//蓝牙设备列表索引，从 0 开始，小于 0 无效
    private EditText mEdtBltdata;//发送数据的输入框控件引用
    private TextView mTxtviewlog;//log 显示控件引用
    private ListView mListView;//listview 控件引用
    //自定义 Handler 以接收消息并处理
    private Handler mHandler = new Handler() {
        @Override public void handleMessage(@NonNull Message msg) {
            super.handleMessage(msg);
```

```java
            BluetoothDevice device;
            switch (msg.what) {
                case AppConfig.BLT_MSG_FIND://扫描到蓝牙设备消息
                    device = (BluetoothDevice) msg.obj;
                    mBltdeviceList.add(device);//将设备加入列表
                    mBltdeviceNameList.add(device.getName() + "-地址-" +
                    device.getAddress());//将设备名字加入列表
                    mAdapter.notifyDataSetChanged();
                    ShowLog("发现蓝牙设备：" + device.getName());
                    break;
                case AppConfig.BLT_MSG_BOND_OK://绑定成功消息
                    device = (BluetoothDevice) msg.obj;
                    ShowLog(mTxtviewlog.getText() + "设绑定蓝牙设备：" +
                    device.getName());
                    break;
                case AppConfig.BLT_MSG_CONNECT://连接消息
                    device = (BluetoothDevice) msg.obj;
                    if (msg.arg1 > 0)    ShowLog( "连接成功：" +
                    device.getName());
                    else             ShowLog("连接失败：" + device.getName());
                    break;
                case AppConfig.BLT_MSG_DISCONNECT://断开消息
                    device = (BluetoothDevice) msg.obj;
                    ShowLog("连接关闭了：" + device.getName());
                    break;
                case AppConfig.BLT_MSG_CLIENT_STAT://线程状态消息
                    String str = (String) msg.obj;
                    ShowLog("客户端线程状态：" + str);
                    break;
                case AppConfig.BLT_MSG_SEND://发送数据后状态消息
                    if (msg.arg1 > 0)        ShowLog( "发送成功");
                    else if(msg.arg1==0)     ShowLog("发送失败" );
                    else                ShowLog( "连接关闭状态" );
                    break;
                case AppConfig.BLT_MSG_READ://收到数据消息
                    byte[] buf = (byte[]) msg.obj;
                    ShowLog( "收到数据"+msg.arg1+"字节：" + new String(buf) );
                    break;
            }
        } };
private MyReceiver mReceiver; //保存广播接收者成员变量
private MyService.MyBinder mMyBinder;//服务接口成员变量
private ServiceConnection mSerconn = new ServiceConnection() {
//服务连接接口对象
    @Override public void onServiceConnected(ComponentName
    componentName, IBinder iBinder) {
        mMyBinder = (MyService.MyBinder) iBinder;//获得接口实例引用
```

14-16 MainActivity 类-添加消息处理代码

14-17 MainActivity 类-按钮事件中的业务代码实现

```java
        }
        @Override public void onServiceDisconnected(ComponentName componentName) {
            mMyBinder = null;//服务接口置 null，表示服务已经被动解绑
        }
    };
    @Override protected void onCreate(Bundle savedInstanceState) {
    //生命周期方法
        super.onCreate(savedInstanceState);
        setContentView(R.layout.activity_main);
        getPermissionForApp();//申请权限
        //获得信息状态输出控件
        mTxtviewlog = findViewById(R.id.textView_blt_Log);
        mTxtviewlog.setScrollbarFadingEnabled(false);
        mTxtviewlog.setMovementMethod(ScrollingMovementMethod.getInstance());
        //初始化蓝牙设备显示列表
        mListView = findViewById(R.id.listview_blt_device);
        mListView.setScrollbarFadingEnabled(false);
        mAdapter = new ArrayAdapter<String>(this,
        android.R.layout.simple_list_item_1, mBltdeviceNameList);
        mListView.setAdapter(mAdapter);
        mListView.setOnItemClickListener(new
        AdapterView.OnItemClickListener() {//对列表控件项目单击监听
            @Override public void onItemClick(AdapterView<?> adapterView,
            View view, int position, long id) {
                mBltlist_index = position;
            } });
        mEdtBltdata = findViewById(R.id.editText_blt_data);//获得输入框控件
        //设置检查蓝牙按钮事件监听
        findViewById(R.id.button_blt_check).setOnClickListener(this);
        //设置开启蓝牙按钮事件监听
        findViewById(R.id.button_blt_enable).setOnClickListener(this);
        //设置列出配对蓝牙设备按钮事件监听
        findViewById(R.id.button_blt_findBonds).setOnClickListener(this);
        //设置扫描蓝牙按钮事件监听
        findViewById(R.id.button_blt_scan).setOnClickListener(this);
        //设置停止扫描按钮事件监听
        findViewById(R.id.button_blt_stopscan).setOnClickListener(this);
        //设置蓝牙配对按钮事件监听
        findViewById(R.id.button_blt_pair).setOnClickListener(this);
        //设置蓝牙连接按钮事件监听
        findViewById(R.id.button_blt_client).setOnClickListener(this);
```

```java
        //设置断开蓝牙连接按钮事件监听
        findViewById(R.id.button_blt_disconnect).setOnClickListener(this);
        //设置发送数据按钮事件监听
        findViewById(R.id.button_blt_send).setOnClickListener(this);
        //设置清空日志按钮事件监听
        findViewById(R.id.button_clear_bltlog).setOnClickListener(this);
        //将窗口 Handler 加入全局配置
        AppConfig.Handler_Activity_MAPS_put(this.getLocalClassName(),
        mHandler);
        Intent intent = new Intent(this, MyService.class);//设置要绑定的服务
        bindService(intent, mSerconn, Service.BIND_AUTO_CREATE); //绑定服务
        mReceiver = new MyReceiver();//创建广播接收者
        IntentFilter intentFilter = new IntentFilter();//创建意图过滤器
        //电话状态发生变化
        intentFilter.addAction(TelephonyManager.ACTION_PHONE_STATE_CHANGED);
        //蓝牙搜索开始
        intentFilter.addAction(BluetoothAdapter.ACTION_DISCOVERY_STARTED);
        intentFilter.addAction(BluetoothDevice.ACTION_FOUND);//发现设备
        // 蓝牙搜索结束
        intentFilter.addAction(BluetoothAdapter.ACTION_DISCOVERY_FINISHED);
        // 蓝牙绑定状态改变
        intentFilter.addAction(BluetoothDevice.ACTION_BOND_STATE_CHANGED);
        this.registerReceiver(mReceiver, intentFilter); //注册广播接收者
}
void ShowLog(String str){//显示运行日志信息
    mTxtviewlog.setText(mTxtviewlog.getText() + "\n" +str );
    if(mTxtviewlog.getLineCount()>mTxtviewlog.getMaxLines()) {
    //滚动到最后
        int offset = (mTxtviewlog.getLineCount()-mTxtviewlog.getMaxLines())
        * mTxtviewlog.getLineHeight();
        mTxtviewlog.scrollTo(0, offset);
    }
}
@Override public void onClick(View view) {//按钮的单击事件处理方法
    switch (view.getId()) {
        case R.id.button_blt_check://看是否支持蓝牙，并列出蓝牙是否开启
            mBluetoothAdapter = BluetoothAdapter.getDefaultAdapter();
            if (mBluetoothAdapter == null)    ShowLog("设备不支持蓝牙");
            else  ShowLog( "设备支持蓝牙");
            if (getPackageManager().hasSystemFeature(PackageManager.
            FEATURE_BLUETOOTH_LE))
                ShowLog("设备支持低功耗蓝牙");
            else  ShowLog("设备不支持低功耗蓝牙");
            break;
        case R.id.button_blt_enable://开启蓝牙
            mBluetoothAdapter = BluetoothAdapter.getDefaultAdapter();
            if(null == mBluetoothAdapter){
```

```java
            ShowLog("没有蓝牙模块");
        }else if (!mBluetoothAdapter.isEnabled()) {//同步打开蓝牙
            ShowLog( "开启蓝牙...");
            int requestCode = 100;
            Intent enableBtIntent = new Intent(BluetoothAdapter.
            ACTION_REQUEST_ENABLE);
            startActivityForResult(enableBtIntent, requestCode);
        }else{
            if (mBluetoothAdapter.isEnabled())
                ShowLog( "蓝牙已经开启");
            else    ShowLog( "蓝牙未开启");
        }
        break;
    case R.id.button_blt_findBonds://列出已经配对设备，注意这些设备未必在线
        if (mBluetoothAdapter != null) {
            Set<BluetoothDevice> pairedDevices =
            mBluetoothAdapter. getBondedDevices();
            ShowLog("已经配对设备数: " + pairedDevices.size());
            for (BluetoothDevice bd : pairedDevices)
                ShowLog(bd.getName() + "-地址-" + bd.getAddress());
        }
        break;
    case R.id.button_blt_scan://扫码蓝牙
        mBltdeviceList.clear();//清空列表
        mBltdeviceNameList.clear();//清空列表
        AppConfig.Blue_BroadReceive_Enable = true;
        if (mBluetoothAdapter != null)
            if (mBluetoothAdapter.startDiscovery())
                ShowLog( "异步启动蓝牙扫描，开始扫描...");
        break;
    case R.id.button_blt_stopscan://停止扫码蓝牙
        AppConfig.Blue_BroadReceive_Enable = false;
        if (mBluetoothAdapter != null)
            if (mBluetoothAdapter.cancelDiscovery())
                ShowLog("停止蓝牙扫描");
        break;
    case R.id.button_blt_pair://根据选中的项进行配对
        if (mBluetoothAdapter != null) {
            if (mBluetoothAdapter.isDiscovering())
                mBluetoothAdapter. cancelDiscovery();//停止扫描
            if(mBltlist_index<0
             || mBltlist_index>=mBltdeviceList.size()){
            ShowLog("未选择蓝牙设备"); return; }
            if(mBltdeviceList.get(mBltlist_index).getBondState() ==
            BluetoothDevice.BOND_NONE) {//配对
                try {
                    if (android.os.Build.VERSION.SDK_INT < 19) {
```

```java
                    //通过反射机制调用配对方法
                    Method createBondMethod =mBltdeviceList.get
                    (mBltlist_index).getClass().getMethod
                        ("createBond");
                    Boolean ret = (Boolean) createBondMethod.invoke
                        (mBltdeviceList.get(mBltlist_index));
                } else
                    //直接调用
                    BltdeviceList.get(mBltlist_index).createBond();
            } catch (Exception e) {   }
        }else
            ShowLog("该蓝牙设备已经配对");
    }
    break;
case R.id.button_blt_client://使用蓝牙设备和UUID请求服务连接蓝牙
    if(mMyBinder==null){ ShowLog("后台服务未启动"); return; }
    if(mBltlist_index<0 || mBltlist_index>=mBltdeviceList.size())
    {ShowLog("未选择蓝牙设备"); return; }
    boolean flag = mMyBinder.blt_client_connect(mBltdeviceList.
    get(mBltlist_index), UUID.fromString("00001101-0000-1000-
    8000-00805F9B34FB"));
    if(flag)   ShowLog("请求服务进行连接...");
    else      ShowLog( "已经有连接线程");
    break;
case R.id.button_blt_disconnect://请求服务关闭连接
    if(mMyBinder==null){ ShowLog( "后台服务未启动"); return; }
    mMyBinder.blt_client_close();
    break;
case R.id.button_blt_send://请求服务发送数据
    if(mMyBinder==null){ ShowLog( "后台服务未启动"); return; }
    ShowLog( "发送: "+mEdtBltdata.getText());
    mMyBinder.blt_client_send(mEdtBltdata.getText().
    toString().getBytes());
    break;
case R.id.button_clear_bltlog://清空日志信息
    mTxtviewlog.setText("");
    break;
    }
  }
}
@Override protected void onDestroy() {//生命周期方法
    super.onDestroy();
    //移出Handler
    AppConfig.Handler_Activity_MAPS_remove(this.getLocalClassName());
    if (null != mReceiver)  unregisterReceiver(mReceiver);//注销广播接收者
    unbindService(mSerconn);//解绑服务
    mHandler = null;   mMyBinder = null;
}
```

```java
@Override protected void onActivityResult(int requestCode,
int resultCode, Intent data) {
    super.onActivityResult(requestCode, resultCode, data);
    if (100 == requestCode && Activity.RESULT_OK == resultCode)
    ShowLog( "开启蓝牙成功");
    else  ShowLog( "开启蓝牙失败");
}
private void getPermissionForApp() {//申请权限
    if (Build.VERSION.SDK_INT <= 22)  return;
    List<String> permissionList = new ArrayList<>();
    if (ContextCompat.checkSelfPermission(this,
    Manifest.permission. ACCESS_COARSE_LOCATION) !=
    PackageManager.PERMISSION_GRANTED)
        permissionList.add(Manifest.permission.ACCESS_COARSE_LOCATION);
    if (ContextCompat.checkSelfPermission(this,
    Manifest.permission. ACCESS_FINE_LOCATION) != PackageManager.
    PERMISSION_GRANTED)
        permissionList.add(Manifest.permission.ACCESS_FINE_LOCATION);
    if (permissionList.size() > 0)
        ActivityCompat.requestPermissions(this,
        permissionList.toArray(new String[permissionList.size()]), 110);
    }
  }
}
```

14.6 思考与练习

【思考】

1. 经典蓝牙通信编程和低功耗蓝牙通信编程在方式上有何不同？
2. 什么设备上会集成蓝牙模块？其用途是什么？
3. 哪种蓝牙模块适合大数量应用？哪种蓝牙模块适合低功耗应用？
4. 蓝牙通信编程使用 Android 提供的哪些工具类？简述蓝牙通信编程的步骤。
5. 蓝牙地址和 UUID 的作用是什么？

【练习】

1. 完善蓝牙串口助手功能，合并按钮功能，使应用使用起来更方便。
2. 尝试增加服务器端功能，使蓝牙设备可以连接手机端。